# 現代環境経営要論

野村佐智代・山田雅俊・佐久間信夫［編著］

創 成 社

# はしがき

　世界中の政府関係者，経済人がブラジルのリオデジャネイロに集結し，持続可能な開発の未来について語り合った1992年の地球サミットから，約30年が経過した。この間，気候変動は悪化の一途をたどり，洪水や土砂崩れなど世界のいたるところで深刻な被害が相次いだ。また，マイクロプラスチックによる海洋汚染の被害等も露呈し，地球環境問題は，もはや，避けることのできない人類共通の解決すべき課題として認識されるようになった。

　企業を取り巻く環境下でも，「これからの企業は地球環境保全に取り組まなくてはならない」「環境問題に取り組まない企業は，生き残れない時代だ」というメッセージが，繰り返し発せられてきた。上記のようなメッセージを敏感に読み取り，環境問題の中にビジネスチャンスやリスクを見出し早くから対応する企業が現われた一方で，企業の社会的使命は利益を上げることという古くからの命題を果たすことに執着した企業も少なくない。しかし，ここ数年で，前者のような志を持った企業が主流となる時代が，本格的に到来したといえる。その背景には，国連で採択された機関投資家に社会的責任の考えをもって投資することを促したPRI（責任投資原則，2006年発足）や「ESG（Environment, Social, Governance）」投資，「持続可能な開発目標（SDGs：Sustainable Development Goals）」（2015年9月）の存在およびその浸透が寄与していると考えられる。とりわけ欧米では，それらに対する政府や企業の反応が早かったといえる。たとえば，環境問題や社会問題といった非財務情報の開示を企業に促したり，カーボン・ニュートラルやカーボン・マイナスというスローガンと共に，サプライチェーンレベルでの温室効果ガス削減に努めたり，大手コーヒーチェーンでは，いち早くプラスチックのストローの使用を廃止したりする動きが見られた。

　日本でも，GPIF（年金積立金管理運用独立行政法人）が2015年にPRIに署名し

て以降，ESG投資への理解や機運が高まりつつある。こうした動きは，企業側からの働きかけだけでなく，2020年7月に導入されたプラスチック削減のためのレジ袋有料化に見られるように消費者にも行動の変革を促すものとなっている。

　このような内外における企業の環境経営の変化を踏まえつつ，本書では，第1部として，まず，環境経営とは何かについて歴史的観点から振り返り，その本質を現状から紐解いた。そして，第2部として，企業戦略やマーケティング等の経営活動の中枢を環境経営の視点から考察した。最後に第3部として，最新の動向を事例と共に紹介している。

　本書を手に取ってくださった読者の皆様にとって，環境問題にふれる機会となり，また，環境経営を考える一助となれば，著者一同，幸甚である。


　2021年4月

野村佐智代

# 目　次

はしがき

# 第1部

# 環境経営とは何か

# 第1章

# 環境経営

## ― 環境経営の歴史，リスクからオポチュニティへ ―

## 第1節　はじめに

　近年，気候変動への対応等にみられるように，環境問題への対応が企業にとり経営上の制約やリスクを超えた事業機会（オポチュニティ）となってきている。

　事業体である企業が，その経営行動において利潤獲得と環境保全の同時追求が本当に可能であるのか。可能であるならば，それはどのようなものだろうか。環境問題と企業経営について少しでも関心を持ったことがあるならば，一度は考えたことがある問いであるだろう。本章では，この問いへの1つのアプローチとして，環境問題への企業からの接近である「環境経営」について考える。

　地球温暖化の進行や生物多様性の危機等，私たちの生活の基盤となっている環境の状態は悪化してきている。それにより，私たちは人類の未来に対して大きな危機感を募らせている。すなわち，人類だけではなく，さまざまな生命の活動基盤である地球環境そのものをも崩壊させかねない「地球環境問題」が具体的な危機を伴って進展してきたからである。産業革命以後，私たちは科学を進歩させ，人口を増大させ，新しい企業を生み，消費経済を育て，資源戦争を誘発し，その結果，地球環境問題を発生させてきた。しかし，この地球環境問題の深刻化による危機は，新しい社会理念について根底から考え，パラダイムシフトを行う良い機会であるともいえる。新しい社会理念とは「環境サステナ

ビリティ」である。「環境サステナビリティ」とは，自然環境を人類の生活の基盤であると認識し，環境（Ecology），経済（Economy），倫理（Ethics）の3つのEの視点を協和させ，環境保全に当たることを可能にするものである。環境破壊がますます深刻となっている現代では，企業は，環境サステナビリティを希求することが要請される。環境サステナビリティの達成により，環境汚染，アメニティ（生活環境の質）破壊，自然破壊（環境資源破壊）の進行を防ぎ，持続可能な社会の構築を目指すことができると考えられる。それは，「社会を環境サステナブルに変える」（鈴木，2006）ために，企業は何をすべきかを考え，行動することといえる。そのためには，環境サステナビリティとなっていない状態について，すなわち，環境問題について知ることが重要である。それでは，まず，環境問題の変遷についてみていくこととする。

## 第2節　環境問題の変遷

### 1．公害問題から地球環境問題へ

　現代文明の始まりは18世紀イギリスの「産業革命」にまで遡る。産業革命は，「技術革命」と「社会革命」に分けられる。アシュトン（T. S. Ashton, 1899～1968）が述べているように「産業革命の不幸」（The disasters of the industrial revolution）は，決して技術的・経済的変革そのものが惨禍の原因ではない。技術の向上が労働者を解雇に追いやったのではなく，逆に，この技術革命が労働者を増加させている。増加した労働者は都市に集中し，都市の人口増加と雇用の必要性が増加したときに，技術革命は社会革命へと移っていった。

　産業革命の技術的革新により，生産技術が格段に向上し大量生産が可能になったが，これにより「余剰財」という考え方が生まれた。一般労働者が汗水流して働いた結果生じた「余剰」を，雇い主が大量にかき集めて，ここに新たな資本の蓄積を生んだ。資本の蓄積は，ブルジョアジー階級を生み，また，多くのブルジョアジーが自己増殖を続けていった。こういった生産者であり，消費者である彼らの誕生と増殖は，社会そのものを大量生産と大量消費型へと変え

ていった。この大量生産と大量消費型社会の到来が，環境破壊や資源問題を生み，環境問題は，局地的なものから全地球的規模の問題へと伝染病のように広がっていった。そして，「地球環境問題」が顕在化した。

　鈴木（1994，129〜131ページ）によれば，わが国においては，公害－環境問題は次の4つの時期に分類できるという。第1期は産業公害の時期（1945〜70年），第2期は都市型生活型公害の時期（1971〜76年），第3期は，「アメニティ」政策が展開された時期（1977〜87年），第4期は地球環境問題の時期（1988年〜現在）である。第1期は，四大公害裁判にみられるように，戦後復興期から高度経済成長期であり，その特質は，問題発言の局地性，因果関係の比較的明瞭性，技術的対応可能性である。1967年に公害対策基本法，1968年に「大気汚染防止法」，1970年に「水質汚濁防止法」と「廃棄物の処理及び清掃に関する法律（廃棄物処理法あるいは廃掃法）」，1971年に「悪臭防止法」が制定され，公害対策に関する法整備がなされている。第2期は，交通公害や閉鎖性水域汚濁等のように，原因者が不特定多数であり，社会的要因が介在しているとみられるものであり，その特質は，技術的対応だけでは解決困難な性格をもつことである。この時期には第1次オイルショック（1973年）も起こっており，省エネルギー対策が取り組まれ始めている。また，1971年には環境省の前身である環境庁が国際的にもいち早く発足している。第3期は，汚染状況の著しい「改善」とともに，国民ニーズの多様化と高度化もあって，「快適な環境への期待」が高まっているとの認識に立って「アメニティ」政策が展開され，その特質は「環境行政の脱公害化」である。1979年には「エネルギー使用の合理化に関する法律（省エネ法）」が制定されている。第4期は，地球規模で経済化して進行しつつある環境汚染に焦点をあてており，その特質は，国際的環境問題の動向，とくにWCED（World Commission on Environment and Development：環境と開発に関する世界委員会）と連動していることである。1993年には「環境基本法」が制定されている。それにともない，「公害対策基本法」は廃止され，「自然環境保全法」は改正された。なお，環境基本法第2条において，「環境への

負荷」とは「人の活動により環境に加えられる影響であって，環境保全上の支障の原因となるおそれのあるものをいう」，「地球環境保全」とは「人の活動による地球全体の温暖化又はオゾン層破壊の進行，海洋汚染，野生生物の種の減少その他の地球全体又はその広範な部分の環境に及ぼす事態に係わる環境保全であって，人類の福祉に貢献するとともに国民の健康で文化的な生活の確保に寄与するものをいう」，「公害」とは「環境の保全上の支障のうち，事業活動その他の人の活動に伴って生ずる相当範囲にわたる大気汚染，水質汚濁（水の状態や底質の悪化を含む），土壌汚染，騒音，振動，地盤沈下及び悪臭によって，人の健康又は生活環境に係わる被害が生じることをいう」と定義されている。1997 年に，「環境影響評価法」，1998 年に「地球温暖化対策の推進に関する法律（地球温暖化対策推進法）」，2003 年に「環境の保全のための意欲増進及び環境教育の推進に関する法律（環境教育推進法）」，2004 年に「環境情報の提供の促進による特定事業者等の環境に配慮した事業活動の促進に関する法律」，2008 年に「生物多様性基本法」が制定されている。また，自動車による大気汚染への対策については，1992 年に「自動車 NOx 法」が制定され，2001 年に「自動車 NOx・PM 法」へと改正されている。

　また，堀内・向井（2006, 35 ページ）は，環境汚染問題の分類として以下をあげている。
（1）産業型公害問題
　・典型 7 公害（大気汚染，水質汚濁，土壌汚染，悪臭，騒音，震動，地盤沈下）
　・産業廃棄物，有害・有毒物質，環境ホルモン，等々
（2）都市型・生活型環境問題
　・生活系排水，都市型大気汚染，生活系廃棄物，等々
（3）自然生態系環境問題
　・人為的原因による自然環境破壊，自然災害（天災）による環境破壊

　産業型公害問題では，その当初はエンド・オブ・パイプ（End of Pipe）型の

事後的・端末処理的な公害対策が中心であったが，3R（Reduce・Reuse・Recycle）といった循環型社会構築や省エネルギー対策により，予防的で保全的な環境対策へと変化してきている。

　ここまで，わが国における公害－環境問題の変遷をみてきた。それでは，国際的な動向はどのようになっているだろうか。

## 2．国際的な環境取り組みの進展

　環境問題に関わる国際的な主なトピックや取り組みは以下の通りである。

1962年　レイチェル・カーソン『沈黙の春』出版

1972年　国連人間環境会議（ストックホルム会議），『成長の限界』

1986年　環境と開発に関する世界委員会「持続可能な開発」の概念提示
　　　　持続可能な開発（Sustainable Development）＝「将来の世代のニーズを満たす能力を損なうことなく，今日の世代のニーズを満たすような開発」

1989年　バルディーズ号事件，「バルディーズ原則（CERES原則）」

1992年　国連環境開発会議（地球サミット），アジェンダ21採択，気候変動枠組条約，生物多様性条約，森林原則声明

1997年　京都議定書採択

2002年　持続可能な開発に関する世界首脳会議（ヨハネスブルグ・サミット），国連持続可能な開発のための教育の10年（ESD10）の提案

2010年　名古屋議定書採択，愛知目標合意

2012年　リオ＋20

2015年　持続可能な開発のための2030アジェンダ（持続可能な開発目標：SDGs）採択
　　　　パリ協定採択

2019年　国連気候行動サミット

　「地球環境問題」という言葉は，1980年代後半のフロンガスによるオゾン層

破壊を契機に，ジャーナリズムに広く登場してきた。「地球環境問題」は，それまでの「環境問題」とは異なるものである。なぜなら，従来の環境問題は，レイチェル・カーソン（R. L. Carson, 1907～1964）の『沈黙の春』に代表される1960年頃の「作業環境問題」と，それ以降につづいて始まる1970年代の環境汚染等の「公害問題」を指すからである。作業環境問題や公害問題と現代の地球環境問題との相違点は，空間的な広がりにおいて，進行速度において，破壊の度合いにおいて，極めて顕著になる。現代では，この3つのベクトルが従来と比べものにならない程激しく進行しているのである。それだけではなく，地球環境問題は，特に発展途上国や新興諸国における急減な経済発展にともない全世界的規模で加速度的に広まり，その影響を被らない国はない。公害問題のように局地的なものではなく，全地球的規模を持つ地球環境問題は，人類の生存に直接関わる問題である。このことは，1972年に113か国が参加した環境問題についての世界で初めての大規模な政府間会合（「国連人間環境会議」）がストックホルムで開催され，そのキャッチフレーズが「かけがえのない地球（Only One Earth）」となっていることからもわかる。この会議において「人間環境宣言」及び「環境国際行動計画」が採択され，これを実行するために国連環境計画（UNEP）が設立されている。

　また，1972年には，人口増加と工業投資の増大を続けると天然資源の枯渇，環境汚染の進行により成長が限界点に達するという，ローマクラブがメドウズ（D. H. Meadows & D. L. Meadows）他に研究委託した報告書『成長の限界』が出版された。地球をシステムとして考えるものとして，フラー（R. B. Fuller）が『宇宙船地球号操縦マニュアル（Operating manual for Spaceship Earth）』（1963年）で提示した「宇宙船地球号（Spaceship Earth）」や，ラヴロック（J. E. Lovelock）の「ガイア仮説（Gaia Hypothesis）」がある。ボールディング（K. E. Boulding）は，「宇宙船地球号」の概念を経済学に導入し「宇宙飛行士経済」を提示している。「ガイア仮説」とは，地球をある種の「巨大な生命体」と見なす仮説であり，大気や地圏や海洋等の環境とバクテリアから人類までの生物とが相互に関係し機能している「自己統制システム」として捉えている。

　1987年には「環境と開発に関する世界委員会（ブルントラント委員会）」による報告書『Our Common Future（われら共有の未来）』で「持続可能な発展」の概念が提示され，1988年には気候変動に関する科学的知見の集約と評価を目的とした政府間機構である「気候変動に関する政府間パネル（IPCC：Intergovernmental Panel on Climate Change）」が設立され，1992年の地球サミットにおける「環境と開発に関するリオ宣言」「アジェンダ21」の策定と採択，2002年のヨハネスブルクサミットの開催，さまざまな環境に関する国際条約や規制等を経て，環境に対する意識は「成長の限界」「ゼロ成長」の概念から環境保全と開発を両立や同化させることを志向する方向へと変化している。それは「持続可能性（サステナビリティ）」の概念にもとづくものである。

## 第3節　環境問題へのさまざまなアプローチ

　「持続可能性（サステナビリティ：Sustainability）」という概念は，もともとは1987年の「環境と開発に関する世界委員会（ブルントラント委員会）」による「持続可能な開発（Sustainable Development）」から派生している。持続可能な発展は，その報告書の中で「将来の世代のニーズを満たす能力を損なうことなく，今日の世代のニーズを満たすような開発（development that meets the needs of the present without compromising the ability of future generations to meet their own needs）」と定義されている。これを踏まえ，三橋（2006）は，「持続可能性」とは「現状を放置しておくと望ましい状態が失われてしまうので，望ましい状態を続けていくための可能性や方法を探り，それを実行していく過程」という意味になると述べている。すなわち，資源保全と経済成長のバランスをとり，人類文明の将来的な持続を目指すものといえる。

### 1．社会的費用

　資源保全と経済成長について考えていくために「社会的費用」について言及する必要がある。カップ（K. W. Kapp）は，その著『私的企業と社会的費用』

(1959) において「社会的費用」を次のように規定している。「社会的費用」とは，「第三者或いは一般大衆が私的経済活動の結果蒙る直接間接の損失を含むものとしてよい。(中略) 生産過程の結果，第三者または社会が受け，それに対しては私的企業家に責任を負わせるのが困難な，あらゆる有害な結果や損失について言われるのである」と定義している [1]。すなわち，「社会的価値」の概念を提示し，環境のような貨幣的評価が出来ない財が持つ固有の潜在的価値を評価することの重要性を「環境の社会的評価」の問題としたのである。カップは，ピグー (A. C. Pigou) の外部不経済論に対して次のように批判している。ピグーは，大気汚染・ゴミ処理等を外部不経済にともなう社会的費用の発生として明確に認識している。しかし，ピグーが社会的費用をあくまでも市場経済の例外的事象と捉えたのに対し，カップは，資本主義経済の発展にともなって累積的に増え，将来は経済の再生産を不可能にするものであると指摘している。また，カップは，社会的費用の具体例として，生産の人的要因を損傷することから生じるもの，空気の汚染，水の汚染，動物資源の減少と絶滅，エネルギー資源の早期枯渇，土壌の侵蝕，地力の消耗及び森林の濫伐，技術的変化によるもの，失業と資源の遊休によるもの，独占と社会的損失，配給によるもの，輸送によるもの，をあげている。

　また，ミハルスキー (W. Michalski) は，「社会的費用」を「第三者の非市場的負担で，それを惹き起こす経済主体の経済計算においては何の考慮もされていない費用」(ミハルスキー，1969) と述べている [2]。このように，「社会的費用」とは企業活動に伴う大気・水質汚染や資源の減少等といった，本来企業が負担すべきであるにも関わらず，地域社会等の第三者が負担している費用や損失のことをいう。つまり，企業は企業活動を行っていくかぎり「社会的費用」を発生させるため，社会に対しての責任が生ずると考えられる。ここに，企業の社会的責任の根拠があるといえる。

　さらに，宇沢の提示した「社会的共通資本 (Social Overhead Capital)」の概念

がある。宇沢（2000）によれば，「社会的共通資本」とは「一つの国ないし特定の地域にすむすべての人々が，豊かな生活を営み，すぐれた文化を展開し，人間的に魅力ある社会を持続的，安定的に維持することを可能にするような社会的装置」である。「社会的共通資本」は，社会全体にとっての共通の資産であり社会的に管理され運営されるものであるといえる。

　つまり，「社会的費用」や「社会的共通資本」とは企業活動に伴う大気・水質汚染や資源の減少等といった，本来企業が負担すべくして負担せずに，地域社会等の第三者が負担している費用や損失のことをいう。つまり，企業は企業活動を行っていく限り社会に対しての責任が生ずると考えられる。ここに，企業がその社会的責任を果たさなければならない1つの根拠があるといえる。

## 2．持続可能性へのさまざまなフレームワーク
　本節では，持続可能性にもとづく社会を構築していくために援用できるフレームワークについてみてみることとする。

　まず，ナチュラル・ステップの「システム4条件」である。これは，スウェーデンのロベール（K. H. Robert）が提唱したものである。ロベール（1996）によれば，そのシステム条件とは下記の通りである。
システム条件1：生物圏の中で，地殻から掘り出した物質の濃度を増やし続けてはならない。
システム条件2：生物圏の中で，人工的に製造した物質の濃度を増やし続けてはならない。
システム条件3：自然の循環と多様性を支える物理的基盤を破壊し続けてはならない。
システム条件4：効率的で公平な資源の利用。
　これらの条件を満たすことにより，生命の生存条件が出発点となった自然循環にあわせた社会，すなわち持続可能な社会が構築できるとしている。

　デイリー（H. E. Daly）は，その著書（1996）で，「マクロ経済を，有限な自然の生態系（環境）の中の開かれたシステムとして想定することであって，抽象的な交換価値の，孤立した―質量のバランス，エントロピーや有限性によって制約されない―循環型フローとして想定することではない」と，生態系が一定のままの中での経済成長であること，「人口資本が経済発展の制約要因であった時代から，残されている自然資本が制約要因である時代へと，人間の経済が移行したこと」，すなわち「空っぽの世界」から「充満した世界」への転換を認識する必要があることを述べている。これは，定常状態の経済への移行といった経済成長を抑制する質的改善による持続可能な発展を提示しているのである。

　「充満した世界」とは，環境収容力[3]の限界に近づいた世界として捉えることもできる。環境収容力の1つの計測方法として「エコロジカル・フットプリント（Ecological Footprint）」がある。ワケナゲル（M. Wackernagel）・リース（W. E. Rees）（2004）によれば，エコロジカル・フットプリントとは，「ある一定の人口あるいは経済活動を維持するための資源消費量を生み出す自然界の生産力，および廃棄物処理に必要とされる自然界の処理吸収能力を算定し，生産可能な土地面積に置き換えて表現する計算ツール」であり，「ある集団のエコロジカル・フットプリントとは，その集団が国内外から“収奪してきた環境収容力（Appropriated Carrying Capacity）”総計」のことである。


　また，レスター・ブラウン（L. R. Brown）は，石油や石炭等の「化石燃料中心」「自動車依存」「使い捨て」に代表されるオールド・エコノミー社会（従来型の社会経済システム）である「プランA」から，「プランB」ニュー・エコノミー（エコ・エコノミー）への転換が必要と述べている。「プランA」のままでは，環境の悪化により世界経済は衰退し崩壊する。「プランB」のポイントは，世界経済の再構築，貧困解消・人口安定化，地球環境の適切な修復，であるとしている。

　持続可能な開発のための2030アジェンダは，我々の世界を持続可能なものへと変革するものであり，「人間中心（People-centered）」で「誰一人取り残さない（no one will be left behind）」もので，その実現のための17の持続可能な開発のための目標[4]と169のターゲットを提示している野心的なものとなっている。

　ロックストロームとクルム（J.Rockstroem, M.Klun , 2018, xページ）は「SDGsは，プラネタリー・バウンダリー[5]の範囲内で世界の繁栄と包摂的な社会の達成を目指すすべての国のための世界で初めてのロード・マップである」としている。そして，「将来の繁栄と包摂的な社会の実現は，回復力のある安定した地球の安全な機能空間の中で持続可能な開発を私たちが達成できるかどうかにかかって（同書，ixページ）」いるとも述べている。

　また，持続可能な社会を実現するためのフレームワークとしてシステムアプローチ，資本主義経済，ドーナツ経済学（メドウズ他，2005，ハート，2012，ランダース，2013，ラワース，2018）もあり，気候変動に関しても，緩和と適応，気候正義，パリ協定，Science Based Targets（SBT）といった形で概念やフレームワークが共有されつつある。

　本節では，持続可能性の概念等，環境問題へのアプローチをみてきたが，次節では環境問題と企業との関係性をみてみる。

## 第4節　企業における環境対応の変化と環境経営

　環境問題への対応の変化に企業はどのように対応してきたのか，さらには，環境問題への取り組みが，企業にあらたな利潤をもたらすこととなってきたのかについてみてみることとする。まずは，環境問題が，「企業に対してどのような影響を与えているのか」「利潤追求を目的とする企業がなぜ環境に対して配慮する必要があるのか」について考察してみたい。そして，環境問題解決へ

の取り組みの過程が，企業の利潤追求の過程そのものとなってきたことについて述べる。

　経営者や企業構成員の環境に対する意識の高まりにより，企業は，従来の効率至上主義を始めとして，ストック軽視とフロー重視といった企業主体の「企業価値中心の経済活動」から，社会全体の利益を考慮した社会主体の「社会価値中心の経済活動」に変わっていった。この背景には，今日の環境問題の主因が，産業革命以後に始まった，大量生産や大量消費をよしとする考え方に対する反省がある。また，企業が社会に与える影響が増したことに伴い，企業の社会的責任が増大してきたことも，その背景にあるといえる。

　現在，世界は，グリーン・コンシューマーやNGOといったグリーン・パワーが台頭してきており，地球的規模におよぶ法律の制定や，先進国各国の環境関連の法整備が強化されてきている状況にある。このような世界的環境重視の状況下において，どの企業においても，環境問題への配慮が不足しているようなイメージを消費者に与えるならば，広く彼らに対して，「環境に敵対する企業」というイメージを定着させることになるだろう。それは，企業のマーケットを狭くするだけでなく，社員の労働意欲の低下を招き，これからの企業にとってもっとも必要な，環境問題に関して敏感で優れた感性を持つ有能な人材の放出を意味することになるといえる。

　欧米では，環境保全に対する商品や企業に関する情報が，直接，消費生活に反映されることが多くなってきている。また，環境保護に賛同する抗議行動が急速に大衆化したり，一部の人々の商品ボイコットや企業に向けたデモ攻勢等が集団行動に結びついて，大きな消費者パワーになるケースも増えてきている。それは，企業生命にかかわる事態となることも，最近では珍しくなくなってきた。地球環境問題の深刻化や「環境」を意識した企業内のステークホルダーばかりではなく，現在，一般の消費者の関心もまた，「企業が環境問題にどう対処しているか」に向けられている。企業が生み出す製品そのものの価値ではな

く，環境問題に対する企業の経営姿勢そのものが，消費者の消費行動に大きな影響を与えているのである。これは，環境問題を最優先に考える消費者の企業への反逆といっていい。

　企業の環境対応は，１）没対応（Nonactive），２）受動的対応（Reactive），３）積極的対応（Proactive），と変化してきている。1960年代70年代初期まで，多くの企業は，政府による規制を避けるかまたは逃れようと試みていた。これは，政府による規制が厳格ではなく，また適用範囲が狭かったため企業は規制を無視するか，あるいは没対応の状態を保つことができたのである。しかし，1972年の国連人間環境会議を経て，環境破壊の進展が国際社会に共通の課題として明らかにされた。各国政府はその対策として環境に関する規制を法制化し，さらにはその基準をより高いものとし，適用範囲も拡大し，罰則も厳格なものへと整備した。企業は環境規制を無視することができなくなり，環境に関する規制への対応が急務となった。しかし，その対応は，その場限りで規制の条件を最小限で充当するものに過ぎなかった。なぜなら，企業においては，環境保全活動は経済活動及び経営活動と対立するものとして捉えられていたからである。すなわち効率性追求を重視する企業にとって，環境問題への対応とは非能率的であり，できれば回避したいコストを意味していた。そのため，企業は政府の規制に対して仕方なくその場限りの対応をし，できる限り環境対応に当てるコストを最小限に抑制するように対応していた。1980年代には，汚染の管理及び環境の浄化を求める公衆及び政府からの要求が高まったことにより，北米や西欧の企業は，規制に従うことを求められた。しかし，多くの企業は規制に従うためのコストを最小限にするべきであると見なしていた。1980年代中後期を通じ，多くの巨大企業の経営者は廃棄物の削減が経費の節約になることを悟り始めた。公衆及び政府からの要求は，多くの企業を規制に従うことを越える戦略へと押しやり始めたのである。1980年代中期の環境法による厳しい規制への対策，80年代後半の廃棄物削減への取り組みに対する経験を通じて，企業は環境対策が利潤に繋がることを認識した。その結果，企業は，

規制にただ従うだけではなく，環境問題への対応を戦略的な要因として位置づ
けることになった。すなわち，環境保全活動が競争優位性を維持するための重
要な要素であると企業経営者が認識し始めるようになってきた。1980 年代後
半になると，企業は TQM（Total Quality Management：総合的品質管理）主導では環
境保全と市場指向の双方を満たす環境経営をどのように行うかを予測できなく
なった。1990 年代の初めまでに，廃棄物最小化のためのプログラムはアメリ
カを本拠地とする多国籍企業の多くによって採用され始めた。環境経営の展開
に成功した企業では，環境基準に適合するための自主的な内部監査を行い，企
業の環境責任の範囲を拡大し良心的な努力を示すことにより政府からの圧力を
回避している。

　政府による法規制の強化，ステークホルダーの環境意識の高揚，新規環境関
連市場の増大というたゆまない経営環境の変化の下では，環境問題への応急処
置的で受動的な対応では，長期的に収益性を維持することが困難であると考え
られる。収益性を維持するためには，企業は環境問題の予防を目的とした管理
プログラムに投資する必要がある。このような投資に失敗すると，競争他社に
比べて不利な状態になる。例えば，急激な人口増加による資源・環境面からの
圧力や温暖化ガス削減目標の設定に対処することができず，収益を悪化させ競
争力を失う可能性がある。したがって，競争優位性を獲得・維持し，さらには
企業を弱体化させる問題を回避するためには，その問題が顕在化する以前の段
階から積極的な対応を行う必要がある。前もって新たな制度や規制に対応する
ことにより，一時的には国際競争力が低下するかもしれない。しかし，環境問
題は国際的な相互作用のため，他国でもいずれ同じような規制が行われること
になる。その際にはこうした環境問題に対処するための技術が競争優位をもた
らすことになるであろう[6]。

　2030 年あるいは 2050 年の企業ビジョンの策定とロード・マップや気候変動
適応への取り組みといった持続可能な社会構築や環境保全に資するような環境

配慮行動を，企業が経営戦略における課題として認識して，その戦略要因に積極的に取り入れるようになってきている。その1つが，プロアクティブ環境戦略である。これは，環境保全への積極的で価値的な対応を目的とした経営戦略であり，環境保全に関わる諸活動を経営の制約要因としてとらえず事業要因としてとらえ積極的に対応していく経営戦略である。企業がプロアクティブ環境戦略を実施する理由は，企業においては，世界市場における競争優位を保つために，ますます厳しさを増す規制にただ従うだけではなく，倫理的イメージを守ったり増やしたりしなければならないし，深刻な法的責任を回避し，従業員の安全性への関心を満たし，政府による規制やステークホルダーにも対応し，新たな事業機会を開発しなければならないのである。このような規制からの要求，コスト要因，ステークホルダーからの要請，競争的要求に対応するために，企業は環境戦略を実施する。

そして，環境戦略を策定するにあたっては，企業の経営層は外部の多種多様な影響と直面する。その影響から，環境戦略に有効で有益な環境に関わる情報を得るために，企業が企業外部との環境情報に関わるネットワークを構築していくとともに，ステークホルダーとの相互作用により企業とステークホルダーの関係性が強化されていく。この関係性の強化の1つの軸として，ESG情報 [7] があると思われる。ESG情報をステークホルダーと共有することが，企業の正当性の獲得にどのようにつながっていくのかは持続可能な社会における企業の位置づけとも関連し，企業の環境経営の重要な課題となると考えられる。

## 第5節　おわりに —環境サステナビリティと環境経営—

企業は，その経営行動において環境に関わる評価を取り込むことで環境負荷の内部化を行うようになってきている。内部化に必要な項目として環境リスクに関わる情報の開示があげられる。ESG投資等，環境リスクが，企業の業績に影響を与え，投資情報としても重要視されるようになってきたからである。

気候変動情報やESG情報等，これからは幅広い環境に関する情報を開示し，それが企業経営そのものにどのように関係しているのかを意識し情報を公開することが企業に求められると思われる。また，グリーンファイナンスの拡大により，環境リスクがマイナスの側面だけではなく，経済的価値があるオポチュニティ（事業機会）であることを企業や投資家が認識してきている。すなわち，企業において，環境対策と成果といった環境リスクに関する情報が企業の経済的側面に組み込まれ，利潤追求と環境保全の同時追求が可能となってきているのである。

　また，このことは，顕在的・潜在的に社会から企業に対して負託されている環境問題への対応について企業が社会性を含め認識し行動しはじめてきたことをもあらわしている。SDGsの17目標はすべて2030年に持続可能な社会を実現するためのものであるが，そのなかでも環境課題は科学的アプローチが必要であり，また，それぞれの国の社会システムだけではなく国際的な協調がなければ実現が難しくなる。企業においても，科学的アプローチと国際的な潮流のなかで環境問題への対応を認識し，環境保全の責任を果たしていくことが求められる。それが，「環境サステナビリティ」を志向する企業の経営行動，すなわち，環境経営であるといえる。

## 【注】

（1）カップによる社会的費用論の定義
1　社会的費用の発生は私企業制のもとでは不可避である。
2　私的生産活動の結果，経済上蒙る有害な影響や損害である。
3　遠い将来にまで広がる可能性がある。
4　社会や第三者が私的経済活動の結果蒙るあらゆる直接・間接の損失を含む。
5　私企業の経済計算の中に算入されないため，第三者または社会全体に転嫁され生じる費用や損失である。
6　特定の企業がもたらした社会的費用は，社会や第三者だけでなく発生させた企業自身にも有害な影響を与えうる。そのため，社会的費用の一部は私的費用に吸収されることもある。

18

（2）ミハルスキーによる社会的費用の4分類
1　国民経済的総費用。
2　社会経済的最適が実現されない時に生ずる国民経済的損失。
3　第三者の非市場的負担で，それを引き起こす経済主体の経済計算においては何の考慮もされていない費用。
4　経済政策的措置を行わなければならなかった場合の公共政策実施費用。

（3）森林や土地等に人手が加わっても，その生態系が安定した状態で継続できる人間活動の上限のこと。

（4）17の目標は以下の通りである。
目標1．あらゆる場所のあらゆる形態の貧困を終わらせる
目標2．飢餓を終わらせ，食料安全保障及び栄養改善を実現し，持続可能な農業を促進する
目標3．あらゆる年齢のすべての人々の健康的な生活を確保し，福祉を促進する
目標4．すべての人々への包摂的かつ公正な質の高い教育を提供し，生涯学習の機会を促進する
目標5．ジェンダー平等を達成し，すべての女性及び女児の能力強化を行う
目標6．すべての人々の水と衛生の利用可能性と持続可能な管理を確保する
目標7．すべての人々の，安価かつ信頼できる持続可能な近代的エネルギーへのアクセスを確保する
目標8．包摂的かつ持続可能な経済成長及びすべての人々の完全かつ生産的な雇用と働きがいのある人間らしい雇用（ディーセント・ワーク）を促進する
目標9．強靱（レジリエント）なインフラ構築，包摂的かつ持続可能な産業化の促進及びイノベーションの推進を図る
目標10．各国内及び各国間の不平等を是正する
目標11．包摂的で安全かつ強靱（レジリエント）で持続可能な都市及び人間居住を実現する
目標12．持続可能な生産消費形態を確保する
目標13．気候変動及びその影響を軽減するための緊急対策を講じる
目標14．持続可能な開発のために海洋・海洋資源を保全し，持続可能な形で利用する
目標15．陸域生態系の保護，回復，持続可能な利用の推進，持続可能な森林の経営，砂漠化への対処，ならびに土地の劣化の阻止・回復及び生物多様性の損失を阻止する
目標16．持続可能な開発のための平和で包摂的な社会を促進し，すべての人々に司法へのアクセスを提供し，あらゆるレベルにおいて効果的で説明責任のある包摂的な制度を構築する

　　目標17．持続可能な開発のための実施手段を強化し，グローバル・パートナーシップを
　　　　　　活性化する

　（国際連合，2015，14ページ）

（5）プラネタリー・バウンダリーを最重要なものに絞って評価を行い，以下の9つのプロ
　　　セスを特定している。

　　気候変動　　　　　　　　淡水の消費

　　成層圏のオゾン層の破壊　土地利用の変化

　　生物多様性の損失率　　　窒素およびリンによる汚染

　　化学物質汚染　　　　　　大気汚染またはエアロゾル負荷

　　海洋酸性化

　　（ロックストローム，2018，68ページ）

（6）ポーター（M. E. Porter）は「適正に設計された環境規制は，企業の国際競争力を強化
　　　させる」と主張している（三橋，2008）。

（7）環境（Environment），社会（Social），ガバナンス（Governance）に関わる情報のこ
　　　と。

## 【参考文献】

宇沢弘文『社会的共通資本』岩波新書，2000年。

カール＝ヘンリク・ロベール，市河俊男訳『ナチュラル・ステップ　スウェーデンにおける
　　人と企業の環境教育』，1996年。

国際連合「我々の世界を変革する：持続可能な開発のための2030アジェンダ　外務省仮訳」，
　　https://www.mofa.go.jp/mofaj/files/000101402.pdf，2015年，2019年9月20日閲覧

ジェームズ・E・ラブロック，秋元勇巳監修・竹村健一訳『ガイアの復讐』中央公論新社，
　　2006年。

鈴木幸毅『環境問題と企業責任　企業社会における管理と運動　増補版』中央経済社，1994
　　年。

鈴木幸毅「環境経営　環境サステナビリティに志向する企業経営」百田義治編『経営学基礎』
　　中央経済社，2006年，218〜240ページ。

スチュアート・L・ハート著，石原薫訳『未来をつくる資本主義　世界の難問をビジネスは
　　解決できるか　増補改訂版』英治出版，2012年。

鶴田佳史「ステークホルダビリティの理論的展開に向けて」『日本近代學研究』韓国日本近
　　代学会，第58号，2017年，349〜361ページ。

ドネラ・H・メドウズ，デニス・L・メドウズ，ヨルゲン・ランダース，枝廣淳子訳『成長
　　の限界　人類の選択』ダイヤモンド社，2005年。

トーマス・S・アシュトン，中川敬一郎訳『産業革命』岩波書店，1973年。

ハーマン・E・デイリー，新田功・藏元忍・大森正之訳『持続可能な発展の経済学』みすず書房，2005年。

堀内行蔵・向井常雄『環境経営論』東洋経済新報社，2006年。

マティース・ワケナゲル，ウィリアム・リース，池田真里・和田喜彦訳『エコロジカル・フットプリント―地球環境持続のための実践プランニング・ツール』合同出版，2004年。

三橋規宏『サステナビリティ経営 』講談社，2006年。

三橋規宏監修『よい環境規制は企業を強くする ポーター教授の仮説を検証する 』海象社，2008年。

ヨルゲン・ランダース，竹中平蔵解説，野中香方子訳，『2052 今後40年のグローバル予測』日経BP，2013年。

レスター・R・ブラウン，寺島実郎訳『プランB2.0 エコ・エコノミーをめざして』ワールドウォッチジャパン，2006年。

Raworth, K., *Doughnut Economics*：*Seven Ways to Think Like a 21st-Century Economist*, Random House Business, 2017.（黒輪篤嗣訳『ドーナツ経済学が世界を救う 人類と地球のためのパラダイムシフト』，河出書房新社，2018年。）

Rockstroem, J.& M., Klun, *Big World, Small Planet*：*Abundance within Planetary Boundaries*, Yale University Press, 2015.（武内和彦・石井菜穂子監修，谷 淳也・森秀行訳，『小さな地球の大きな世界 プラネタリー・バウンダリーと持続可能な開発 』，丸善出版，2018年。）

Welford, R., Edt.（1996）*Corporate Environmental Management*，Earthscan Publications

# 第2章
# 公害問題と環境規制

## 第1節　公害問題 ―日本が得た教訓―

　日本は，戦後復興を経て，1950年代，1960年代と高度経済成長を成し遂げたが，同時に四大公害病[1]という深刻な外部不経済にも直面した。日本政府，企業，国民を含め，全ての関係者が得た最大の教訓は，防止策を取る方が，どのステークホルダーにとっても，惨事を避けられることのみならず，はるかに合理的で賢明な策であり，被害に対する補償費，公害発生後の処理や再生費を考慮すると，格段に低く抑えることができる，ということである（地球環境経済研究会，1991）。また，公害問題に対処し，解決していくには，従来の「力のある経営者」対「声なき住民」という構造を変えていく必要があり，民主的な市民社会，自由な報道，法制度，司法制度が整備されていることも重要である。

### 1．社会の技術革新・進歩と外部不経済

　18世紀後半，イギリスで起きた産業革命により，化石燃料である石炭を燃料とし，また技術革新に後押しされた大量生産への生産形態の変化により，自然への負荷は，急激に大きくなり始めた。また，この生産様式の転換により，人間と自然との関係も大きく変わり始めた（Polanyi, 1944）。日本では，明治時代に入り，西欧からの技術を導入しつつ，産業革命を急速に進めて行った（三和，2011）。国を挙げて，経済発展と軍事力の強化を目指す中，日本社会で，最初に大きく取り上げられた公害問題が足尾銅山鉱毒事件であるが（東海林他，

2014)，企業経営者と，地元住民の生計や豊かな自然と，何を優先するかの問題で，企業経営が最優先されてきたのが，過去の歴史であった（政野，2013）。日本が経験した四大公害問題も然りである（政野，2013）。特に問題であるのは，地元住民に症状が出た後，正式に，工場が出す汚染物質との関係を認定するまで，数年間を費やしていたこと，それにより被害者が一層拡大したことが，状況を一層悪化させた。なぜ，もっと早く止めることが出来なかったのか，という教訓である。また，1950年代，公害を事前に防止する為の包括的な公害防止の法体制は，まだ出来ていなかったが，その他の関係する法令で防止出来なかったのかという議論である。この時間の遅れや，法体制の運用の欠陥を考えると，やはり，企業経営，経済活動を最優先してきたことが大きな要因といわれる所以である。具体事例として，例えば，水俣病を例にとると，水俣の地元の人々が，異変に気付いたのは，水俣病の「公式確認」といわれる年の4年前（1952年）だった（政野，2013）。チッソ水俣工場附属病院（以下，チッソ病院）で，「伝染性の奇病」を疑われた患者の事例が，水俣保健所に報告され，同保健所は，1956年5月28日，水俣医師会，水俣市衛生課，水俣市立病院，チッソ病院とともに「水俣市奇病対策委員会」を発足させた（政野，2013）。同委員会は，約3ヶ月後の8月14日，熊本大学に調査研究を依頼し，同大学では，内科，小児科，病理，微生物，公衆衛生，のちに衛生学教室も加わり，「医学部水俣奇病研究班」が設置され，科学的な調査と分析が進められた（政野，前掲）。1959年7月，熊本大学研究班による有機水銀説の発表後，チッソは反論を発表し，チッソの工場廃水と水俣病患者の関係を否定し，一時的な「見舞金契約」の形のみの対応を行い，根本的な公害対応への取組みを引き延ばし続けた（前掲）。また，チッソとしては，工場の水俣市での雇用創出の役割や，経済成長への貢献を主張し続けた。

　公害問題発生後の構造を分析すると，結果的には，経営者が優位に立ち，被害を被っている地域住民が耐え忍ぶ。最終的には，被害が住民の生活や生命を根本的に脅かす度合いになり，住民の怒りが爆発し，抗議運動に繋がっていく。それをメディアが取り上げ，地方で起きた事象について，中央省庁を揺り動か

すということに繋がっている（石牟礼，2004，平野2017）。環境管理は，予測される起きうる負の影響を事前に検証し，予防していくことを含めた管理が，本来の目的である。実際に公害被害が起きてしまったということを考慮すると，当時，日本には，適切な環境管理がなかったということになる。他方，法制度が，全くなかったかというと，運用できた法制度はあったとの指摘がある（地球環境経済研究会，1991）。水俣病では，漁業被害がでた直後に，既存の食品衛生法，漁業法，水産資源保護法などを運用する，または，1958年に制定された「水質保全法」，「工場排水規制法」を活用すれば，広範な被害を食い止めることができたとの議論もある（地球環境経済研究会（淡路），1991）。1958年，製紙会社本州製紙の江戸川工場の排水で漁業被害が起きた際は，上記「水質二法」が適用されていたが（政野，2013），水俣では，これらが適用されなかった。なぜ，水俣では適用されなかったのかという疑問も残るが，将来の経済活動の大きさを見据えた先見的な法の制定と運用がいかに重要かを，教訓として得ることができる（淡路，1991）。また，原因究明に，12年も費やしたことが，公害の被害を拡大し，多くの被害者をだす結果となったことは非常に遺憾であった。1959年，食品衛生調査会は，「水俣病は，ある種の有機水銀化合物を原因とし，魚介類を介して起こる中枢神経系の中毒性疾患である」ことを厚生大臣に答申したが，政府が，チッソ水俣工場の排水に含まれるメチル水銀化合物が水俣病の原因であるとの見解を出し，発生メカニズムの解明が決着したのは，1968年9月であり，水俣病の公式確認から12年後であった（地球環境経済研究会，1991）。この遅れにより，現世代の被害者の拡大のみならず，胎児性水俣病患者も発生することとなった。また，技術面での規制においても政府の対応が遅れ，1965年6月，新潟県阿賀野川下流に第二水俣病が発生した。この段階で，当時の通産省（現，経済産業省）は，ようやく全国のアセトアルデヒド工場に対して，廃水を外に出さない閉鎖循環式に変更するよう指導している（石牟礼，2004。政野2013）。よって，水俣病は，「公害に対する企業と国家の責任を問う象徴的な事件」であり（植田，1998），外部不経済[2]を考慮せず，経済最優先の政策をとった結果，引き起こされた社会問題でもあった。

## 2. 公害経験後に，規制制度の整備

　日本の場合，公害が発生し，その後を追って，環境に関する規制制度が設置された。それは，日本が，第二次世界大戦後の戦後復興及び経済成長を最優先し，当時は環境への配慮，地域住民への配慮が二の次であったことを示すものである。これは，クズネッツ環境曲線 (Kuznets Environmental Curve)[3] が示す通り，経済がある一定水準まで発展した後に，環境への配慮が始まり，それは経済的に効率的であるとの見方と同じであった。クズネッツ環境曲線は，環境を保護し，質を改善していくには，経済開発は必須という世界銀行の考えを支持するものである (World Bank, World Development Report, 1992)。他方，クズネッツ環境曲線が提示するほど，極度に途上国は環境を汚染しないし，経済発展を成し遂げたら，急速に環境配慮を行うという具体事例はないとする見解もある (Dasgupta, et al., 2002)。汚染が進むにつれ，政府，企業，国民も，その変化に気づき，極度に悪化する前に，たとえ所得が一定レベルに達していなくても，政府は，何らかの行動をとり，規制をする。既に，中国，インドネシア，ブラジルの事例では，環境規則を強化することにより得た経済的な便益もあったと主張している (Dasgupta, et al., 2002)。実際，途上国であっても，自然に依存した経済活動をしているコミュニティでは，環境を大切にし，必ずしも汚染するわけではない。また，この環境曲線の最大の問題は，環境を汚染した後，費用や技術によって改善していくという仮説を立てていることである。日本の公害問題でも経験したように，自然環境を破壊すると，その再生や回復には莫大な資金と長期間にわたる時間が必要となる。この点を考慮すべきであるが，クズネッツ環境曲線では考慮されていない。実際，日本の経験を踏まえると，公害が発生した後の環境再生費用，公害健康被害への補償費は，公害防止策にかかる費用を大きく上回っていたことも，環境省の研究が示している。よって，先に汚染をし，後にクリーンアップする，または補償するという考えは，不経済であるとの教訓である (地球環境経済研究会, 1991)。実際，水俣での1年当たりの健康被害，漁業被害，汚染被害を含む被害額は，126億3,100万円 (1989年度価格に換算) であるのに対し，1年当たりの対策費は1億2,300万円[4]

（1989年度価格に変換）であり，対策を早い段階で実施し，被害を未然に防ぐことが，金額面の費用効果だけから考えても，十分合理的であったと示している（地球環境経済研究会，1991）。健康被害額は，ここでは，補償給付額と裁判による賠償金等が含まれているが，これらは金銭面のみの金額であり，実際には，失われた健康な体，精神面でのダメージや時間的な損失等，カバー出来ていない被害も多々ある。四日市では，磯津地区なみの被害が全地域で生じた場合，年間被害額が210億700万円で，公害防止対策は147億9,500万円（1989年度価格に換算）と計算された（前掲）。神通川流域では，健康被害額と農業被害額を含む被害額は25億1,800万円で，公害防止対策費は6億200万円（1989年度価格に換算）となっている（前掲）。3つの事例を通じて明白なのは，どの事例も，公害防止対策費用の方が，実際に被害が起きた後の被害額より，格段に低いことであり，経済的であることを示している。また，忘れてはならないのは，失われた命や，破壊された生活や喪失した時間は，決して取り返すことができないということである。また，これらは，金銭的にも全て計算できる訳でもない。

　また，公害問題の解決に向けては，なかなか腰を上げなかった企業と政府に対し，実際には，被害者を中心とした市民による運動が徐々に大きくなり，メディアによる報道や写真家の記録（平野，2017），そして，地元大学による調査研究，更には公正公平な司法制度があってこそ前に進んだと言える。最終的には，これら四大公害が，国の行政を動かす結果を導いた。当然ながら，法制度も重要であるが，開かれた民主的政治と，市民による参加が，社会の基本的枠組になっていないと（地球環境経済研究会（淡路），1991），環境問題を迅速に且つ公平に解決できないし，また，環境行政を適切に実施していくことは出来ない。

## 3．公害規制行政の確立，そして包括的な環境行政組織へ

　日本政府として，「公害規制は環境庁に一元化し，公害対策事業は他省に委

ねて環境庁は調整機能のみを果たす」という調整官庁の役割も持ちつつ（西尾，2019），公害問題に包括的に対処していくため，1971年に環境庁が設置され，1970年代に公害を規制する法律が，順次，整備されていく。同時に，自然環境保全法も整備されていくが，これら2つの分野の法体系は並列であった。1993年に環境基本法[5]が制定され，地球環境問題も含む広範な環境問題に対処していく基本方針が示され，これまで，公害と自然保全に分かれていた法体系が，統合された形となった（西尾，2019）。環境基本法では，「環境への負荷の少ない持続的発展が可能な社会の構築」という新しい理念や原則を示しつつ，各主体の責務を明示している。即ち，環境行政は，国や地方公共団体，事業者のみならず，国民の参加や努力も必要であることも述べている[6]（環境基本法，1993）。ここで，初めて国内的にも，全ステークホルダーが，それぞれ努力をするとともに，協調して取り組んでいく枠組が明確に提示された。また，「国際協調による地球環境保全の積極的推進」も掲げられており，地球環境保全のために国際協調の下，積極的な役割を担っていくことも明記されている。

　その後，環境庁は，2001年，中央省再編で環境省になり，環境省の任務は，廃棄物対策，公害規制，自然環境保全，野生動物保護などを一元的に実施するとともに，地球温暖化，オゾン層保護，リサイクル，化学物質，海洋汚染防止，森林・緑地・河川・湖沼の保全，環境影響評価，放射性物質の監視測定などの対策を他の省庁と共同で実施[7]しており，業務所掌としても拡大している[8]。今後は，気候変動対策をはじめとする，国際的な問題への国内的な取組強化や積極的な国際貢献，更には，日本の具体的な経験や技術を活かした国際協力も一層，求められるため，環境省の国際交渉力及び協調力の強化を進めていくべきであろう。また，環境省は，企業や研究機関，大学やNGOsなどとも協働で，国内の課題のみならず，国際的な課題にも積極的に貢献していくことが期待されている。

## 第 2 節　規制の種類と最近の特徴

　日本の環境基本法[9]では，様々な施策のベストミックスを促進している。典型的な施策は，直接的な規制で，法律や環境基準を策定し，それを遵守させることによる環境管理である。また，環境に関する法律は，有害物質の規制とその監督に集中しているといわれるが（Weizsäcker, 2009），日本の場合，上述の公害問題が起きた後に，有害物質の排出についての規制法が，次々と作成され，施行されていった。1970 年 11 月に開催された臨時国会では，公害規制に関する 14 の草案が提案され，全て承認されている[10]。

　環境保全及び管理の為に規制を実施する手段として，環境省が取りまとめた政策手法は，以下の通りである[11]。

**直接規制的手法**

　社会全体として，達成すべき一定の目標と最低限の遵守事項を示し，これを法令に基づく統制的手段を用いて達成しようとする手法。生命や健康の維持のように社会全体として一定の水準を確保する必要がある場合などに効果が期待される。

（例）

- 大気汚染防止法による硫黄酸化物やばい塵等の排出基準
- 総量規制
- 水質汚濁防止法による排水基準等

**枠組規制的手法**

　目標を提示して，その達成を義務付け，あるいは一定の手順や手続きを踏むことを義務づけることなどによって，規則の目的を達成しようとする手法。規制を受ける者の創意工夫を活かしながら，効果的に予防的あるいは先行的な措置を行う場合などに効果が期待される。

（例）

- PRTR法[12] における届出制度
- 大気汚染防止法による化学物質の規制（有害大気汚染物質に該当する可能性のある物質を明らかにし事業者に状況把握及び排出等の抑制の責務を課したもの）等

## 経済的手法

市場メカニズムを前提とし，経済的インセンティブの付与を介して各主体の経済合理性に沿った行動を誘導することによって政策目的を達成しようとする手法であり，持続可能な社会を構築していく上で効果が期待される。

（例）

- 使用済製品や容器包装等の確実な回収のための預託払戻制度（デポジット）
- 経済的賦課（税金，課徴金，料金）
- 経済的便益（補助金，税制優遇）
- 新規の市場創設（排出量取引，エコ・マーケットの創設）など

## 自主的取組手法

自主的取組は，事業者などが自らの行動に一定の努力目標を設けて対策を実施する取組。技術革新への誘因となり，関係者の環境意識の高揚や環境教育，学習にも繋がるという利点がある。事業者の専門的知識や創意工夫をいかしながら，複雑な環境問題に迅速かつ柔軟に対処するような場合などに効果が期待される。

（例）

- 経済団体連合会の地球温暖化対策
- 個別企業の環境行動計画等

## 情報的取組手法

環境保全活動に積極的な事業者や環境負荷の少ない製品などを，投資や購入等に際して選択できるように，事業活動や製品・サービスに関して，環境負荷

などに関する情報の開示と提供を進める手法。製品・サービスの提供者も含めた各主体の環境配慮を促進していく上で効果が期待される。

（例）

- 環境報告書
- 環境ラベル
- 環境会計
- LCA（ライフサイクル・アセスメント）

### 手続的取組手法

各主体の意思決定過程に，環境配慮の為の判断を行う手続きと環境配慮に際しての判断基準を組み込んでいく手法。各主体の行動への環境配慮を織り込んでいく上で効果が期待される。

（例）

- 環境影響評価制度
- ISO14001 [13] などの環境マネジメントシステム
- 戦略的環境アセスメント等

これらの手法には，それぞれの強みと弱みがあるため，対応していく環境課題について，どの手法を使うのか，また手法を組み合せるのが良いのかを検討していく必要がある。一般的に，直接的規制より，間接的な経済的手法の方が，事業者への負担が少なくなり効果的といわれることもあるが，OECD諸国の事例では，他の手法と併用して使う際は，多くの場合，経済的手法は良い成果を出したと言えるが，中には成果を得ることなく，施策を中止したり，大きく改変された事例も出ている（Barde and Smith, 1997）。また，ヴァイツゼッカー（Weizsäcker, 2009）は，直接的規制は，公害物質の管理については非常に効果的であるが，商品やサービスの効率性の向上については行き詰まっており，消費やサービスを使う量の削減には影響を与えないと述べている。よって，消費やサービスの量を減らす点については，エネルギー価格や，水道価格に踏み込

み，価格を上げていく方策を提案している（Weizsäcker, 2009）。

　自主的取組については，企業や団体の自主性に任せる，もしくは期待するという点では，取組内容の自由度が高く，創意工夫された取組が期待される。他方，その企業や団体の人員全体が，十分な情報や専門知識，及び熱意を持っている必要があり，特に経営陣が，高い意識と意欲を持っている必要がある。よって，これまでは，経済活動が，環境や人々の健康や安全に甚大な影響を及ぼすような課題については，自主規制単独では不適切な場合が多いと考えられていたが，気候変動対策については，自主規制的取組が，日々，活発化していることは注目すべき点である。その事例については，以下で述べていく。

## 1．気候変動対策では，企業の自主規制の取組が，国際的な運動へ [14]

　最近では，企業が，非営利団体やNGOsのイニシアティブに呼応し，企業自らが，自主規制の動きを起こし，積極的に行動する傾向が見られるようになってきている。特に気候変動対策においては，その動きが強まっているが，これは新しい流れである。これは，企業にとって，いかに持続可能な経営を行うかという大きな課題と，それにより，企業価値を上げ，競争力を強化していく狙いもある。具体的には，2014年9月，国連気候サミット直前に開催された「気候週間ニューヨーク市2014」（Climate Week NYC 2014）を契機に，非営利シンクタンク The Climate Group [15] が始めた"WE MEAN BUSINESS Coalition [16]"という，脱炭素化に向け，具体的な対策を実施していく企業・団体の同盟の事例が挙げられる。その中の1つの活動がRE100 [17] で，これは，企業や団体が，自分たちの事業経営の中で，再生可能エネルギー100％を目指す取組であり，現在，国際的には209社で，日本企業も，AEON，丸井グループ，積水ハウス，富士フィルム，パナソニック，ソニー，リコーなど24社が参加 [18] し，多くの企業は，2050年を再生可能エネルギー100％達成を目指す目標年としている。これは，産業化以前からの気温上昇を2℃に抑えるには，2050年までに脱炭素化をする必要があるという科学的な予測評価や [19]，気候変動を非常に深刻で緊急事態と捉える国際的な流れに呼応し [20]，各企業が，自ら自社

活動を再生可能エネルギー100％でやっていくという目標に向け，実施計画を立て，取り組んでいくものである。同時に，RE100を推進するNGOsは，各企業の再生可能エネルギー100％達成に向けた実施計画づくりについて，アドバイスを行ったり，また，その計画の進捗についても，中立的な立場から確認している。RE100が発行した報告書によると，RE100参加企業は，参加していない同業社よりも，「利潤が多い」との結果を出している（Capgemini Invent, The Climate Group, CDP, September 2018）[21]。その根拠は， RE100参加企業は，エネルギーを，競争力を高める財産として捉えていくこと，また，再生可能エネルギー100％導入の計画づくりにおいて，エネルギー源の確保や利用に関する方針を見直し，改定作業を行うことにより，結果的には，その企業の利潤を上げることに繋がっていると分析している（前掲）。

また，WE MEAN BUSINESS Coalitionが進めるもう1つの重要な活動に，SBT（Science-Based Target）（科学的根拠に基づく（温室効果ガス削減）目標）があり，この事務局は，CDP，世界資源研究所（World Resources Institute: WRI），WWF，UN Global Compactにより運営されている。SBTは，各企業が， 2℃目標[22]，または1.5℃目標に貢献することを念頭に，自主的に，科学的根拠に基づく温室効果ガス削減目標を作成していくことを働きかけ，推進していく活動である。具体的には，企業は，まず「科学的根拠に基づく温室効果ガス削減目標を策定する」という意思をSBT事務局に正式に伝え，その後， 2年以内に，SBTが示すガイドラインに沿って，自社で削減目標を策定しなければならない。また，その後は，SBTからの検証を受け，それに合格して，初めて公にSBTを設置したと発表できるのである。検証済みのSBTを持っていれば，自社のホームページ等で宣伝していくことも出来る。正に積極的な自主規制の活動であるが，現在，世界で685社が自主的に加盟し，各自のSBTを実施している。うち，日本企業で目標を作成し，SBT事務局による検証済の目標を実施しているのは54社あり，「目標を策定する」と，コミットメントを表明した日本企業は26社である[23]。大企業だからこそ，このような自主規制に

参加し，温室効果ガスを積極的に削減していけるのであり，中小企業への影響
は少ないと考えがちであるが，これらの活動により，下請け会社や中小企業に
も温室効果ガス削減の努力が促されるという影響が出ている。なぜなら，SBT
の作業では，サプライチェーン全体からの排出量を確認し，算定する必要があ
るためである。例えば，SBTで推進している一般的な削減目標では，スコー
プ1（事業者自らによる温室効果ガスの直接排出（燃料の燃焼，工業プロセス））とスコー
プ2（他者から供給された電気，熱・蒸気の使用に伴う間接排出）の排出削減を含む
ことが必須になっており，スコープ3（スコープ1及びスコープ2以外の間接排出量。
例えば原料調達，輸送，販売した製品の加工，廃棄など）からの温室効果ガスの排出量
削減までは求められていない[24]。他方，スコープ3からの温室効果ガスの排
出量が，スコープ全体の40％以上の場合は，スコープ3の削減目標を策定す
ることが必須となっている。例えば，ソニーは，2050年までに，スコープ1，
2，3からの温室効果ガスを，2008年比で90％削減することをソニーのSBT
で宣言している[25]。よって，今後は，自社以外での排出量削減に対しても，
企業は責任を持って行動していくことになり，その自主的な波及効果を期待し
ていきたい。同時に，これは，下請会社やパートナー会社にとっても，強いイ
ンセンティブとして働くので，スコープ3の分野でも，関係各社は，積極的に
温室効果ガス削減の方向に努力していくものと期待できる。

　以上のように，有害物質の規制では，規制的手法が大きな貢献をしてきたが，
現在，私たちが直面する国際的な課題，特に気候変動対策では，規制的手法に
加え，非営利団体やNGOsが主導する自主的取組手法が大きな影響力を持ち，
国際的なレベルで，多くの企業を動かし始めている。今後の，サプライチェー
ン全体を通じた更なる波及効果に注視していきたい。

## 第3節　環境ガバナンス，環境倫理の確立へ

　人々の行動を律するには，上段では詳細に述べてきたが，一般的には大きく

4 つに分類できる。1，法律による規制，2，市場経済に基づく経済インセンティブによる行動の促し，3，教育で得た知識や社会的価値，哲学や倫理に基づく自主的な行動規律，4，情報開示による取組促進である。情報開示は，規制で求められることもあるが，企業側の使命感や倫理に基づき，任意で開示していくこともあり，自主的な行動規律に連動しているともいえる。環境ガバナンスにおいては，法体系による規制のみならず，環境倫理の側面が重要である。「皆で，このかけがえのない地球を守っていく」という連帯感，協働の意識を持つことが必須である。更には，「自分個人の行動やビジネス活動の影響が，自分が目に見えない地球のどこかで，負の影響として起きることがないようにしよう」，「この尊い地球を守っていこう」という，地球規模での環境倫理を，それぞれの立場で確立していくことが求められる。バーバラ・ウォード（Barbara Ward）他が，1972 年の国連人間環境会議の前に提出した非公式な報告書の名前にもある通り，「Only One Earth」の意味をあらためて理解し，共存共栄を目指し，自主的に取り組んでいく姿勢が重要である。環境教育も，環境倫理の強化に大きな役割を果たす（Palmer, 1998）。また，ビジネスとして，最終的に，何を目的に経済活動を行い，どのように社会に貢献するのかという，正に企業の社会的責任（CSR）や，それを越える共有価値の創造（CSV: Creating Shared Value）の考え方が重要である。即ち，ビジネス活動そのものが，持続可能な社会づくりに直接貢献していく経営方針であり，経営実践である。そのような行動が，今，一層，強く求められている。個人にとっても，企業にとっても，富の蓄積や生産の拡大のみを追い求めるのではなく，社会にどのような価値を提供していけるか，その価値で，どのように社会問題の解決に貢献していくかが重要になってきている。経済や生活が，一定のレベルに達成したのであれば，「足るを知る」ことが必要であり，その倫理観を持って，行動していくことが，環境ガバナンスの強化に繋がっていく（Weizsacker, et al. 2009）。

　また，環境ガバナンスについては，その実施手法を，政府による公的な管理にすべきか，民営化にすべきかが論じられるが，公共財[26]の管理について

は，ハーディン（Garrett Hardin）の『公共財の悲劇』（Tragedy of the Commons, 1968）が，議論のベースとなる。公共財に関しては，誰もが，利益を最大限，取れるだけ取ろうと行動するので，結果的には公共財が滅びてしまい，それに依存している人々も被害を被り，公共財管理は失敗するとのことであるが（Hardin, 1968），実際には，コミュニティレベルで，公共財を適切に管理し，共有している事例もある（Ostrom, 1990）。また，このようなコミュニティレベルでの参加型での公共財の運用こそが，地域にあった環境ガバナンスが，適切に実施されていることの実証ともいえる。これらが成功するには，人々が，自由に意見を述べ，積極的に参加できるような市民社会や，そのような社会環境が重要である。

　最終的には，かけがえのない美しい地球を守りつつ，共に持続可能な社会を作っていこうという共有意識と，その目標に対するコミットメントが必須である。そのためにも，各個人や企業が，適切な環境倫理を確立できるような環境教育や，世界の現状を学び，自分達との関係性や，とるべき行動を自由に議論していける教育の場が必要であろう。

## 【注】

（1）水俣病，新潟水俣病，イタイイタイ病，四日市ぜんそく。
（2）ある経済主体の経済活動が，市場の取引の外で，関係する当事者以外に及ぼす負の影響。工場からの汚染物質による公害はその事例の１つ。
（3）縦軸に汚染度，横軸に一人当たり所得をとり，逆U字型のグラフで示されている。
（4）対策費用は，1955年度から1966年度までの各年度の平均的なチッソ水俣工場における公害防止投資額を平均的な減価償却額とみなし，これにその一定割合として推計した運転費用及び金利負担分を加えた額を単年度としている（地球環境経済研究会，1991）。
（5）https://hourei.net/law/405AC0000000091
（6）環境基本法第６〜９条。
（7）環境省ホームページ
（8）2012年，原子力規制委員会設置法に基づく業務が所掌に加わった。
（9）https://hourei.net/law/405AC0000000091
（10）環境省制作・監修，『日本の公害経験』（ビデオ）

（11）第三次環境基本計画（平成18年4月7日閣議決定）

（12）化学物質排出移動量届出（Pollutant Release and Transfer Register: PRTR）制度。1999年7月に公布された「特定化学物質の環境への排出量の把握等及び管理の改善の促進に関する法律」（化管法）に基づき導入された制度。

（13）https://www.iso.org/iso-14001-environmental-management.html

（14）本書の第3章も併せて参照されたい。

（15）CDP（https://www.cdp.net/en）と共に実施している。CDPは非営利組織で，持続可能な経済・社会のために必要な情報開示を行なっている。

（16）https://www.wemeanbusinesscoalition.org

（17）http://there100.org/re100

（18）http://there100.org/companies　2019年11月18日にアクセスした時点の数値。

（19）The Synthesis Report of the IPCC Fifth Assessment Report（October 2014），パリ協定，IPCC, Special Report: Global Warming of 1.5℃（2018）

（20）https://climateemergencydeclaration.org, The Guardian, 5 November 2019, "Climate crisis: 11,000 scientists warn of 'untold suffering'"

（21）"Making Business Sense: How RE100 Companies have an edge on their peers"（Insights Report）

（22）「産業革命以前と比べ，世界的な平均気温上昇を2℃より十分低く保つとともに，1.5℃に抑える努力を追求する」という目標（パリ協定に含まれている削減目標）。

（23）https://sciencebasedtargets.org/companies-taking-action/　2019年11月15日アクセス時点での現状値。

（24）バリューチェーン排出量のスコープの定義については，グリーン・バリューチェーンプラットフォームによる（環境省，経済産業省）。

（25）https://sciencebasedtargets.org/case-studies-2/case-study-sony/

（26）地球がもたらす人類にとっての公共の財。

## 【参考文献】

石牟礼道子『苦海浄土　わが水俣病』講談社文庫，2004年。

植田和弘『環境経済学への招待』丸善ライブラリー，1998年。

東海林吉郎・菅井益郎『新版 通史・足尾鉱毒事件 1877～1984』世織書房，2014年。

地球環境経済研究会編著『日本の公害経験：環境に配慮しない経済の不経済』合同出版，1991年。

西尾哲茂『わかーる環境法　増補改訂版』信山社，2019年。

平野恵嗣『水俣を伝えたジャーナリストたち』岩波書店，2017年。

政野淳子『四大公害病　水俣病，新潟水俣病，イタイイタイ病，四日市公害』中公新書，
　　2013年。

三和良一『概説日本経済史　近現代第3版』東京大学出版会，2014年。

Barde, J.P. and Smith, S., *"Do the Economic Instruments Help the Environment?"*, The
　　OECD Observer, No. 204, February/March 1997.

Dasgupta, S., et al., "Confronting the Environmental Kuznets Curve", *Journal of Economic
　　Perspectives*, Volume 16, No. 1, Winter 2002, pages 147-168.

Ostrom, E., *Governing the Commons: The Evolution for Collective Action*, 1990, Cambridge
　　University Press.

Palmer, J.A., *Environmental Education in the 21st Century: Theory, Practice, Progress
　　and Promise*, 1998, Routledge.

Polanyi, K., *The Great Transformation: The Political and Economic Origins of Our Time*,
　　1944, (2nd Edition, 2001), Beacon Press, Boston.

Weizsäcker, E.U.v., et.al., *Factor Five: Transforming the Global Economy through 80%
　　Improvements in Resources Productivity*, 2009, Routledge.（エルンスト・ウルリッヒ・
　　フォン・ワイツゼッカー他著，林良嗣監修，吉村皓一翻訳『ファクター5：エネルギー
　　効率の5倍向上をめざすイノベーションと経済的方策』明石書店，2014年。）

World Bank, *World Development Report 1992: Development and the Environment*, 1992,
　　World Bank.

# 第3章
# 持続可能な社会に向けたプロセス

## 第1節　持続可能性の概念とその変遷

　日本の経験を振り返ると，高度経済成長から，甚大な公害経験を経て，環境行政の構築及び整備が進んだのが1970年代である。米国では，レイチェル・カーソン（Rachel Carson）の『沈黙の春』（"Silent Spring"）（1962）が出版され，これまで殺菌や殺虫の目的で，家庭や森林，農地等，至る所で使われてきたDDTが生態系に及ぼす影響や，食物連鎖を経て，人体に及ぼす影響への注意を喚起し，一般国民にも化学薬品の使用についての危険性を認知させることに貢献した。同書が，1つの大きな契機となり，米国での国民の人間環境や環境保全への意識が強まっていった。このように国民の意識が高まり，環境運動が強まる中，1963年に大気汚染防止に関する法律（Clean Air Act）が施行され，国家レベルで，主な大気汚染物質に対する環境基準が設置された[1]。また，環境行政を包括的に担う環境保護庁（Environmental Protection Agency, EPA）が1970年12月に設置された[2]。

　また，ロンドンでは，1952年12月，石炭の燃焼を原因とするスモッグが発生し，何千人もの死者が出たことを契機に，英国において，大気汚染を抑制し，対策をとっていくこととなったと言われている（Menz, et al., 2004）。また，当時，ノルウェーやスウェーデンで，酸性雨の影響により，湖や小さな河川が酸性化し，魚が大量に死ぬという事態も起きている（Menz, et al., 前掲）。これらの主な原因は，硫黄酸化物（$SO_2$），窒素酸化物（$NO_x$）で，英国や東欧の工場

や火力発電所などからの排出が影響しているといわれている。当初は，人体への健康上の影響から始まった酸性雨の問題であるが，それが生態系にも及ぼす影響についても懸念が広がっていった (Menz, et al., 2004)。

　この様に，1950年代から60年代において，日本を含む工業化した諸国では，それぞれの国で悪化していく自然環境，大気汚染，水質汚染等に直面しており，従来の経済開発や，そのアプローチについて，疑問を呈する研究が顕著になってきた時期でもある。

　1970年代初頭は，まさに，このような公害経験を教訓とし，従来の経済発展アプローチに大きな疑問を投げかけ，価値観の転換を，様々に提案していった時期であった。

　1972年に発表されたローマクラブの『成長の限界』は，世界に大きな影響を与える一書となった。「持続可能な開発」という言葉は使っていないが，従来の成長重視の経済アプローチに警鐘を鳴らし，増加する人口が環境に与える影響や，増え続ける資源の利用量，拡大する工業活動が与える環境への影響を，モデルを使って予測し，結果的には，これらが成長を止めてしまうであろうことを指摘している。上記を踏まえると，「持続可能な」開発に通じる概念が，既に生まれつつあることを示唆するものである。

　また，1972年，国連人間開発会議のための準備報告書として，意図的にインフォーマルな報告書として発行された "Only One Earth" (Ward and Dubos, 1972) でも，人間生活に直接的な影響を及ぼす地球の生態系が悪化していることを憂慮し，従来の経済開発アプローチに疑問を投げかけ，環境保全を考慮した経済活動の必要性を提案している。即ち，食糧問題，天然資源枯渇の問題，山積する汚染物質，増加する世界の人口が，地球に負担をかけており，その影響は，結果的には人間の生活に悪影響を及ぼすなど，地球環境と人間との密接な関係も述べている。更に，環境問題に対処していく為には，科学技術や知識のみならず，道徳観や精神的な価値観を確立していくことの重要性も強調し，且つ，環境問題は，様々に繋がっていることから，もはや一国の問題ではなく，地球規模的な国際問題になりつつある為，国際的な協力アプローチが必要とも

訴えている。国際化した社会に生きる人類にとって、「人類は，二つの国を持つ。即ち母国と地球である」と述べていることが印象的である（Ward and Dubos, 前掲）。

　上述した『成長の限界』報告書や，"Only One Earth"の報告書を議論すべきベースとし，国連による人間環境会議（UN Conference on the Human Environment）[3]が，1972年6月，ストックホルムで開催された。これは，国際社会が，初めて人間環境について共に協議した会議という点が注目される。会議では，途上国側は，「途上国の人間環境は，貧困，栄養失調，非識字，悲惨の問題が主要で，これを即座に解決していくことが重要。途上国の優先事項は開発である」と，まずは，これら貧困や悲惨な状況からの脱却の必要性を訴えている[4]。更には，「先進国と途上国との溝が埋まらないのであれば，人間環境についても，殆ど前進しないであろう」との議論も途上国側から出されている[5]。他方，先進国側からは，経済活動における環境への配慮や，効率的な天然資源の活用の推進などが提案された。結果的には，環境悪化に危機感を感じ，環境配慮を訴える北側先進国と，経済発展を重視したい発展途上国に分かれ，「環境配慮を開発戦略に統合していく必要性」を支持する途上国代表もいたが，生態系に影響の少ない開発アプローチは何かなど，環境を考慮した社会づくりに関する討議や課題を共有することは出来なかった。よって，持続可能な開発の概念の進展は，この会議自体では進まなかったと言えよう。先進国と途上国間での持続可能な開発の概念は，両者の微妙なバランスの調整が政治的に取られた世界環境開発委員会での議論まで待たねばならなかった。即ち，同委員会が1987年に発行した報告書"Our Common Future"（『我ら共有の未来』）での持続可能な開発に関する概念である。他方，国連人間環境会議の成果として評価できることは，多くの非政府機関も参加できたことや，メディア報道などを通じて，開発と人間環境の課題について，世界的な関心が高まったことといえる[6]。

　この他にも，シューマッハー（E.F. Schumacher）が，"Small is Beautiful"（1973）という本の中で，現在の貪欲な経済発展，消費活動ではなく，小さく

慎ましやかな経済活動，自然を考慮した経済や社会活動の必要性について訴えている。人間は，自然界の一部である。人間が，新しい技術を生み出し，社会を発展させているが，「人間の顔を持った技術」の可能性を探ることが望ましいとしている。また，最終的には，人間を中心とした経済学を打ち立てるべきことを主張している。シューマッハーは，持続可能な開発という言葉を使っていないが，地域内で循環する経済や，非暴力，平和な社会，仏教でいう「中道」な生き方などの要素を含め，自然に優しく，慎ましやかな生活を求めると同時に，内面的な価値を重視する開発を提案しており，地球の生態系を考慮した持続可能性に繋がる考えと見ることができる。また，「健康と美と永続性」を持つ経済を取り戻す必要があるとしており，持続可能性を表す概念が含まれていると解釈できる[7]。

　上記の通り，増加する人口と拡大し続ける経済についての警告が続いた1970年代であったが，これらの議論をベースに，1987年，世界持続可能な開発委員会が，"Our Common Future"（『我ら共有の未来』）で，初めて持続可能な開発を定義した[8]。この定義では，世代間を超えた公平性を視点に取り入れた点は非常に評価できるが，いざ，どのように実践するか，また，どの様に持続可能性を確保するかという点では，曖昧な点が多い。この定義では，現在の世代と同じモノが，将来世代にもあり，且つ消費されることが想定されているので，その想定によると，地球への負担は変わらないであろう（Daly, 2007）。また，現在の世代と，将来世代とが，同じモノをもって，将来世代の「ニーズを満たした」と言えるのか，また，将来世代が満足するかというと，そこも不明である（Daly, 前掲）。また，アマルティア・セン（Amartya Sen）は，この定義では，「成長」を追い求め続けることを支持しているという点で，不十分とみなしている（1999）。むしろ，成長や開発の概念を，経済の枠を超えて包括的に捉え，「人間の安全保障」[9]に焦点を当てること，成長を阻む障害を取り除き，人間を自由にすることが，人間の内なる開発を推し進め，それが持続可能な開発に結びつくと主張している（Sen, 1999）。この様に，当時の持続可能な

開発の定義には，様々な批判もあるが，世界的に概ねコンセンサスが取れたという意味では，国際政治の面でも，また，国際協力の推進に際しても重要であった。

　経済学の分野でも，市場の機能のみでは考慮されない外部経済に対する対処や，経済と生態系との関係について議論が進んできている。ホーケン他（Hawken, et al., 1999）は，「自然資本主義」（Natural Capitalism）という概念を提案し，従来の経済学の定義による資本という考え方が不十分であると主張し，自然資本（生命を支える生態系の総和）を含めた4つの資本 [10] を提示している。更に，人間が繁栄し，安定した生活をしていくには，森林や魚という，個々の資源よりも，生態系が提供する生態系サービス [11] の方が，はるかに必要であり，重要であると主張している。また，これら生態系サービスから，人間が受ける神益，例えば，水と空気の浄化，肥沃な土壌の形成など，容易には代替できないので，税金と補助金制度を変えることにより，自然資本に適切に投資し，守っていく必要性にも言及している。よって，この「自然資本主義」の考えをベースに企業や人々が活動していくことが，世界にとって平和と安定をもたらすとの考えであり，持続可能性を取り入れた考え方といえる。

　ハーマン・デリー（Herman E. Daly）は，新古典派主義の，到達点のない成長理論を批判し，経済は，限界のある生物圏の中でのサブシステムである，よって，生物圏が受け入れられる範囲内での活動が「持続可能な経済」と定義づけている（2007）。特に，デリーは，効用（utility）では，持続可能な経済を説明できないとし，throughputの概念を強調している。Throughputは，「ある一定期間の，人間が活動するコミュニティに対する総合的な処理能力」，「自然から引き出し，且つ戻すことができるエントロピーの処理能力を生む能力」とも定義している [12]。持続可能な開発を考える際，デリーは，我々が，自然が持つ，汚物を吸収・分解し，破壊された資源を再生できるという，その処理能力の範囲内に人間の活動を留めていれば，その経済は，生態的に「持続可能」なスケールといえると述べている。また，デリーは，ある一定の経済発展を遂げた先進国では，成長ではなく，質の向上，質の面での発展を目指す「定常経

済（steady state economy）」を主張している。要すれば，限りなく，GDPの成長を目指すのではなく，途上国には成長する可能性を残しつつ，先進国は質に力を入れるべきとの考えである。また，貧困削減には成長が必要と主張する世界銀行やIMFに対しては，生物圏が持つ限界を超えての成長を推進し続けることは，返って「非経済的な成長」を招き，途上国の成長のみならず，貧困削減にも繋がらないとし，このthroughputの概念の重要性を述べている（Daly, 前掲）。

　また，国連開発計画（the United Nations Development Programme: UNDP）も，開発や成長については，経済のみではなく，人間に焦点を当てた形で包括的な開発を目指すべきと主張し，経済，寿命，教育を３つの重要な人間開発指標とした[13]。UNDPは，1990年以来，『人間開発報告書』（Human Development Report）を発行し，人間に焦点を当ててこそ，持続可能な開発になっていくことを訴えている。同人間開発指標では，環境面は指標として提示されていないが，清浄な環境があった上での健康，寿命であることを考えると，その指標に間接的に影響していることが理解できる。よって，持続可能な開発の概念が，単なる経済面のみではなく，人間の生活全般に関与するという意味で，持続可能な開発の解釈の広がりを示している。

　そして，今日でも，まだ議論が続いているが，持続可能な社会とは，持続可能な開発目標（Sustainable Development Goals: SDGs）に象徴される目標を達成し，更に改善を続けていく社会といえるであろう。但し，そのベースは生物圏，生態系サービスであり，経済は，そのサブシステムであるので，その生態系が抱えられる範囲内でと主張したデリーの視点が，今，再び注目されているといえる。

　更に，ロックストローム（Rockström）のプラネタリーバウンダリー（planetary boundary）（地球規模で考えた際の限界）の概念[14]は，デリーの概念を，地球規模で要となる科学的なデータをベースに更に深めたものと言える。即ち，人類を含めた地球の持続可能性を考える際，注視すべき重要なバウンダリー（限界）は９つあり，そのバウンダリーの安全な範囲内で，人間社会が経済や社会活動を営んでいくよう，開発のパラダイムを転換すべきと主張している。９つ

のバウンダリーは，（1）気候変動，（2）新規化学物質，（3）成層圏オゾンの破壊，（4）大気エアロゾルの負荷，（5）海洋の酸性化，（6）生物地球化学的循環（リン，窒素），（7）淡水の消費，（8）土地利用の変化，（9）生物多様性（種の絶滅率と生態系機能の損失）である[15]。ロックストロームは，これら9つのバウンダリーについて分析をし，例えば，気候変動については，増加する温室効果ガスの排出量をもとに，リスクの増大傾向で，既に黄色信号の範囲と分析している。生物多様性の生物種の絶滅率及び生物地球化学的循環（リン，窒素）については，既に赤信号となっており，両バウンダリーでのリスクが高いことを示している[16]。

　デリーも，ロックストロームも，人類は，地球が持つ「許容範囲」，「限界」を尊重し，その枠内で活動すべき，それを超えた場合は，生態系のみならず，人類にとっても危機であると述べている。よって，この概念をベースにすると，持続可能な開発とは，正に，地球のバウンダリー（限界）内での活動，地球が持つ自然の再生力，浄化力，調整力など，これらが十分に機能し，地球に負担を与えない範囲内での活動といえよう。当然ながら，科学技術の貢献を含めた地球の限界内での活動であるが，科学技術が，全ての生態系サービスを代替できないことも，これまで強調されてきているので[17]，将来の技術革新の可能性に過度に依存せずに，人間の活動を考えていくことが重要であろう。更に，地球レベルで，人類が安全な範囲内で活動する，持続可能な社会を築いていくには，「地球レベルと地域レベルの両方で，大胆で新しいガバナンス戦略が必要[18]」となってくるであろう。国を超えたガバナンスづくりとその効率的な運用については，今後の大きな課題でもある。

## 第2節　グリーン経済，循環型社会

　「グリーン経済」について，国際的に議論をし，普遍的な概念にしようとした試みの1つは，2012年，国連持続可能な開発に関する会議（United Nations Conference on Sustainable Development, Rio+20）[19]であったが，結果的には，明

確な定義やアプローチについてコンセンサスを得ることなく，会議は終了した。但し，会議では，グリーン経済政策のためのガイドラインを採択した[20]。持続可能な開発と貧困削減の文脈におけるグリーン経済政策は，16の要件を記述しているが，内容は，非常に一般的な原理原則しか書かれていない。何点かを取り上げると，国際法に則ること。政府の主導と市民を含む適切なステークホルダーの参加をもって，全てのレベルで，実現を可能とする（活動）環境と，十分に機能している制度により支援されていること。持続でき且つ包摂的な経済成長を促進し，技術革新を育成し，全ての人に機会と利益とエンパワメントを提供し，全ての人の人権を尊重すること。国際協力を強化すること，などである。これらの条件は，グリーン経済政策というよりも，一般的な開発事業を進めていく上での，留意事項のようにもとれる。このような取り纏めで終わった背景には，各国間，グリーン経済についての総意が纏まらなかったことを示唆している。

　また，開発事業の分野では，公害を引き起こした活動，即ち「ブラウン」に対し，環境保全に寄与する案件を「グリーン」という意味で使うこともあるが（Hicks, et al., 2008），グリーン経済についての定義は複雑である。例えば，「エネルギーがグリーン」という場合は，再生可能エネルギーを考え，また資源循環を想定した経済体系を指すことが多い。

　また，ヴァイツゼッカー（Weizsäcker）は，次に来るべく新しい技術革新の波は，「「グリーン」でなければならず，グリーンでなければ，行われてはならない」と述べている（2009）。ここでの「グリーン」の意味は，従来よりも改善された資源利用の効率性，エネルギー効率が高いことであり，ヴァイツゼッカーは，資源利用効率性の5倍の向上を目指すべきであり，それは可能であると主張している（2009）[21]。

　更に，最近では，定義が曖昧な「グリーン経済」より，「循環型経済」，「循環型社会」という概念が，より論じられるようになってきており，この概念の方が，「グリーン経済」をより具体的に示すものとして使われてきている。

　環境省によると，形成すべき「循環型社会」は，「（1）廃棄物等の発生抑制，

（2）循環資源の循環的な利用及び（3）適正な処分が確保されることによっ
て，天然資源の消費を抑制し，環境への負荷ができる限り低減される社会」と
定義づけている（循環型社会形成推進基本法，平成12年6月2日公布）。要すれば，最
終的には，新たな天然資源を投入することなく，製品が製造され，その過程に
おいても廃棄物がなくなり，また使用後はリサイクルにより，次の製造に使わ
れる。また，製造過程で発生する廃熱も活用する。いわゆる廃棄物ゼロの製造
システムであり，社会である。また，循環型社会を形成する為の法体系として，
環境基本法を根幹とし，その下には，循環型社会形成推進基本法があり，それ
を実際に支える柱としては，廃棄物処理と資源有効利用という2つの柱を立て
ている。また，容器包装や家電，食品等のリサイクル法が，それらを運用する
アプローチとなっている（図表3−1参照）。

図表3−1　循環型社会を形成するための法体系

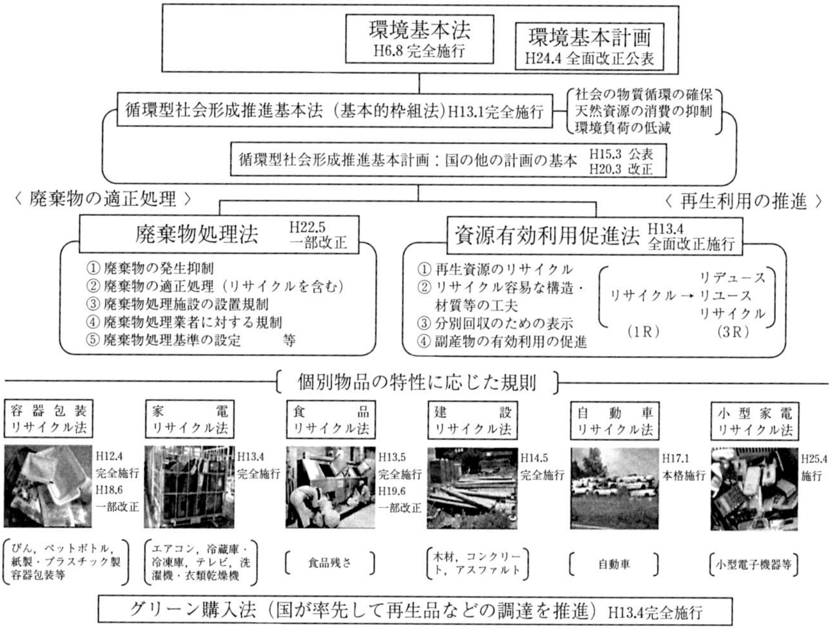

出所：環境省ホームページ。

　しかし，ここでは，エネルギー分野は別に分かれており，本来であれば，エネルギーも含めた形で，循環型社会を形成することを考えるべきである。他方，2018年7月3日に閣議決定された「第五次新エネルギー基本計画[22]」の「2030年に向けた政策対応」は，「資源確保の推進」，「徹底した省エネルギー社会の実現」，「再生可能エネルギーの主力電源化に向けた取組」などと共に，「化石燃料の効率的・安定的な利用」も入っており，再生可能エネルギーの取組みは掲げられているものの，大きな転換を後押ししていくような加速的な施策にはなっていない。

　また，資源循環に関する基本計画に目を向けると，「第四次循環型社会形成推進基本計画」(2018年6月19日，閣議決定）では，持続可能な社会づくりとの統合的な取組を大きな枠組とし，5つの柱を立てている。（1）地域循環型共生圏形成による地域社会活性化，（2）ライフサイクル全体での徹底的な資源循環，（3）適正処理の推進と環境再生，（4）災害廃棄物処理体制の構築，（5）適正な国際資源循環体制の構築と循環産業の海外展開である。また，将来像としては，「誰もが，持続可能な形で資源を利用でき，環境への負荷が地球の環境容量内に抑制され，健康で安全な生活と豊かな生態系が確保された世界」，「環境，経済，社会的側面を統合的に向上」していくこととしている。デリーや，ロックストロームが主張する，地球の限界内での負荷に留意した方針となっていることがわかる。

　ここで，「地域循環共生圏」について，少し触れたい。これは，2018年4月，閣議決定された「第五次環境基本計画」で提示され，「地域資源を持続可能な形で最大限活用しつつ，地域間で補完し支え合うことで，人口減少や少子高齢化の下でも，環境・経済・社会の統合的向上を図りつつ，新たな成長につなげようとする概念」である。まさに，農山漁村が持つ資源や魅力を生かしつつ，都市との連携を図り，森，川，海，里をベースに循環型共生圏を創っていくことを目指そうというものであり，それが持続可能な社会の事例になるとのことである。環境省の事例集によると，環境，経済，社会的側面の全てにおいて地域循環を構築した地域はまだないが，町レベルで，または環境面で，地域

図表 3 - 2　地域循環共生圏

地域循環共生圏
〇 各地域がその特性を生かした強みを発揮
　　→ 地域資源を活かし，自立・分散型の社会を形成
　　→ 地域の特性に応じて補完し，支え合う

出所：環境省ホームページ。

循環共生圏を構築しつつある場所が出てきている[23]。例えば，兵庫県北摂SATOYAMA構想[24]である。これは，環境省が実施する里地里山保全再生モデル事業をベースに発展した構想であるが，地域の非営利の活動団体，地方自治体，専門家などが一緒になって，地元の里地里山の現状を知り，保全再生の戦略を策定し，実施している。最終的には，里地里山が，その内部だけでの循環ではなく，都市と繋がり，都市との間でも循環型になり，正の影響を相互に生み出すことが期待されている活動である[25]。「第四次循環型社会形成推進基本計画」の中では，地域循環共生圏は，循環型社会を実施するための，特に地域活性化のための一手段であるが，「第五次環境基本計画」では，地域循環型共生圏が中心的な役割を担っており，持続可能な社会を構築していくため

の具体的な施策である。日本の場合，これら地方で実施されている地域循環共生圏の活動を積みあげていくことにより，国全体としても，持続可能な社会の構築が可能となっていくことを期待したい。

## 第3節　低炭素から脱炭素社会へ，地球温暖化から気候の緊急事態へ

　最近の国際的な議論の流れでは，地球の温暖化ではなく，気候の緊急事態，気候の危機といった切迫した，また緊急を要する課題として議論されてきている[26]。国際会議以外でも，例えば，ニューヨーク市議会は，「気候の緊急事態の発生宣言と，安全な気候を再生する為の緊急結集の必要に関する決議」を，2019年6月に採択している[27]。この緊急性を政府に認知させる動きは，NGOによる運動[28]に後押しをされているが，その規模は，徐々に広がり，30カ国，1,700以上の都市が，気候変動を緊急事態と認知している[29]。また，ビジネスやライフスタイルについても，低炭素社会ではなく，脱炭素社会を，いかに迅速に構築できるかの議論になってきている。これは，気候変動に関する政府間パネル（Intergovernmental Panel on Climate Change（IPCC））による報告書でも，また，2019年の国連気候行動サミットの前日に出版された，"United In Science" 報告書[30]でも，脱炭素化への急速な舵取りと，現行の経済，社会体制の転換を提案している。

　以下，最近の気候変動対策への流れを確認しつつ，その切迫している状況について分析する。

　2015年12月のパリ協定では，2℃目標と1.5℃の努力目標が掲げられた。しかし，2018年10月，IPCCが発刊した『1.5℃の地球温暖化報告書[31]』では，産業革命以前と比較し，気温が1.5℃上昇した場合と，2℃上昇した場合の比較がされており，僅か0.5℃の差であっても，気温上昇をより低く抑えた方が，重要な指標（例えば，猛暑により影響を受ける世界人口の割合，海面上昇の高さ，生態系の変遷，サンゴ礁の消滅の割合等）に関し，気候変動の影響も少なくなることが示

されている。但し、「サンゴ礁については、1.5℃上昇の場合にも、更に70－90％減少し（高い確信度）、2℃上昇で99％以上の減少（非常に高い確信度）」との評価である。同報告書によると、気温上昇を1.5℃未満に抑える為には、国際レベルで、2050年頃までに脱炭素（net zero）することを示唆している。

　また、COP21の決定により、締約国は、2020年までに、長期的な温室効果ガスの低排出の開発戦略を提出する義務があり、徐々に長期戦略を提出し始めている。ドイツ、フランスは、2016年内に、国連気候変動枠組条約事務局（UNFCCC）に提出しており、2017年にはアップデート版を作成している。他方、日本は、2019年6月11日、「パリ協定に基づく成長戦略としての長期戦略」（後述は長期戦略）とのタイトルで、閣議決定をし、6月26日にUNFCCCに提出した[32]。ここでは、「最終到達点としての「脱炭素社会」を掲げ、それを野心的に今世紀後半のできるだけ早い時期に実現することを目指すとともに、2050年までに80％削減に大幅に取り組む」としている。日本も、脱炭素社会を目指すことは掲げているが、2050年までに脱炭素化をするとは、この長期戦略では言い切っていない。しかし、2020年9月に首相に就任した菅義偉総理が、所信表明演説で、「我が国は、二〇五〇年までに、温室効果ガスの排出を全体としてゼロにする、すなわち二〇五〇年カーボンニュートラル、脱炭素社会の実現を目指すことを、ここに宣言いたします」と訴えたことは注目に値する[33]。他方、フランス、ドイツ、英国、EUは、2050年までに脱炭素化することを2018年末の時点で宣言し[34]、今後、具体的な政策をとっていく方針である。また、日本の長期戦略では「最終到達点としての「脱炭素社会」を掲げ、それを野心的に今世紀後半のできるだけ早い時期に実現することを目指す」という表現について、「できるだけ早い時期」とは、2050年から2100年の間の、どのタイミングを指すのかが明確でなく、明確に示すべきであったとの指摘もされている[35]。また、火力発電からの二酸化炭素削減に取り組むことは明示されているが、再生可能エネルギーへの迅速且つ大規模なエネルギー転換に向けての明確な方針はなく、並列的に、再生可能エネルギーの促進や、非連続的な技術革新を推進することを強調しており、長期戦略とは言うものの、

長期的な視野での大胆な方向転換を導く方針にはなっていない。また，カーボンプライシング[36]についても，これまで様々な議論がなされてきたが，この長期戦略では，「国際的な動向や我が国の事情，産業の国際競争力への影響等を踏まえた専門的・技術的な議論が必要である。」とのみ言及されており，具体的な方針や施策については全く述べられていない。42の国と25の地域が，カーボンプライシングを導入していることを考慮すると，日本政府としては，非常に慎重な姿勢であることがわかる[37]。

　上記のIPCCによる科学的な評価と国際的な動きを考慮すると，気候変動の臨界点は，産業革命以前と比べ，1.5℃未満に抑えることであり，そのためには，2050年までに脱炭素化すべきというのが，科学的な予測に基づく国際的な総意になってきている。

　これを踏まえ，日本企業も，気候変動対策のために，大きく動き始めている。例えば，2014年9月，「気候週間　ニューヨーク市2014」(Climate Week NYC 2014) を契機に，非営利シンクタンクThe Climate Group[38]が始めたRE100という，自社の事業活動を100％再生可能エネルギーで賄うことを宣言し，実行していく運動に，現在，204社が賛同し，コミットしている[39]。うち，日本企業24社を含んでいる。業種は，建設業，銀行，スーパー，製造業，空港公団等，多種多様であるが，2030年，2040年，2050年を，大きなエネルギー転換時点として，各社が，自主的に目標や計画を設定して取り組んでおり，大いに歓迎すべきことである。早急に且つ大胆に緩和策を進めていく必要があるので，今後，ビジネス活動のエネルギー源が，再生可能エネルギー100％に進んでいくことが，一層，求められている。

　また，2019年9月23日に開催された国連気候行動サミットでは，77カ国，100を超える都市，87の企業が，温室効果ガスを減らすこと，及び1.5℃目標に沿う形でビジネスを実施していくことを宣言している[40]。更には，130の銀行（世界の銀行セクターの3分の1に相当）も，パリ協定に沿った形でビジネスを実施していくことに賛同し，署名をした[41]。特に，企業や銀行が，1.5℃目標が臨界点であることを認識し，2050年脱炭素の目標を目指しコミットした

ことは，今後の気候変動対策を加速していくには，大変心強い事象である。し
かしながら，上述のサミットの前日，国連機関と非営利のシンクタンクが作成
した"United in Science" 報告書<sup>(42)</sup>が公開され，その結果によると，現時点
での気候変動に対する国際的な取組みは不十分であり，臨界点を超えない為に
は，各国及び全てのセクターの人たちの一層の真剣さと，更なる努力が必要で
あることを各国に提示した。同報告書の主なポイントは以下の通り<sup>(43)</sup>。

- 2015－2019年の地球の平均気温は，これまでの記録で，最も高い気温を
  示している。
- 産業化以前と比べ，1.1℃上昇した。
- 気候変動による影響は，10年前の予測よりも，より強く，より早く起き
  ている。
- 2018年に，化石燃料からの二酸化炭素排出は，2 ％増加した。
- 2018年は，二酸化炭素370億トンの排出を記録。
- 地球規模での排出量は，2020年はおろか，2030年にも最大に達しない
  （増加し続ける）。
- 二酸化炭素排出量を削減する政策は，2 ℃未満を達成するには 3 倍の努力，
  1.5℃未満を達成するには 5 倍の努力が必要。
- 温室効果ガス排出削減には，全てのセクターが取り組まなければならな
  い。

　上述の通り，非営利シンクタンクやNGOsが主導するイニシアティブに，世
界レベルで企業が次々と参加し，自主的な脱炭素化に向けた動きが始まってい
る。他方，世界レベルでの二酸化炭素排出量は，依然，増加傾向にあり<sup>(44)</sup>，
気候変動対策には，エネルギー源の再生可能エネルギーへの転換を含め，ビジ
ネス形態の大きな転換や更なる努力を迫られている。

## 第4節 ミレニアム開発目標（MDGs）から持続可能な開発目標（SDGs）へ

　2000年9月，国連ミレニアム・サミットで，「国連ミレニアム宣言」が採択され，ミレニアム開発目標（Millennium Development Goals: MDGs）が取り纏められた。これは，8つの目標からなるが，極度の貧困と飢餓の撲滅，普遍的初等教育の達成等，途上国が達成していくべき開発目標であり，それを先進国が支援し，協力していきましょうというものであった。目標達成年の2015年には，国連が評価を実施し，開発目標として進展した部分もあったが，いまだ未達成の分野も残っている。例えば，1日，1.25ドル未満で生活する貧困者層は，1990年に19億人いたが，2015年には8億3千5百万人まで削減できた (45)。他方，飢餓で苦しむ人達を半減することが出来なかったり，子供の出生時死亡率は，90／1,000人から，43／1,000人まで削減されたが，3分の2下げるという目標は達成しなかった。また，妊産婦死亡率をほぼ半減することは出来たが，3分の2下げるという目標は達成出来なかった等，未達成項目も残っている (46)。

　MDGsの反省も踏まえ，2013年から，より多くのステークホルダーが参加し (47)，準備にも時間をかけた持続可能な開発目標（Sustainable Development Goals: SDGs）が，2015年9月に国連総会で採択された (48)。MDGsとSDGsで大きく異なる点は，MDGsが途上国の目標であったが，SDGsは全ての国にとっての目標になっている。日本も，国内状況を考えてみると，ジェンダーの平等，働きやすい仕事環境，生産と消費，気候変動，教育の質の問題等，取り組むべき問題が多くあることに，あらためて気付く。国連が意図したことも，正に全ての国で取り組み，全ての国の状況を包括的に改善していこうというものである。また，前文では，5つのP，即ち，人間（People），地球（Planet），繁栄（Prosperity），平和（Peace），パートナーシップ（Partnership）が明示され，SDGsの目指すべき方向性の重要な柱になっていることがわかる。これまでの

ように経済のみを最重視するのではなく，まず人間の重要性を再確認しつつ，あらゆる形，次元での貧困と飢餓をなくし，全ての人々が尊厳と平等性を持ち，且つ健全な環境の中で，それぞれの潜在性を開花させていくことを確保し，地球を守ること，自然と調和した形での社会の繁栄，平和な社会，そして，皆で協力していくというパートナーシップが強調されている。更に，具体的な目標を見ていくと，どの課題をとっても，目標間で横に繋がっていて，且つ，一国の課題が，隣国や地球レベルで連動していることに気づく。例えば，生産や消費の問題，森林保全が，その一例である。ある国での消費に関する傾向を変えない限り，他国に依存している生産や森林伐採にも影響が出てくるという点である。

## 1．Transforming our world　私達の世界の変革，価値観の転換

　非常に重要な点は，SDGs を含む国連の正式文書名 － "Transforming our world: The 2030 Agenda for Sustainable Development" に反映されている。まさに，「私達の世界の変革」であり，価値観の転換を目指す運動である。この価値観の転換は，前節でも言及した通り，1970 年初頭以来，ローマクラブや，ウォード（Ward）とデュボス（Dubos），シューマッハーも提案してきたことである。持続可能性を目指し，技術革新で乗り越えた部分もあったが，最終的には，私達の世界，社会の変革をしていく必要性が，今の時代を生きる全ての人々にあるということである。

　気候変動対策同様，企業は既に動き出しており，日本でも多くの企業による活動が実施されてきている（上野他，2017）。また，最近では，既に多くの大学も，持続可能性や SDGs を促進していくための授業や研究を実施し，その影響を競い合うようになっていることは，喜ばしいことである[49]。他方，SDGs の具体的な目標を経営方針や活動に主流化することなく，慈善活動のみを実施している場合でも「SDGs を実施している」と主張する企業や団体もありえるので，その活動内容や成果に，十分，留意していく必要もある。単発的な慈善活動だけでは，社会の仕組や価値観を変えていくことは出来ない。当然である

が，SDGsは，その活動を実施することに義務を感じるのではなく，何の為に実施するかを考えていく必要がある。究極的には，全ての人類の為であり，また地球環境の為でもある。ある小企業の社長は，「SDGsは，世界平和のためである」と述べていた[50]。また，「会社経営が苦しい時だからこそ，自社の持続可能性を見直し，SDGsをやっていく」とも強調していた。まさに，その通りで，SDGsを企業活動の根本として据え，実施していくことは，世界の平和に繋がっていくと筆者も信じている。また，環境への投資は，プラスにならないと思う傾向が社会には根強いが，これについても，実例をもとに，経営陣の考え方を変えていく必要がある。初期投資がかかっても，環境を配慮したビジネスのやり方に変えていくことにより，最終的には，原料費，高熱費，廃棄物処理費等の節約になり，会社にとってもプラスになっていく[51]。

## 2．持続可能な開発の為，民間投資の巨匠とのパートナーシップを強化する国連

2019年10月16日，グテレス（Guterres）国連事務総長は，「持続可能な開発のためのグローバル投資家」（Global Investors for Sustainable Development：GISD）同盟の設置を発表し[52]，この同盟に参加する30の民間投資の巨匠が，今後，2年間，国連とともに，持続可能な開発の為に投資していくよう努めていくことを発表した。このイニシアティブは，国連の「持続可能な開発の為のファイナンス戦略」の一部を成すものであり，グテレス事務総長は，AllianzのCEOと，ヨハネスブルグ証券取引所のCEOを共同議長に任命している。参加企業は，ドイツ，オランダ，英国，米国，日本などをはじめ，中国，インド，インドネシア，ブラジル，コロンビア，ナイジェリア，南アフリカ，アラブ首長国連邦など，合計24カ国が参加している。日本からは，年金積立金管理運用独立行政法人（GPIF）が入っている。「持続可能な開発を進めていくには，年間，数兆ドルの開発資金が必要であるが，例え公的な支援が最大になったとしても，大きな不足が生じ，民間資金が一層必須とされる」[53]との見解で，民間投資の重要な意義が，一層，強調されてきている。OECD／DAC諸国による2018

年の政府開発援助（ODA）額が1,530億ドル<sup>(54)</sup>であることを考えると，貧困問題をはじめ，途上国の課題を解決していくには，民間投資の必要性と重要性をあらためて認識する。他方，現実には，途上国では，長期的な投資を誘致する為の政策や制度が未整備であったり，経済的なインセンティブが不十分であったり，政府機関内での収賄などもあり課題は多い。しかし，この同盟では，3つのワーキンググループで，個別の課題を協議し，具体的には，2年後に，以下の4つの成果を出すことを目指している<sup>(55)</sup>。

- ●企業レベル及び（投資）制度レベルにおいて，持続可能な開発の為の長期的な金融と投資を可能にする解決策を提案すること。
- ●資金を最も必要としている国とセクターの為に，追加的な資金を調達すること。
- ●ビジネス活動の良い影響を拡大していく手段を見出すこと。
- ●ビジネス活動を，持続可能な開発の為の2030アジェンダ（SDGs）に合わせていくこと。

この同盟は，現時点では，SDGs達成の為に，最も投資が必要な国やセクターに，具体的な投資額を掲げて投資を促すものではないが，この同盟を通じて，投資家の動きが，今後，どのように変化していくか，また実際に投資が，必要な諸国の必須のセクターに動いていくかを注視していきたい。

## 第5節　おわりに

「持続可能な社会」の構築は，1970年代以来の私たちの目標であり，現在も，いまだ挑戦が続いている。これからの「持続可能な社会」は，被害が深刻になりつつある，気候変動による影響も考慮しつつ，迅速に対応していく必要があり，課題としては，二重にも三重にも複雑な課題となってきている。今後の持続可能な社会の構築には，上述の議論から，4つの側面を考慮し，進めていく必要があると考える。

　1つ目は，循環型社会をどう構築していくか，法整備をしつつ，特に最新の科学技術を効果的に使いながら，どのように進めていくか。資源の浪費や廃棄物を極力減らし，今，使用している製品や資源の中での経済活動や消費パターンを，どのように作っていくかの挑戦である。

　2つ目は，持続可能な社会は，2050年までに脱炭素社会でなければならない。これは，企業活動や，私たちの日常生活において，特に，再生可能エネルギーへの大きな変換を伴うものである。

　3つ目は，SDGsを進めていくには，世界の変革，世界の価値観の転換が必要である。生物圏が全てのベースにあるので，生態系サービスが健全に機能できる範囲内で，人間の活動を実施していくべきというデリーや，ロックストローム[56]の考えであり，人間の活動を律していくには，価値観の転換を伴う。

　4つ目は，私たちの経済開発や成長へのアプローチの再考と，消費者の「便利さ」「快適さ」についての考えも変えていく必要がある。

　これら全てについて，世界規模で協調しつつ，価値観の転換，消費者の考えや行動の改善を実施していくことが出来れば，真の意味で持続可能な社会を構築していけるのではないだろうか。私たち全人類には，このかけがえのない地球を守る責任があるので，従来の価値観や制度を実際に変えていく努力を最大限にすべきである。その際，人々の日々の生活に直接，間接的にモノやサービスを提供し，影響を与える企業の役割は，一層重要になっていくことは確かである。その意味でも，企業が，上記の点を十分に考慮し，企業活動の中心に，持続可能性を据えて実施していくことが，一層，期待されている。また，国民一人一人は，消費者として，持続可能性を念頭にしたモノやサービスの選択を，賢明にしていく必要がある。社会全体が一体となり，パートナーシップを軸に行動を進めていくことが，結果的には，従来の経済及び社会的な枠組を変え，世界の変革に繋がっていくことを確信している。

# 【注】

（1）EPAのホームページ参照。https://www.epa.gov/clean-air-act-overview/evolution-clean-air-act

（2）EPAのホームページ参照。https://www.epa.gov/history/milestones-epa-and-environmental-history

（3）https://sustainabledevelopment.un.org/milestones/humanenvironment

（4）United Nations, 1973, "Report of the United Nations Conference on the Human Environment, Stockholm, 5-16 June, 1972," New York.

（5）United Nations, 1973 前掲

（6）United Nations, 1973 前掲

（7）Schumacher, 1973 前掲

（8）「持続可能な開発は，将来世代のニーズを満たす能力を損なうことなく，現在の世代のニーズを満たす開発」（"Our Common Future"）

（9）「人間の安全保障は，人間の生存と生活を守り，維持するもの。」「人間の生活を脅かす様々な不安を減らし，可能であればそれらを排除することを目的としている。」（セン, 2006）

（10）人的資本，金融資本，製造資本，自然資本

（11）基盤サービス（養分循環，水の循環など，最も基盤となる働き），供給サービス（食糧，衣料，木材など），調整サービス（気候の調整や，水の浄化など），文化的なサービス（自然が与える精神的な効用。例えば，自然の美しさに感動する，癒されるなど）（Millennium Ecosystem Assessment, 2005）

（12）Daly, 2007

（13）http://hdr.undp.org/en/reports/global/hdr1990

（14）Rockström, J., and Klum, M., 2015, *Big World Small Planet: Abundance within planetary boundaries*

（15）Rockström and Klum, 2015

（16）Rockström and Klum, 2015

（17）Ward and Dubos, 1972;『成長の限界』(1972)；Daly, 2007

（18）Rockström and Klum, 2015

（19）https://sustainabledevelopment.un.org/rio20

（20）https://sustainabledevelopment.un.org/index.php?menu=1225

（21）"Factor Five: Transforming global economy through 80% improvements in resource productivity"

（22）https://www.meti.go.jp/press/2018/07/20180703001/20180703001.html

（23）環境省ローカルSDGs：地域循環共生圏づくりプラットフォーム，http://chiikijunkan.env.go.jp/shiru/

58

(24) https://www.env.go.jp/nature/satoyama/chiiki_senryaku/mat05-1.pdf

(25) https://isap.iges.or.jp/2019/pdf/TT5_Yamamoto.pdf, 北摂里山博物館　http://hito sato.jp

(26) United Nations, *Report of the Secretary-General on 2019 Climate Action Summit.* Dec. 11, 2019.

(27) *The New York Times*, July 5, 2019, "A 'Climate Emergency' was Declared in New York City. Will that change anything?" https://legistar.council.nyc.gov/LegislationDetail. aspx?ID=3940953&GUID=506493D1-9DF1-4289-8893-4AF892557355&Options=ID%7C Text%7C&Search=Climate

(28) https://www.theclimatemobilization.org/climate-emergency

(29) https://www.theclimatemobilization.org/climate-emergency（2020年9月20日にアクセスした際の情報）

(30) https://www.un.org/sustainabledevelopment/blog/2019/09/unite-in-science-report/

(31) 英文正式名称は次の通り。Global Warming of 1.5℃: An IPCC Special Report on the impacts of global warming of 1.5℃ above pre-industrial levels and related global greenhouse gas emission pathways, in the context of strengthening the global response to the threat of climate change, sustainable development, and efforts to eradicate poverty, IPCC, 2018.

(32) https://www.env.go.jp/press/106953.html

(33) 2020年10月26日，第二百三回国会における菅内閣総理大臣所信表明演説

(34) EUは，2050年までに脱炭素することを2018年11月18日に宣言し，2019年12月にポーランドを除くメンバー諸国間で合意している。BBC News, 13 December, 2019, *"EU Carbon Neutrality: Leaders agree 2050 target without Poland"*

(35) IGESによる提言を参照。https://archive.iges.or.jp/files/research/climate-energy/ PDF/20190527/02_Mizuno.pdf

(36) カーボンプライシングは，温室効果ガスのコストを意識して行動するよう，炭素の排出に対し，価格をつける経済的手法の1つ。明示的な炭素税，排出量取引による排出枠価格や，暗示的炭素価格のエネルギー課税，規制の為に必要な遵守コスト等がある。（OECD, Climate and Carbon, 2013）

(37) World Bank, 2017, State and Trends of Carbon Pricing 2017.

(38) CDP（https://www.cdp.net/en）と共に実施している。CDPは非営利組織で，持続可能な経済・社会のために必要な情報開示を行なっている。

(39) http://there100.org/companies（2019年10月18日現在の数）

(40) https://www.un.org/en/climatechange/assets/pdf/CAS_closing_release.pdf

(41) 前掲の国連プレスリリース

(42) https://www.un.org/sustainabledevelopment/blog/2019/09/unite-in-science-report/

(43)"United In Science", September 22, 2019, by WMO, UN Environment, Global Carbon, IPCC, Future earth, The Earth League, and GFCS.

(44) UNEP, "Emissions Gap Report 2019"

(45) United Nations, "The Millennium Development Goals Report 2015"

(46) The Guardian, July 6, 2015, "What have the millennium development goals achieved?"

(47) https://sustainabledevelopment.un.org/post2015/owg

(48) https://sustainabledevelopment.un.org/sdgs

(49) Times Higher Educationが，SDGsによる大学の影響ランキングを毎年発表している。https://www.timeshighereducation.com/rankings/impact/2019/climate-action#!/page/0/length/25/name/UC%20Berr/sort_by/rank/sort_order/asc/cols/undefined

(50) 東京都日野市主催のSDGs×ビジネス実践セミナー（2019年9月24日）

(51) 2019年1月15日，飲料製造・販売業者へのインタビュー

(52) United Nations Press release, October 16, 2019."30 Business Titans Join UN Push to Scale Up Private Sector Investment for Sustainable Development""

(53) UN Press release 前掲

(54) OECD Press release, 10 April, 2019."Development aid drop in 2018, especially to neediest countries"

(55) UN Press release 前掲

(56) Daly, 2007; Rockstrom et.al., 2015, 前掲

## 【参考文献】

上野明子他『動きだしたSDGsとビジネス：日本企業の取組み現場から』UN Global Compact Network Japan, and IGES，2017年。

アマルティア・セン著，東郷えりか訳『人間の安全保障』集英社新書，2006年。

D.H. メドウズ，D.L. メドウズ，J. ランダズ，W.W. ベアランズ三世著，大来佐武郎監訳『成長の限界－ローマクラブ「人類の危機」レポート』ダイヤモンド社，1972年。

Carson, R., *Silent Spring*, Houghton Mifflin Compnay, 1962.（レイチェル・カーソン，青葉築一訳『沈黙の春』新潮文庫，1974年。）

Daly, H.E., *Ecological Economics and Sustainable Development: Selected Essays of Herman Daly*, Edward Elgar, Cheltenham, UK, 2007.

Hawken, P., Lovins, A.B., and Lovins, I.H., *Natural Capitalism: Creating The Next Industrial Revolution*, earthscan, 1999. ホーケン，エイモリ・ロビンス，ハンター・ロビンス著，佐和隆光監訳，小幡すぎ子訳『自然資本の経済』日本経済新聞社，2001年。

60

Intergovernmental Panel on Climate Change (IPCC), *Global Warming of 1.5℃, Summary for Policymakers, 2018.*

Menz, F.C. and Seip, H.S., "Acid rain in Europe and the United States: an Update" *Environmental Science & Policy 7 (2004) 253-265.*

Nordhaus, W., *The Climate Casino: Risk, Uncertainty, and Economics for a Warming World*, Yale University Press, 2013. (藤崎香里訳, 『気候カジノ：経済学から見た地球温暖化問題の最適解』日経BP社, 2015年。)

Rockström, J. et al., "A safe operating space for humanity", *Nature*, Vol. 461, No. 24, September 2009, pp.472-475.

Rockström, J. and Klum, M., *Big World Small Planet: Abundance within Planetary Boundaries*, MAX STROM PUBLISHING, 2015. (谷　淳也・森　秀行他訳『小さな地球の大きな世界：プラネタリーバウンダリーと持続可能な開発』丸善出版, 2018年。)

Schumacher, E.F., 1973, *Small is beautiful: A Study of Economics as if People Mattered*, Vintage Books, London. (小島慶三他訳, 『スモール　イズ　ビューティフル：人間中心の経済学』講談社学術文庫, 1986年。)

Sen, A., *Development as Freedom*, Anchor Books, 1999.

Stern, N., *The Economics of Climate Change (The Stern Review)*, Cambridge University Press, 2007.

United Nations Development Programme (UNDP), *Human Development Report 1990: Concept and Measurement of Human Development*, 1990.

Ward, B., and Dubois, R., *Only One Earth: The Care and Maintenance of a Small Planet*, W. W. Norton, 1972.

Weizsäcker, E.U.V., et al., *Factor Five: Transforming the Global Economy through 80% Improvements in Resource Productivity*, Routledge, 2009. (林　良嗣監修, 吉村皓一訳者代表『ファクター5：エネルギー効率の5倍向上をめざすイノベーションと経済的方策』明石書店, 2014年。)

World Bank, *World Development Report 1992: Development and the Environment*, 1992.

World Bank, State and Trends of Carbon Pricing 2017, 2017.

World Commission on Environment and Development, *Our Common Future*, Oxford University Press, 1987.

World Metrological Organization, UN Environment, Inter-governmental Panel on Climate Change (IPCC), Global Carbon Project, Future Earth, Earth League, the Global Framework for Climate Services, "*United in Science: High-level synthesis report on latest climate science information convened by the Science Advisory Group of the UN Climate Action Summit 2019*", issued on 22 September 2019.

# 第 2 部

# 環境経営の各論

# 第4章

# 環境戦略
## —環境問題への戦略的対応—

## 第1節　はじめに

　環境戦略とは何か。経営戦略の定義が定まっていないのと同じく，環境戦略の定義も定まったものは存在しない。しかしながら，先行研究を踏まえれば，環境戦略は，既存の経営戦略の文脈で議論されているということがわかる。すなわち，環境戦略は既存の経営戦略のフレームワークをベースにして展開されてきたといってよい。本章では，最初に，経営戦略とは何かについて触れながら，代表的な環境戦略のフレームワークをいくつか紹介し[1]，これまでの経営戦略との違いは何かについて考える。

　また，最後に，環境戦略を成功裏に進めていると評価される2社の企業を簡潔に取り上げ，環境戦略を展開する上で，鍵となるものは何かについて触れる。

## 第2節　環境戦略とは何か

　環境戦略とは何かについて考える前に，「戦略」とは何か，とくにここでは，経営学において「経営戦略」というコンセプトが登場した背景について簡単に触れておきたい。なぜならば，環境戦略というコンセプトが経営学の中で突然に出現したわけではなく，これまでの「経営戦略」論の文脈の中で誕生してきたと考えられるからである。

## 1.「経営戦略」とは何か

　そもそも「戦略」とは何か。経営学の中で「戦略」というコンセプトを最初に使ったのは，経営史の大家であるアルフレッド・チャンドラー（Alfred Chandler）であるといわれているが，実際に「戦略」というコンセプトが具体的に議論されるようになったのはアメリカの経営学者のイゴール・アンゾフ（Igor Ansoff）からである（大滝・金井・山田・岩田編著，2006，7～9ページ）。

　時代的には1960年代前後であり，アメリカにおいては，同業種のなかで競合企業が増え，かつ外部環境の変化が激しくなってきた時期に該当する。アンゾフは，その環境を「乱気流」と表現している（Ansoff, 1978）。「乱気流」という表現によって，企業を取り巻く外部環境の「不確実性」が増してきたことを示唆した。

　資本主義社会において大きな役割を果たしているのは企業，さらに言えば利潤の追求を基本目的（営利目的）とする私企業（以下，企業と称する）であり，企業は「乱気流」，つまり環境の不確実性が増すなかで，組織を維持，成長そして発展していくために，外部環境にいかに対応していくかが重要になってきた。

　そもそも，現代の経営学（マネジメント）はアメリカの経営学を中心に発展してきた。アメリカの経営学の歴史を紐解けば，経営学の発展は，1900年代初頭のフレデリック・テイラー（Frederic Taylor）の科学的管理法からはじまり（Taylor, 1911），経営目的を達成するために組織の内部環境をいかにコントロールするかという問題から，1970年代以降のアンゾフの経営戦略論に代表される，組織の外部環境をいかにコントロールするかという問題へと，そのコントロールの対象を内部環境のみならず外部環境へと拡大させてきたと捉えることができるだろう。すなわち，「マネジメント（経営学）の本質はコントロールである」とするならば，経営学の発展は，マネジメントのコントロールの対象が組織内部から外部へと広がってきたということもできる。したがって，企業がその組織を維持，成長そして発展させていくうえで，企業（ないしは組織）のコントロールの対象が「外へ」と拡張していくことは至極当然であり，また外部

環境の不確実性が増すなかで，経営管理論から派生するかたちで経営戦略が誕生したことも必然的なものであったといえる。

それでは，「経営戦略」とは何か。すでに，多くの先人たちが「経営戦略」の定義をしていると同時に，経営戦略の捉え方は様々にあることは，ミンツバーグ（Mintzberg）らによってもすでに指摘されている（Mintzberg, Ahlstrand, & Lampel, 1998）。本稿では組織の外部環境と内部環境の「環境」に着目し，「経営目的を達成するために，外部環境および内部環境（内部資源を含む）をコントロールするための経営の基本方針」として経営戦略を捉えることにする。

## 2．環境問題の「環境」

本稿で取り上げる「環境」とは主として周知のように環境問題（公害および地球環境問題の双方を含む）を意味している。環境問題は企業の「外部環境」（市場や競合他社や自然環境も含む）で出現する問題であると同時に，企業の「内部環境」（組織構造や人材など）の問題とも関係している。経営戦略が外部環境のコントロールに，より着眼（フォーカス）して発展してきたと捉えれば，アンゾフの経営戦略論の登場の当初から，環境問題も考慮して経営戦略論が展開されてきたと考えられるかもしれない。

確かに，アンゾフは1970年代後半に公刊された著書のなかで，企業が環境汚染問題に対応することを要請されてきていること，さらには，社会と政府に対する企業との関係が，企業の存続に関わる重要課題となっていることを指摘している（Ansoff, 1978, pp. 28〜29.）。1970年代の後半の時点で，アンゾフは環境問題も重要な経営課題として経営戦略の中で議論する必要性を示唆している点は評価すべきものと考える。しかしながら，アンゾフはその環境問題に対して企業がいかにして対応するべきかについて，具体的な議論を展開していない（高垣，2010，13ページ）。

先行研究（Hart, 1995; Shrivastava, 1995）を踏まえれば，「経営戦略」の文脈で環境問題が議論され始めるのは，換言すれば，企業の環境戦略が具体的に議論されるのは1990年代に入ってからとみてよい。それは何故か。簡潔にいえば，

1990年代以前までは，環境問題は企業が対応すべき課題として指摘されていたとしても，えてして，先に触れたアンゾフが指摘したように，企業にとっての重要な経営課題としては考えられることはなかったからである。つまり，環境問題は企業の「社会的責任」として議論されることはあっても，企業の「経営戦略」の一環として，議論されることは殆どなかったといえる。何故，重要な経営課題にならなかったのかと問われれば，「環境問題は人類にとっての重要な問題であり，企業はその問題を重要な経営課題として認識し，それに対応していく必要がある」というリアリティーがまだ十分に社会的に構成されていなかったからであると筆者はみる[2]。

　そのようなリアリティーが創られるには，複数の要因が必要であった。それでは，複数の要因とは何か。以下でこの諸要因について触れることにするが，その前に，環境問題への企業の対応について，企業の社会的責任との関係をみておきたい。それによって，いま問われている環境問題が重要な経営課題として経営戦略の文脈のなかで議論される必要性も見い出すことができると考えるからである。

　環境問題は大きく 2 つに分類できる。1 つは公害問題であり，もう 1 つは地球環境問題である。以下では，公害問題と地球環境問題の違いについて，企業の社会的責任との関連とともにみていく。

## 3．公害問題と企業の社会的責任

　現代の企業経営に，より問われているのは，周知のように公害問題よりも地球環境問題である。公害問題も地球環境問題も自然環境や人類を含むあらゆる生命体に負の影響を与える問題という点で共通している。しかしながら，公害と地球環境問題には，異なる点がいくつも存在する。本章で問題にする環境問題は，現代の大企業がグローバル市場で問われている地球環境問題であるので（公害問題が重要ではないということでは決してない），公害問題と地球環境問題とはどのような点が異なるのかをまず理解する必要がある。それを理解することによって，地球環境問題への企業の対応は，事後的な対応ではなく，事前的な

（プロアクティブな）対応として，つまりは経営戦略の文脈で考える必要があることが，より明確になると考えている。以下では，日本の場合に限定してみていきたい。

　まず，公害問題の「公害」とは何か。日本において「公害」は，環境基本法によって定義されている。その定義によれば，「事業活動その他の人の活動に伴って生ずる相当範囲にわたる（1）大気の汚染，（2）水質の汚濁，（3）土壌の汚染，（4）騒音，（5）振動，（6）地盤の沈下及び（7）悪臭によって，人の健康又は生活環境に係る被害が生ずること」を指し，（1）から（7）までの7種類を「典型7公害」と呼んでいる[3]。

　日本における公害の歴史を振り返れば，企業が引き越した日本における公害の最初は足尾銅山鉱毒事件だと言われている（宇井，1985）。明治維新後，日本は列強西欧諸国による植民地化を逃れるために，「富国強兵」や「殖産興業」を掲げ，国家を挙げて近代化を推し進めていた時期であり，公害問題への対応をすること自体，当時は企業経営において蚊帳の外に置かれていたことは想像に難くない。日本が近代化を急速に進める中で，多くの企業はコスト負担となる公害対策をせずに，事業活動をしていた[4]。

　日本の公害問題を考える際に本稿では，戦前の公害問題ではなく，戦後の公害問題を以下で見ておきたい。その理由の1つとしては，生産規模の違いによって，公害問題の深刻さが戦前より大きいと考えられるからである。もう1つの理由としては，戦前の公害が，基本的には鉱毒や煙害にみられるような「見える」公害であったのに対して，戦後の公害は「見えない（あるいは「見えにくい」）」公害へと変化してきたことである（宇井，61~67ページ）。公害と地球環境問題は基本的に異なるが，戦後の公害に関しては「見えない」という点に関しては地球環境問題との共通点を見い出せよう。

　日本は第2次世界大戦で決定的な敗北をきし，日本の多くの国民が犠牲になり，国土は焦土化したわけであるが，戦後は世界を驚かすほどの目覚ましい成長，すなわち1955年から始まる高度経済成長を遂げた。しかし，その高度経済成長の裏では，深刻な公害，すなわち産業公害を生じさせていたのもまた事

実である。その産業公害は，戦後の四大公害（熊本水俣病，イタイイタイ病，四日市喘息，新潟水俣病）として知られている。

　それでは，公害問題の特徴とは何であろうか。いくつか指摘することができる。第一に，問題の発生原因が特定できることである。例えば，新日本窒素肥料（のちのチッソ）水俣工場での排水に含まれた有機水銀によって引き起こされた熊本水俣病は，水俣湾の自然体系のみならず，そこで暮らす多くの漁民が深刻な死に至るほどの脳障害を起因とした中枢神経異常を引き起こした（宇井，1971）。当時の日本を代表する化学メーカーであった新日本窒素肥料が生産工程プロセスから出る有毒な有機水銀を処理せずに水俣湾に垂れ流していたことによって発生した悲惨な産業公害の１つである。

　公害問題の場合は，公害の発生とその発生原因（企業）の関係を明らかにすることが可能であり，公害の発生メカニズムを解明することができること，つまり，原因企業の特定や，発生地域が限定されるところに公害問題の特徴を見い出すことができる。したがって，公害問題に関しては，ひとたびその発生メカニズムが解明されれば，当該企業が公害を未然に防ぐ対処をすることが可能になる（もちろん地域住民への被害は想像を絶するほどの甚大さであり，被害にあった人々の回復は容易ではないばかりか困難でもある）。

　しかし，戦後の産業公害の対応を振り返ると，例えば，先に触れた熊本水俣病を引き起こした新日本窒素肥料は，原因が新日本窒素肥料にあることを知りながら，公害対策をすぐにはせず，被害は甚大と化し，多くの被害者を生み出した。なぜ，企業は公害の原因が自社であるにもかかわらず，それに対して速やかに対応しなかったのか。それは対応することによってコストがかかり，それは企業の利益を圧迫することになるからである。戦後，日本企業が産業公害を引き起こした主たる理由は，企業が公害防止のための設備投資等のコストを節約したことが指摘される（都留，1969，54〜58ページ）。

　コストがかかっても企業が公害対策をするようになったのは，企業の社会的責任が国内で強く問われ始めてからという経緯がある（森本，1994，80〜81ページ）[5]。この事実は，公害問題はその発生メカニズムを解明することができ，

事前に対処することが可能であっても，公害問題に対処することが企業の果たすべき当然の社会的責任である，ということが問われない限り，企業が積極的にこの問題に対応することは困難であることを示唆している。なぜならば，企業（ここでは私企業に限定）の基本目的は営利目的であり，公害対策は基本的にコスト増を企業にもたらし，営利目的の達成を阻害すると捉えられるからである。しかしながら，企業は社会からその事業の正当性を得て，その組織を存続させられる存在でもあり（出見世，1997，160ページ），その事業の在り様に対して，社会から大きな批判を被れば，または，事業活動において生じる社会に対する負の影響に対して社会的責任を果たすことを強く要請されれば，企業は事業活動や組織存続において，社会から正当性を確保するために，コストをかけても公害問題に対処するようになるのである。すなわち，戦後の産業公害に限定した場合には少なくとも，公害問題は原因企業によって解決可能である問題ではあったが，その問題に企業が実際に対応するには，企業の社会的責任の高まりが必要だったといえる。

## 4．地球環境問題と企業の社会的責任

　そもそも地球環境問題とは何を指すのであろうか。上記で見た公害問題と異なり，明確な定義は存在しない。ここでは一般財団法人環境イノベーション情報機構の定義[6]をみておきたい。その定義によれば，地球環境問題とは「人類の将来にとって大きな脅威となる，地球的規模あるいは地球的視野にたった環境問題」を指し，「（1）地球温暖化，（2）オゾン層の破壊，（3）熱帯林の減少，（4）開発途上国の公害，（5）酸性雨，（6）砂漠化，（7）生物多様性の減少，（8）海洋汚染，（9）有害廃棄物の越境移動　―の9つの問題」がより具体的な地球環境問題として認識されている。この定義に示されているように，地球環境問題は，一国内および一地域に限定されない越境する環境問題であるという点で，公害問題とは異なり，また，その問題の発生メカニズムが，企業だけが原因ではなく，様々な要因が複雑に絡まって発生する環境問題であるいう点においても公害問題とは異なる。ただし，先に触れたように，戦後の

公害が「見えない」公害へと変化してきたことを考えると，地球環境問題も「見えない」問題という点では共通している。

　企業だけが原因ではないにもかかわらず，なぜいま企業は地球環境問題への取り組みを社会から要請されるようになったのか。あるいは，企業は事前的（プロアクティブ）に地球環境問題を重要な経営課題として位置づけ，経営戦略の一環として展開し始めたのだろうか。それは地球環境問題への企業の取り組みが社会的責任として強く問われ始めたことが大きな要因である。以下では，地球環境問題への取り組みが，社会的責任として問われ始めるようになった背景についてみていく。

　地球環境問題への取り組みが企業の社会的責任として問われてきた諸要因としては，第一に，ローマ・クラブの『成長の限界』レポートにより，世界的に地球環境問題が人類にとって重要な課題であるという認識が広まってきたこと，第二に地球環境問題が人類の重要課題として国連（国際連合）など，世界的レベルで議論され始めたこと，特に国連に「環境と開発に関する世界委員会」（WCED：World Commission on Environment and Development）が1984年に設置され，1987年の報告書『地球の未来を守るために』（"Our Common Future"）の中で，「将来世代のニーズを損なうことなく現在の世代のニーズを満たすこと」という「持続可能な開発」のコンセプトが宣言されたことは大きい。また，1992年には「リオ地球サミット」も開催された。第三に，地球環境問題に関する様々な環境規制が誕生したこと，第四に，グリーン・コンシューマー（Green Consumer）やエシカル・コンシューマー（Ethical Consumer）と言われる，環境問題や倫理的問題にセンシティブな消費者が登場してきたこと，第五には，SNS（ソーシャル・ネットワーキング・サービス）の普及により，企業の評判（コーポレート・レピュテーション）において消費者の影響力が以前にもまして強くなってきたこと，最後に，SRI投資やSDG's投資など，資本市場からの圧力も出てきたこと，などが挙げられよう。

　これらを背景にして，「環境問題は人類にとっての重要な問題であり，企業はその問題を重要な経営課題として認識し，それに対応していく責任がある」

というリアリティーが社会的に構成され，企業（とくにグローバルに事業の展開を
する大企業）にとって，環境問題への対応は，看過することのできない重要な
経営課題となってきたといえる。

## 5. 環境戦略とは何か

　先に，経営戦略とは「経営目的を達成するために，外部環境および内部環境
をコントロールするための経営の基本方針」と定義した。それでは環境戦略と
は何か。環境戦略とは，地球環境問題を中心にして，環境問題を重要な経営課
題として位置づけた経営戦略に他ならない。環境戦略とはまさに，既存の経営
戦略の文脈から生まれてきたコンセプトであり，また，既存の経営戦略の一部
を構成するものと捉えることができる。

　環境戦略というコンセプトが誕生してきたのは1990年代前後であり，既存
の経営戦略の枠組みを応用する形で展開されてきた。競争戦略のコンセプトを
展開したマイケル・ポーター（Michael Porter）が経営戦略の文脈で環境問題を
取り上げ始めたのも1990年代である（Porter, 1991）。例えば，「ポーター仮
説」[7] は環境問題への対応と企業の競争優位との関係に研究者の関心を向け
させた。また，環境問題と経営戦略との関係にいち早く着目し，環境戦略とし
て研究をいち早く始めた経営学者に，ハート（Hart, 1995）やシュリバスタバ
（Shrivastava, 1995）やバナジー（Banerjee, 2001）などが存在する。彼らに共通し
た見解を簡潔にまとめれば，企業は環境問題へ積極的に対応することによって，
換言すれば，環境戦略を展開することによって，持続的な競争優位を獲得する
ことができる，というものである。以下では，環境戦略とは何か，そのフレー
ムワークを明らかにするために，環境戦略に関する上記の先行研究を拠り所と
して考える。そこで，まず，環境戦略の構造についてバナジーの見解をみてい
きたい。その次に，同じく環境戦略の先駆的研究者として，ハートとシュリバ
スタバの捉えた環境戦略のフレームワークを簡潔に紹介する。さきに触れたよ
うに，経営戦略とは，「内部環境（資源）と外部環境のコントロールに関わる基
本的な経営方針である」としたが，ハートの環境戦略はバーニー（Barney,

1991) らの内部環境（組織能力を含む）に，より着目した「リソース・ベース
ト・ビュー」を応用した「ナチュラル・リソース・ベースト・ビュー」を前提
としたフレームワークを開発し，一方のシュリバスタバのそれはポーターの競
争戦略をベースにフレームワークを開発した（円城寺，2004）。

## a) バナジーの環境戦略[8]

　バナジーはアメリカの企業を対象にした研究をし，環境戦略をホファー＆シ
ェンデル（Hofer & Schendel, 1978）の経営戦略の構造的な把握を援用して環境
戦略を捉えた。すなわち，環境戦略は全社レベル（企業戦略）そして，事業レ
ベル，さらには機能別レベルの３つのレベルで把握できる。全社レベルにおい
ては環境問題の解決を企業の根本的使命として戦略を展開していくことであ
り，環境戦略を全社レベルとして展開している企業はほとんど存在していない
と彼は主張している。彼の研究からほぼ20年が経過したいま，環境戦略を全
社戦略として展開している企業は増えてきているといえるだろう。全社戦略と
して展開している場合は，企業は積極的に環境問題を解決するような技術やサ
ービスの開発を行うことになる。全社戦略においては，事業領域（ドメインの設
定）において，環境問題への対応を考慮していることが重要となろう。具体的
には，経営理念（あるいは環境理念や環境ビジョン言明）の中に，環境問題への対応
が含まれているかが全社レベルで環境戦略を実行しようとしているのか否かの
１つの指標になると思われる。

　このように，全社レベルでの環境戦略は経営理念など抽象的なものとなる。
企業は実際には日々，事業部レベルにおいて競合他社と競争しているので，環
境問題に対応しながら，どのように競争していくかという事業部レベルでの戦
略，すなわち事業戦略ないしは競争戦略が重要となってくる。したがって，本
章では，これ以降，事業部レベルでの環境戦略をみていきたい。換言すれば，
環境問題にも対応しながら競争していくための競争戦略とはどのようなものか
を見ていくことになる。なお，機能別レベルで展開する環境戦略は，環境マー
ケティング戦略が主として該当するであろう（環境マーケティングに関しては第4

72

章を参照）。事業レベルの環境戦略については，上記のハートの研究やシュリバスタバの研究が参考になるため，以下で簡単に紹介したい。

## b）ハートの環境戦略 [9]

　ハートは，組織の内部資源に着目して企業の持続的な競争力を考える「リソース・ベースト・ビュー」[10] を応用した「ナチュラル・リソース・ベースト・ビュー」を前提にした環境戦略のフレームワークを提示している。ハートによると，「ナチュラル・リソース・ベースト・ビュー」を前提にした環境戦略は３つの戦略—①汚染予防戦略，②製品スチュワードシップ戦略，そして③持続可能な発展戦略—からならなり，この３つの戦略は相互に関連しあうものである。以下で簡潔に各戦略についてみていきたい。

　① 汚染防止（予防）戦略
　汚染防止戦略は，生産やオペレーションのレベルにおいて，環境への負荷（汚染を含む）を対処療法（エンド・オブ・パイプ）的な装置によってではなく，TQM（Total Quality Management）のように，従業員の関与と彼らの継続的な改善によって少なくするものである。有害な排気や排水，ゴミの最小化の達成を図ることが原動力となり，企業にコスト削減をもたらす。したがって，汚染防止戦略を展開していくうえでカギとなる資源は組織の継続的な改善能力ということになる。この汚染防止戦略は，生産オペレーション上の不要な段階を簡素化したり，取り除いたりすることで，サイクル時間を削減する可能性があると同時に，求められる水準以下で排出を削減するポテンシャルを提供し，それによって，コンプライアンスや責任コストを削減することが可能になる。
　② 製品スチュワードシップ戦略
　企業活動の環境への負荷は，原料の調達から，生産プロセスを経て，使用済みの製品の廃棄にいたるまでのすべての段階で生じるものである。この製品スチュワードシップ戦略は，環境への負荷を削減するために，製品ライフサイクルにおける環境コストの最小化を図ることが原動力となり，「環境の声（Voice

of Environment)」つまりは，外部のステークホルダーの視点を取り入れて製品
デザインやその開発プロセスを行っていくものである。企業は製品スチュワード
シップ戦略を展開することによって，環境破壊をもたらすようなビジネスから
退出したり，責任を削減するために既存の生産システムをリデザインしたり，
さらにはより低いライフサイクル・コストの製品を開発することが可能になる
のである。また，製品スチュワードシップ戦略によって，他社に先駆けて新し
いグリーン市場に進出することによって，良い評判を獲得し，製品の差別化を
図ることが可能になる。この製品スチュワードシップ戦略において鍵となる資
源は，外部ステークホルダーの声を組織の中に取り入れる能力となる。換言す
れば，ステークホルダー・エンゲージメントの能力が重要となるであろう。

　③　持続可能な発展戦略

　地球環境問題は，先進諸国のみならず発展途上国における問題でもある。い
わゆる南北問題が関係している。この持続可能な発展戦略は，グローバル企業
が特に発展途上国において展開する環境戦略である。多くのグローバル企業の
生産活動は発展途上国から原料を調達して行われている。それゆえ，グローバ
ル企業の活動は発展途上国の環境問題を犠牲にして行われる可能性がある。そ
れは，企業にとっても発展途上国にとっても持続的な発展にはならない。また，
環境問題は先進諸国同様に，発展途上国においても極めて重要な問題として認
識され始めているので，発展途上国の環境問題を犠牲にして短期利益を追求す
るようなグローバル企業は，今後，発展途上国において長期的な地位を築くこ
とは難しくなってくる。持続的な発展戦略は，持続可能な新しい技術や製品を
生み出していく戦略といえる。

## c）シュリバスタバの環境戦略 (11)

　シュリバスタバはポーターの競争戦略を応用した「持続可能な競争戦略」を
環境問題に対応する環境戦略として主張した。その環境戦略（「持続可能な競争戦
略」）は①生態学的（エコロジー的）に持続可能な低コスト戦略，②生態学的に持
続可能な差別化戦略，③生態学的に持続可能なニッチ戦略の3つからなるもの

とした。以下，各戦略のポイントについて触れる。

① 生態学的に持続可能な低コスト戦略

この戦略においては，環境に優しい製品デザインの標準化を成し遂げることで，低コストを追求していく戦略となる。また，その製品デザインは，「クローズド・ループ・システム」として設計されることが必要となる。オペレーション・レベルの改善としては，クリーン技術の利用や資源の保全が重要となる。この戦略を実行するには，従業員や顧客への基本的なSHE（Safety, Health, and Environmental Programs）教育訓練などが必要とされると同時に，コントラクターやサプライヤーとの協力関係（パートナーシップ）の構築が重要となる。とくに大規模に事業活動をしている企業にとっては，資源等の無駄を少なくすることで，大きなコスト削減を期待できる。

② 生態学的に持続可能な差別化戦略

この戦略は，製品特製やパッケージングの環境志向を進めることで，他社（製品やサービス）との差別化を追求する戦略となる。この戦略を展開していくには，従業員や顧客へのさらなる専門的なSHE教育訓練が必要とされる。また，多様な販売会社との減量経営も必要になってくる。この戦略を展開することで，パッケージングやゴミ，輸送コストや材料の重複を削減することが可能になる。

③ 生態学的に持続可能なニッチ戦略

この戦略は，生態学的に優しい製品ニッチを追求する戦略である。この戦略を成功裏に進める上で環境問題への関心が高い消費者たちは重要な存在となる。換言すれば，環境問題等に見識がある，いわゆるグリーン・コンシューマーやエシカル・コンシューマーから情報を含め企業側が学ぶ姿勢が重要となる。正しいニッチ戦略を選択することで，環境負荷を減らす手段の範囲を最小化することも可能になる。また，特定の販売業者との協力関係を組むことによって，製品の環境パフォーマンスの改善を可能にする。

#### d）環境戦略の要諦

　上記のa）からc）で環境戦略というコンセプトに関する先行研究をみた。先行研究からもわかるように，環境戦略の理論は既存の経営戦略のコンセプトを応用した形で考えられているということである。初期の経営戦略のコンセプトは，競合他社との競争に勝利し，いかに多くの利益を獲得するかという点に着眼して，その多くのコンセプトを開発してきた。しかし，それらのコンセプトには「環境（生態学の意味）の視点」はなかったといえる。上記のa）からc）の要諦を簡潔にまとめると次のようになるであろう。第一に，環境戦略は全社（企業）レベル，事業レベル，そして機能レベルで捉えることができるということである。

　その際，環境問題を重要な解決すべき経営課題と企業側（とくに企業のトップ・マネジメント）が認識して，全社レベルで環境戦略を展開することが重要となる。第二に，事業レベルの環境戦略は，既存の競争戦略のコンセプトの応用がなされ，事業レベルで環境戦略（環境対応の競争戦略）を成功裏に展開するには，「ステークホルダーの声」を企業の意思決定過程の中へ統合していく能力や，様々なステークホルダー（サプライヤーや販売会社や顧客を含む）との協力関係（パートナーシップ）を構築していく能力，そして，従業員等の環境教育の展開などの言うなれば環境問題という課題に対応していくための組織の内部環境のコントロールが重要になる。換言すれば，様々な組織外部および内部のステークホルダーと良好な関係を構築していく組織能力が必要となることである。第三に，その組織能力は企業の持続的な競争優位の源泉になるということなどを指摘することができる。

　実際の企業は，上記で見てきた環境戦略を組み合わせながら展開していると考えるのが自然である。上記で見た環境戦略の要諦を踏まえて，本章において，環境戦略とは何かを定義するならば，環境戦略とは，環境問題へ対応をしながら企業と社会の「健全な発展」を考えるための経営戦略となる。

## 第3節　環境戦略の実践

　第2節において，環境戦略の理論的側面をみた。本節では，環境戦略を展開していると考えられる欧州と日本の代表的企業の2社を取り上げることにする。欧州の代表的企業として北欧・デンマーク企業のノボ ノルディスク（Novo Nordisk）を，日本の代表的企業として，コニカミノルタ（KONICA MINOLTA）を取り上げる。

### 1．ノボ ノルディスク [12]

　ノボ ノルディスクはデンマークを代表する製薬会社であり，グローバルに事業を展開するグローバルカンパニーである。「Global 100 Index」[13] でも毎年，高い評価を受けている会社でもある。主要な薬品に糖尿病治療薬があることでも世界的に有名である。以下，ノボ ノルディスクの環境戦略を簡潔にみておきたい。

　ノボ ノルディスクは，本章2節でみた環境戦略を展開している企業といえる。環境問題への取り組みを全社レベルで捉え，サプライヤーとの協働のもとで，循環型の考え方を導入して，環境負荷を削減するための製品設計やビジネスの手順の見直しを行っている。また，地球温暖化問題への解決に向けて，積極的に再生可能エネルギーへの転換を図ろうとしている。つまり，クリーン・エネルギーへのシフトである。具体的な目標も掲げている。再生可能エネルギーに関しては2020年にはアメリカの生産拠点において，クリーン・エネルギーとして，太陽光発電へシフトし，全世界の生産活動で利用する電力を，すべて再生可能エネルギーにするという具体的な目標を掲げており，すでにこの目標の達成の見込みもある。

　地球温暖化の主要な原因として指摘される$CO_2$排出削減も積極的に取り組み，2005年から気候変動対策を開始しながら，現在，$CO_2$排出量の削減を，原材料やグローバルな生産拠点，国内工場，流通や営業販売といった，バリュ

ーチェーンの各段階での削減に取り組んでいる。すでに，日本国内工場の郡山工場では，日本のクリーン電力証書プログラムに参加し，電力再生可能エネルギーの100％化を達成している。さらに，次の目標として，生産拠点以外（オフィスや研究所）での使用電力も再生可能エネルギーへ移行する目標を掲げるとともに，営業で使用する車（営業車）や企業出張，製品の輸送で発生する$CO_2$排出削減を目指し，2030年までの全世界の事業活動と輸送で発生する$CO_2$排出をゼロにすることを目標に掲げている。

## 2．コニカミノルタ[14]

　コニカミノルタはオフィス事業やプロフェショナルプリント事業，ヘルスケア事業や産業用材料・機器事業を事業ドメインにした日本を代表する製造企業である。コニカミノルタは2019年度の日本経済新聞社「第22回環境経営度調査2019」[15]でトップ企業に選出されている。コニカミノルタは環境問題へ積極的に取り組んできている企業であり，全社レベルで環境問題を重要な経営課題として環境戦略を展開していると考えられる。以下，簡潔にみていく。

　コニカミノルタでは環境方針・ビジョン・戦略を公表している。環境方針は，持続可能な発展と利益ある成長を目指し，環境・経済・社会の観点を企業戦略に融合し，会社運営のすべての面で人と環境に調和した企業活動をするという方針である。この方針からも，コニカミノルタが全社レベルで環境戦略を展開していることがわかる。また，長期環境ビジョンとして「エコビジョン2050」を掲げている。

　このビジョンは，地球環境問題を喫緊の課題として認識し，ステークホルダーとの連携によって環境負荷を削減し，持続可能な社会をつくることが企業の社会的責任であり，その責任を果たしていくという強い決意を表明したものである。具体的な目標として，2050年に自社製品のライフサイクル全体における$CO_2$排出量を2005年比で80％の削減や2019年1月に「RE100」[16]に加盟し，2050年までに再生可能エネルギーで100％の事業運営を目指している。2017年度からスタートし，2019年度をターゲットにした「中期環境計画2019」

を策定し，実行してきている。この「中期環境計画2019」では，「環境問題を解決していくことで，事業貢献度（売上，利益）を拡大」していくことをコンセプトとして，事業計画と環境計画を連動させている。

## 3．まとめ

　周知のように，ノボ ノルディスクとコニカミノルタは国も業種も異なる。しかしながら，両企業とも，全社レベルで環境戦略を展開している点においては共通している。また，サプライヤー含めた様々なステークホルダーとの協働によって，地球温暖化問題や$CO_2$排出削減，製品のライフサイクル，あるいはバリューチェーンにおいて，自社の環境戦略を展開していることも共通している。このように，環境戦略を展開している企業を観察してもわかるように，環境戦略を成功裏に展開していくには，様々な「ステークホルダーの声」を意思決定過程に取り込むことが重要になるとともに，いままで以上に，様々なステークホルダーと協働し，価値を共有する必要が出てきている。換言すれば，環境戦略を展開していくには，様々なステークホルダーと良好な関係性を構築していく組織能力が今後ますます企業に問われることになるであろう。

## 第4節　おわりに

　言うまでもなく，企業はボランティア組織ではない。その組織目的の1つには，利益の追求（利益の創出）がある。利益の創出なくして，企業に維持・発展・成長はありえない。しかし，そのことは，企業は利益のみを追求すれば良いということを意味するわけではない。

　すでに触れたように，市場が拡大し，企業を取り巻く外部環境の変化のスピードが増して，まさに「乱気流」のなかで競合他社との競争に勝利していくことが重要になってきた時代を背景にして，経営戦略のコンセプトは誕生し，今日まで展開されてきた。理論と実践の双方において，いかに競争に打ち勝ち，利益を最大化するか，そのために様々な経営戦略のコンセプトが開発されてき

たといえる。しかしながら，その多くのコンセプトにおいて，少なくとも1990年代に入るまで，「環境の視点」は殆どなかった。1990年代以降のビジネスの世界でも注目されるようになってきた地球環境問題を背景にして，経営戦略の領域において，環境戦略というコンセプトが新たに誕生した。それは，既存の経営戦略のコンセプトと全く異なるものではなく，本章でみた環境戦略のコンセプトのように，既存の経営戦略のコンセプトを応用して考えられたものである。簡潔に指摘すれば，新たな「環境の視点」を取り入れて，既存のコンセプトを書き換えたものと捉えることが可能である。換言すれば，環境戦略とは環境問題を重要な経営課題と捉えて，既存の経営戦略のコンセプトを応用しながら，再構築したものともいえる。

　筆者が考えるに，多くの企業が全社レベルで，あるいはあらゆる意思決定過程（戦略的意思決定／管理的意思決定／業務的意思決定）において「環境の視点」を取り入れるようになれば，将来的には環境戦略と企業戦略のコンセプトはほぼ同じことを意味する（重なり合う）ものになると考えている。環境戦略を理論的に考えることや実践することは，理論と実践の双方において，「既存の戦略を進化させる」あるいは「洗練化させる」または「戦略の進化」と捉えることができるのではないかと考える。このことは企業と社会の健全な発展ないしは持続性（サステナビリティ）が問われている今においては環境問題に限定せずに，環境問題を含む社会的課題（貧困や格差問題を含む）への対応を可能にする「社会の視点」[17]をあらゆる意思決定過程に取り入れ，さらに「戦略を進化」させる必要があるということを意味するだろう。

　ところで，ポーター＆クラマー（Porter & Kramer, 2011）は，企業経営のCSR（Corporate Social Responsibility）からCSV（Creating Shared Value）へのシフトを提唱している。彼らが新たに生み出したCSVというコンセプトは『DIAMOND ハーバード・ビジネス・レビュー』では「共通価値の創出」と訳されている。しかし，様々なステークホルダーとの関係性の構築の重要性を考えれば，「共通」ではなく，様々なステークホルダーといかに価値を「共有」するのか，あるいはできるのかということが問われているのであり，「共有価値の

創造」と訳すのがより妥当ではないかと考える。本章２節で見たハートやシュリバスタバの環境戦略のコンセプトは，このCSVというコンセプトが誕生する前に世に出されたものである。この環境戦略では，ステークホルダーとの協力関係や関係性の構築が重要であった。ポーターらは，CSRの議論は，環境問題を含む社会的課題への企業の取り組みを，コンプライス的な観点から議論してきたのに対し，CSVはCSRと異なり，戦略的な観点から社会的課題にも考え点が異なると主張しているが，様々なステークホルダーとの関係性を構築し，「サステナビリティ」という共有価値を創造していくという意味において，環境戦略はCSVを具体的に展開する戦略の１つであると考える。今後，「サステナビリティ」はいま以上に，人類にとっての「共有価値」となっていくであろう。環境戦略は理論と実践の双方において，この「共有価値」を創造するためのコンセプトであり，「戦略の進化」の一過程とみることもできよう。

## 【注】

（１）企業の環境戦略のフレームワークはすでにいくつも存在している。ここでは，アメリカ経営学会等のトップ・ジャーナルに掲載されたものを代表的なものとして取り上げたい。具体的には，ホファー＆シェンデル（Hofer & Schendel）の企業戦略をベースにしたバナジーの環境戦略や，バーニー（Barney）のリソースベースト・ビューベースの競争戦略をベースにした環境戦略，さらにはポーター（Porter）の競争戦略をベースにした環境戦略である。

（２）このような捉え方は社会構成主義の考え方に依拠している。社会構成主義に関してはGergen（1994）を参照。

（３）「総務省HP」を参照。
（https://www.soumu.go.jp/kouchoi/knowledge/how/e-dispute.html 2019年9月20日アクセス）

（４）近代化のなかで深刻化したその他の公害問題には，古河の足尾銅山鉱毒事件以外に，住友の別子銅山や日立鉱山の煙害事件などある。この事実からも，公害問題が一企業のみによって引き起こされた環境問題ではないことがわかる。ちなみに住友の伊庭貞剛（第２代総理事）はこの煙害問題に植林などで対応し，日本における企業の社会的責任の先駆者的存在として知られている。

（５）日本の企業の社会的責任の系譜に関しては，川村雅彦著「日本の「企業の社会的責任」

の系譜〜CSRの変遷は企業改革の歴史〜」ニッセイ基礎研REPORT 2004.5を参照。
（https://www.nli-research.co.jp/files/topics/36344_ext_18_0.pdf?site=nli 2019年9月20日アクセス）

（6）「一般財団法人環境イノベーション情報機構HP」参照。
（file:///C:/Users/Costu/Desktop/環境用語集：「地球環境問題」｜EICネット%20200101.pdf　2019年9月20日アクセス）

（7）「ポーター仮説」については，高垣（2010, 14ページ参照）。

（8）Banerjee（2001）を参照。

（9）Har（1995）を参照。

（10）1984年にワーナーフェルト（Wernerfelt）によって提唱されたコンセプトで，企業内部の経営資源（とくに組織能力）に競争優位の源泉を求めるものであり，その後，バーニー（Barny）によって注目されるようになった。詳しくは，（Wernerfelt, B., "*A resource-based view of the firm*", Strategic Management Journal, 5: 171-180, 1984.）を参照。

（11）Shrivastava（1995）を参照。

（12）ノボノルディスク　ファーマHPを参照。
（https://www.novonordisk.co.jp/sustainable/environment.html　2019年9月20日アクセス）

（13）「Global 100 Index」は「Global 100 Most Sustainable Corporations in the World」の略称で，毎年開催される世界経済フォーラム（WEF）の年次総会（ダボス会議）にて，サステナビリティの観点から世界各国の企業を評価している。
（https://sustainablejapan.jp/2019/01/23/global-100-2019/36656　2019年9月20日アクセス）

（14）コニカミノルタ株式会社『環境報告書2019』を参照。
（https://www.konicaminolta.jp/about/csr/environment/report/report/pdf/2019/e2019_all.pdf　2019年9月20日アクセス）

（15）「第22回環境経営度調査」は日経新聞社が1997年から上場および非上場企業に対して実施している，「環境対策と経営効率の向上の両立に取り組む企業を評価」する調査である。
（https://www.nikkei-r.co.jp/service/management/environment/ranking.html　2019年9月20日アクセス）

（16）「RE100」（プロジェクト）は，「Renewable Energy 100％」の略記で，2014年9月に英国に本部を置くNGO（非政府組織）の「ザ・クライメイト・グループ（The Climate Group）と同じく英国に本部を置くNGO「CDP（Carbon Disclosure Project）」によって創られた環境イニシアティブである。「RE100」への加盟企業は，自社で使用するエネル

ギーを再生可能エネルギーに100％に変えていくことを目指すことになる。IT巨大企業のアップル（Apple）やグーグル（Google），本章の事例で取り上げたノボ ノルディスクも加盟している。詳しくはザ・クライメイト・グループHP（https://www.theclimate-group.org/RE100）を参照。

(17) 筆者は社会を「ステークホルダーの束」と捉えている。

## 【引用文献】

宇井純編著『技術と産業公害』国際連合大学発行，東京大学出版会発売，1985年。

円城寺敬浩「企業の環境戦略－営利性と社会性－との調和」権泰吉・高橋正泰編著『組織と戦略』第4章，文真堂，2004年，62～81ページ。

大滝精一・金井一賴・山田英夫・岩田　智編著『経営戦略－論理性・創造性・社会性の追求』有斐閣アルマ，2006年。

高垣行男『環境経営戦略の潮流』創成社，2010年。

都留重人編著『現代資本主義と公害』岩波書店，1968年。

出見世信之『企業統治問題の経営学的研究　説明責任関係からの考察』文眞堂，1997年。

森本三男『企業社会責任の経営学的研究』白藤書房，1994年。

Ansoff, H. Igor, *STRATEGIC MANAGEMENT*, The Macmillan Press Ltd., 1978.（中村元一訳『戦略経営論』産業能率大学出版部，1980年。）

Banerjee, S. B., "*Managerial Perceptions of Corporate Environmentalism Interpretations from Industry and Strategic Implications for Organizations*", Journal of Management Studies, 38-4, 2001.

Barney, J., "*Firm resources and sustained competitive advantage*", Journal of Management, 17, 1991.

Gergen, Kenneth J., *Realities and Relationships - Soundings in social construction*, Harvard University Press, 1994.（永田素彦・深尾誠共訳『社会構成主義の理論と実践 関係性が現実をつくる』ナカニシヤ出版，2004年。）

Hart, S. L., "*A NATURAL-RESOURCE-BASED VIEW OF THE FIRM*", Academy of Management Review, 20-4, 1995.

Hofer, Charles W. & Dan Schendel, *STRATEGY FORMATION: ANALISTICAL CONCEPTS*, WEST PUBLISHING CO, 1978.（奥村昭博・榊原清則・野中郁次郎共訳『ホファー／シェンデル　戦略策－その理論と手法－』千倉書房，1981年。）

Meadows, D. H., Meadows, D. L., Randers, J. and Behrens, W. W., *The Limit to Growth*, New York: Univers Book 1972.（大来佐武郎監訳『成長の限界：ローマクラブ「人類の危機」レポート』ダイヤモンド社，1972年。）

Mintzberg, Henry Ltd., Bruce Ahlstrand, and Joseph Lampel, *STRATEGY SAFARI: A GUIDED TOUR THROUGH THE WILDS OF STRATEGIC MANAGEMENT*, The Free Press, 1998. （齋藤嘉則監訳『戦略サファリ：戦略マネジメント・ガイドブック』東洋経済新報社, 1999年。）

Porter, M. E., "*America's Green Strategy*", Scientific America, No. 264. 1991.

Porter, M. E. & Kramer, M. R., "*The Big Idea: Creating Shared Value Rethinking Capitalism*", Harvard Business Review, January-February, 2011. （『DIAMOND ハーバード・ビジネス・レビュー』第36巻第6号, 2011年。）

Shrivastava, P., "*THE ROLE OF CORPORATIONS IN ACHIEVING ECOLOGICAL SUSTAINABILITY*", Academy of Management Review, 20-4, 1995.

Taylor, Frederic Winslow, *The Principles of Scientific Management*, COSIMO CLASSICS, Cosimo, Inc. 2006. （有賀裕子訳『科学的管理法　マネジメントの原点』ダイヤモンド社, 2009年。）

World Commission on Environment and Development, *Our Common Future*, New York: Oxford University Press, 1987. （大来佐武郎監訳『地球の未来を守るために』福武書店, 1987年。）

# 第5章
# 環境マネジメントシステム

## 第1節　はじめに

　環境経営を推進する理念が設定され，「共通価値の創造（creating shared value：CSV）」などにもとづいて環境経営戦略が策定されると，実際にその戦略を実行するための管理体制（マネジメントシステム）を構築することが必要になる。

　本章では，これらの環境経営におけるマネジメントシステムについて，その基本的な内容や種類，組織体制の側面から検討する。

## 第2節　環境マネジメントシステム

　マネジメントシステムとは，企業などの組織が，方針および目標を定め，その目標を達成するために組織を適切に指揮・管理するための仕組みのことである。組織が少人数の場合には経営者が組織全体を直接管理することもできるが，組織が大きくなると経営者が1人で全体を管理することは難しくなる。そこで，組織を動かす上でのルール，すなわち目標や規定，手順を決め，それにもとづいて個々人が行動できるようにするとともに，部長や課長などといった職制をつくり，責任と権限を明確にして組織を運営することが必要となる。これらの仕組みがマネジメントシステムであり，それを環境対策のために整備したものが環境マネジメントシステム（environmental management system：EMS）である[1]。

　EMSは，組織が独自に構築した「組織内EMS」を運用する場合もあれば，外部機関の定めたEMS規格を採用することもある。組織内EMSを用いる場合，それが適正に運用されているか否かの判断はそれぞれの組織に委ねられる。これに対し，外部のEMS規格を導入したときには外部機関から審査・認証を受けられるため，EMSの導入・運用状況を客観的にチェックすることができるとともに，その規格を導入していることを認証ないし宣言することで，社会的な評価を獲得することもできる。この外部機関によるEMS規格にはさまざまなものがあるが，多く利用されているものにISO 14001がある。以下ではまず，このISO 14001について検討することにしよう。

## 第3節　ISO環境マネジメントシステム規格（ISO 14001）

### 1．ISO規格とISO 14001

　ISO 14001のISOとは，国際標準化機構（International Organaization for Standards）のことである。スイスのジュネーブに本部を置き，2019年9月現在，世界164カ国の標準化機関が加盟している（日本からは「日本産業規格（Japanese Industrial Standards：JIS）」を制定している日本工業標準調査会が代表として参加している）[2]。ISOは世界貿易を促進するために2万件にのぼる国際的な標準規格を提供しており，その範囲は工業製品や技術，食品安全，農業，医療など，あらゆる分野におよぶ。それらの規格には，非常口のマーク（ISO 6309:1987，ISO 7010:2003）や，自動車運転免許証などの身分証明書カードのサイズ（ISO/IEC 7810:2003）なども含まれており，人々の生活に深く根付いているといえる[3]。

　ISOでは製品を対象とする規格のほかに，マネジメントシステムについての規格も発行している。これらは「マネジメントシステム規格」と呼ばれ，環境（ISO 14001）のほかに品質（ISO 9001）や情報セキュリティ（ISO 27001），エネルギー（ISO 5001），食品安全（ISO 22000），労働安全衛生（ISO 45001）に関するものなどがある。図表5－1にあるように，ISO 14001はこれらの中でもISO

86

図表 5 - 1　ISOマネジメントシステム規格の認証数

| 年 | 2010 | 2011 | 2012 | 2013 | 2014 | 2015 | 2016 | 2017 |
|---|---|---|---|---|---|---|---|---|
| ISO9001 | 1,076,525 | 1,009,845 | 1,017,279 | 1,022,877 | 1,036,321 | 1,034,180 | 1,105,937 | 1,058,504 |
| ISO14001 | 239,880 | 243,393 | 260,852 | 273,861 | 296,736 | 319,496 | 346,147 | 362,610 |
| ISO27001 | 15,626 | 17,355 | 19,620 | 21,604 | 23,005 | 27,536 | 33,290 | 39,501 |
| ISO50001 | – | 459 | 2,236 | 4,826 | 6,765 | 11,985 | 20,216 | 21,501 |
| ISO22000 | 18,580 | 19,351 | 23,278 | 24,215 | 27,690 | 32,061 | 32,139 | 32,722 |

注：数値には「認証」と「宣言」が含まれる。2018年集計によりISOは両者を分けて集計
　するようになったので，ここでは2017年までのデータを記載している。
出所：Başaran（2018）Table1, p.5 および，ISOホームページのSurvey Dataより作成。
　　　https://www.iso.org/the-iso-survey.html，2019年9月30日確認。

9001に次いで導入件数の多い規格である。

　ISO 14001制定の端緒は，1992（平成4）年の「環境と開発に関する国際連合会議」（通称，「地球サミット」）である[4]。サミットの事務局長（当時。以下同じ）であるモーリス・ストロング（Maurice Strong）が持続可能な開発に向けた取り組みを産業界に求めた。これを受けて，スイスの実業家ステファン・シュミットハイニー（Stephan Schmidheiny）が中心となり，京セラの稲盛和夫会長ほか7名の日本の経営者を含む世界27カ国48名の産業界のリーダーを集めて「持続可能な開発のための経済人会議（the Business Council for Sustainable Development：BCSD）」を組織した（Schmidheiny, 1992, 邦訳，i～viページ）。このBCSDがISOに対して環境に関する国際規格の作成を要請したことにより，ISO内に専門委員会が設置されて規格作成が進められ，1996（平成8）年にISO 14001が制定されたのである。その後，ISO 14001は2004（平成16）年と2015（平成27）年に改訂版が発行されている（吉田・奥野，2015, 15～22ページ）。

　なお，この専門委員会では，関連する規格として環境監査（ISO 14010）や環境ラベル（ISO 14020），環境パフォーマンス評価（ISO 14030），ライフサイクルアセスメント（ISO 14040），および用語についての規格と技術文書（ISO 14050）なども作成されている。これらの規格はすべて14000番台の番号が付けられていることから，「ISO 14000ファミリー規格」，あるいは「ISO 14000シリー

ズ」と呼ばれている。

　それでは，このISO 14000ファミリー規格の中心となるISO 14001とは，具体的にはどのような規格なのであろうか。その基本的な枠組みについて見ていくことにしよう。

## 2．ISO 14001の枠組み

　ISO 14001の枠組みは，その目次との関連で見れば分かりやすい。図表5－2

図表5－2　ISO14001: 2015規格およびISO9001: 2015規格の目次

| ISO14001: 2015 | ISO9001: 2015 |
|---|---|
| 1．適用範囲 | 1．適用範囲 |
| 2．引用規格 | 2．引用規格 |
| 3．用語及び定義 | 3．用語及び定義 |
| 　3．1　組織及びリーダーシップに関する用語 | |
| 　3．2　計画に関する用語 | |
| 　3．3　支援及び運用に関する用語 | |
| 　3．4　パフォーマンス評価及び改善に関する用語 | |
| 4．組織の状況 | 4．組織の状況 |
| 　4．1　組織及びその状況の理解 | 　4．1　組織及びその状況の理解 |
| 　4．2　利害関係者のニーズ及び期待の理解 | 　4．2　利害関係者のニーズ及び期待の理解 |
| 　4．3　環境マネジメントシステムの適用範囲の決定 | 　4．3　品質マネジメントシステムの適用範囲の決定 |
| 　4．4　環境マネジメントシステム | 　4．4　品質マネジメントシステム及びそのプロセス |
| 5．リーダーシップ | 5．リーダーシップ |
| 　5．1　リーダーシップ及びコミットメント | 　5．1　リーダーシップ及びコミットメント |
| 　5．2　環境方針 | 　5．2　方針 |
| 　5．3　組織の役割，責任及び権限 | 　5．3　組織の役割，責任及び権限 |
| 6．計画 | 6．計画 |
| 　6．1　リスク及び機会への取組み | 　6．1　リスク及び機会への取組み |
| 　6．2　環境目標及びそれを達成するための計画策定 | 　6．2　品質目標及びそれを達成するための計画策定 |
| | 　6．3　変更の計画 |
| 7．支援 | 7．支援 |
| 　7．1　資源 | 　7．1　資源 |
| 　7．2　力量 | 　7．2　力量 |
| 　7．3　認識 | 　7．3　認識 |
| 　7．4　コミュニケーション | 　7．4　コミュニケーション |
| 　7．5　文書化した情報 | 　7．5　文書化した情報 |
| 8．運用 | 8．運用 |
| 　8．1　運用の計画及び管理 | 　8．1　運用の計画及び管理 |
| 　8．2　緊急事態への準備及び対応 | 　8．2　製品及びサービスに関する要求事項 |
| | 　8．3　製品及びサービスの設計・開発 |
| | 　8．4　外部から提供されるプロセス，製品及びサービスの管理 |
| | 　8．5　製品及びサービス提供 |
| | 　8．6　製品及びサービスのリリース |
| | 　8．7　不適合なアウトプットの管理 |
| 9．パフォーマンス評価 | 9．パフォーマンス評価 |
| 　9．1　監視，測定，分析及び評価 | 　9．1　監視，測定，分析及び評価 |
| 　9．2　内部監査 | 　9．2　内部監査 |
| 　9．3　マネジメントレビュー | 　9．3　マネジメントレビュー |
| 10．改善 | 10．改善 |
| 　10．1　一般 | 　10．1　一般 |
| 　10．2　不適合及び是正処置 | 　10．2　不適合及び是正処置 |
| 　10．3　継続的改善 | 　10．3　継続的改善 |

出所：日本規格協会（2016a），10～17ページ，同（2016b），10～15ページより作成。

図表5－3　ISO14001の枠組み

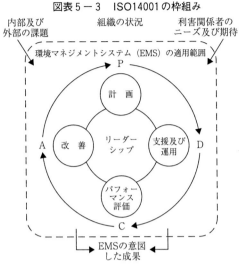

内部及び
外部の課題　　　組織の状況　　　利害関係者の
ニーズ及び期待

環境マネジメントシステム（EMS）の適用範囲

P

計画

A　改善　リーダー
シップ　支援及び
運用　D

パフォー
マンス
評価

C

EMSの意図
した成果

出所：日本規格協会（2016a），38～39ページの図
　　　を一部修正して掲載。

の左欄に記載されているように，ISO 14001の目次には，まず規格に含まれる範疇や用語の定義といった注意書きが箇条1～3に書かれており，続く箇条4以降に規格の本体が記されている。箇条4（組織の状況）では，EMSを構築する第1歩として組織内外の状況や利害関係者のニーズ・期待を把握し，EMSを適用する範囲を決めることが定められている。次に箇条5（リーダシップ）においては，トップマネジメントの責任を明確

にし，環境方針を定めて組織内で責任と権限を割り当てることが必要とされている。図表5－3に示されているように，これらはEMSにおける土台であり，これをベースにして具体的な活動を展開していくことになる。その具体的な活動を示した部分が，箇条6（計画）と箇条7（支援），箇条8（運用），箇条9（パフォーマンス評価），そして箇条10（改善）である。

　この箇条6～10までの部分は，「PDCAサイクル」と対応している。PDCAサイクルは，管理活動を「計画（plan）→ 実行（do）→ 成果確認（check）→ 改善（act）」の繰り返しと捉えるものであり，これらの段階のうち計画は箇条6，実行は箇条7と箇条8，成果確認は箇条9，そして是正措置（改善）段階は箇条10がそれぞれ対応している（図5－3を参照）[5]。

　このようにISO 14001では，組織内外の状況や利害関係者のニーズ・期待を把握し，EMSの適用範囲を決めた上で，トップマネジメントの強い関与（commit）によりPDCAを回してEMSを継続的に改善していくことが基本的な枠組みとなっている。したがって，ISO 14001で管理するのは，たとえば自動車の

排出ガス基準を定める環境規制のような環境への影響（「環境影響」）ないし「環境パフォーマンス」そのものではない。ISO 14001は，環境に影響をもたらす可能性のある組織活動や製品・サービス（「環境側面」）を管理することにより，環境への影響を改善することを目的とするのである（日本規格協会，2016a，28〜31，56〜61，80〜83ページ）。

## 3．ISO 14001の認証

　組織が上記の箇条4以下のすべての項目を満たし，第三者機関による審査を受けて合格したときには，「認証（certification）」を取得することができる。自らが環境に配慮していることが第三者機関によって認められ，それを公表することは，EMSの構築に対する組織成員の動機付けとなるだけでなく，顧客や取引先，周辺住民など多くの利害関係者の信頼感を高めることもできる（図表5−4参照）。とりわけ大手企業では取引条件としてISO 14001の認証取得を求

図表5−4　EMS導入の効果

| 経年集計結果 | | 全体 | コスト改善 | 環境負荷低減 | 管理能力向上 | 従業員等の環境意識向上 | 取引先・顧客からの評価向上 |
|---|---|---|---|---|---|---|---|
| 合計 | 平成29年度 件数<br>% | 608<br>100.0 | 258<br>42.4 | 475<br>78.1 | 362<br>59.5 | 544<br>89.5 | 330<br>54.3 |
| | 平成27年度 件数<br>% | 951<br>100.0 | 398<br>41.9 | 747<br>78.5 | 509<br>53.5 | 834<br>87.7 | 444<br>46.7 |
| 上場 | 平成29年度 件数<br>% | 230<br>100.0 | 114<br>49.6 | 195<br>84.8 | 174<br>75.7 | 209<br>90.9 | 154<br>67.0 |
| | 平成27年度 件数<br>% | 327<br>100.0 | 147<br>45.0 | 279<br>85.3 | 190<br>58.1 | 295<br>90.2 | 179<br>54.7 |
| 非上場 | 平成29年度 件数<br>% | 378<br>100.0 | 144<br>38.1 | 280<br>74.1 | 188<br>49.7 | 335<br>88.6 | 176<br>46.6 |
| | 平成27年度 件数<br>% | 624<br>100.0 | 251<br>40.2 | 468<br>75.0 | 319<br>51.1 | 539<br>86.4 | 265<br>42.5 |

| 経年集計結果 | | 金融機関からの評価向上 | 行政機関からの評価向上 | 地域住民からの評価向上 | 効果なし | その他 | 無回答 |
|---|---|---|---|---|---|---|---|
| 合計 | 平成29年度 件数<br>% | 86<br>14.1 | 175<br>28.8 | 99<br>16.3 | 6<br>1.0 | 10<br>1.6 | 0<br>0.0 |
| | 平成27年度 件数<br>% | 96<br>10.1 | 249<br>26.2 | 140<br>14.7 | 5<br>0.5 | 8<br>0.8 | 4<br>0.4 |
| 上場 | 平成29年度 件数<br>% | 65<br>28.3 | 82<br>35.7 | 51<br>22.2 | 0<br>0.0 | 3<br>1.3 | 0<br>0.0 |
| | 平成27年度 件数<br>% | 54<br>16.5 | 94<br>28.7 | 61<br>18.7 | 1<br>0.3 | 4<br>1.2 | 1<br>0.3 |
| 非上場 | 平成29年度 件数<br>% | 21<br>5.6 | 93<br>24.6 | 48<br>12.7 | 6<br>1.6 | 7<br>1.9 | 0<br>0.0 |
| | 平成27年度 件数<br>% | 42<br>6.7 | 155<br>24.8 | 79<br>12.7 | 4<br>0.6 | 4<br>0.6 | 3<br>0.5 |

出所：環境省（2019），31ページより一部修正して掲載。

めることもあるため，中小企業にとっても切実な課題である。

　先述のように，ISO 14001はEMS規格であり，環境規制のように有害物などの排出基準が定められているわけではない。このため，認証取得においては環境パフォーマンスそのものは審査の対象にならない。しかし，環境パフォーマンスを監視，測定，分析，評価することによってEMSが適切に運用されているか否かを確認するとともに，EMSの有効性を継続的に改善することが求められる（吉田・奥野，2015，76，288〜289，304〜309ページ）[6]。また，3年ごとに更新審査が行われるため，期ごとなどに期間を区切ってPDCAサイクルを確実に回していく必要がある。

　ISO 14001の認証を取得するための審査登録制度は，日本においては，財団法人日本適合性認定協会（Japan Accreditation Board：JAB）を中心とした制度が整備されている（図表5－5）。規格に適合しているかどうかの審査はJABが認定した審査登録機関が行い，その審査登録機関の審査員もJABが認定した教育機関で研修を受けて合格した上で，審査員評価登録機関の認定を受けなければならない。多重の認定制度を設けることによって，審査登録の質を担保するという仕組みである。2019年9月末現在，JABによって認定されている審

図表5－5　ISO14001の審査登録制度の仕組み

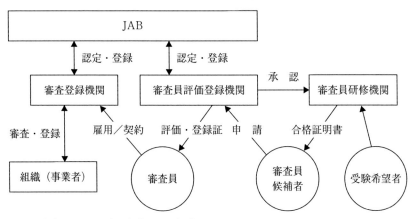

出所：環境省HPの図2を一部修正して掲載。

査登録機関は40件あり，認証機関ごとに対応しているマネジメントシステム
が異なる（JAB, HP）。このため，審査を受けようとする組織は，自らの状況や
目的に合わせてこれらの審査登録機関を選択することになる。

　なお，ISO 14001を導入していることを対外的に表明する手段には，上記の
認証のほかに，ISO 14001を導入してEMSを構築していることを自ら「宣言
（cite）」するという方法もある。これは第三者による審査の必要がないため客
観性という観点では認証よりも劣るが，比較的行いやすいという利点がある。

## 第4節　統合的マネジメントシステムと中小企業向け EMS規格

### 1．総合的品質環境マネジメントシステム

　こうしたISO 14001に代表されるEMSの枠組みを，総合的品質経営（total
quality management：TQM）と一体化して導入する取り組みも行われている。
TQMは全社的品質管理（total qality control：TQC）を源流として，経営戦略と
結びつけて経営全般の質を改善させようとする品質管理手法である。TQCは，
品質管理部門だけではなく全階層および全部門の参加を指向する全社的活動で
あり，PDCAサイクルにもとづく継続的改善のプロセスを重視するところに特
徴をもつが，TQMはそれを戦略と結びつけて，より広範囲に適用したもので
あるといえる（藤本, 2001, 283〜284, 297〜299ページ）。

　このTQMとEMSと結びつけたものを，総合的品質環境マネジメント（total
quality environmental management：TQEM）という。今日，企業が利益を改善する
上で，伝統的で対症療法的な汚染対策技術はコスト面で非効率的になっている
ため，排出物をうみだす活動全体を最小化したり，そうした活動を避けたりす
る手法がとられるようになっている。また，資源生産性の向上や不良品の削減
など，環境パフォーマンスの改善とコストの削減・品質の改善は両立する部分
があり，実際に環境省の調査においても，全体の42.4％がEMSの導入により
コスト削減効果があったと回答している（前掲図表5−4を参照）。こうした製品

や資材の設計・製造・使用・廃棄段階での環境負荷低減と経済的価値の創出に向けた全社的・統合的なアプローチがTQEMである（Curkovic, et al., 2008, pp. 94-95）。

　ISOにおいても，ISO 14001と品質マネジメントシステム規格であるISO 9001の両立をはかる取り組みが行われている。前掲図表5－2に示したように，規格ごとに追加項目があるものの両規格の基本的な構成と内容は共通している。1987年にISO 9001が規格化された当初の規格名は「品質システム」でありマネジメントシステムという用語は使用されていなかった。しかし，2000年の改訂によりISO 14001との整合化をはかるためにPDCAモデルが採用され，規格名が「品質マネジメントシステム」に改められたのである（吉田・奥野，2015, 20ページ）。

　このような規格間の整合性は，両規格をともに導入する際に重複を回避するなどの効果がある。しかし，TQEMという観点から見た場合，ISO 9001とISO 14001との補完的な関係を重視すべきであろう。前掲図5－2にあるように，ISO 9001の箇条8にはISO 14001で項目立てられていない商品の開発・調達・生産・流通に関する項目が設定されている。「共通価値の創造（CSV）」の手法として製品開発や企業内の生産性の見直し，産業クラスターの構築があげられているように（Porter＝Kramer, 2011），これらの活動は組織の環境対策の根幹である。したがって，両規格を補完的に扱い，商品の開発・調達・生産・流通段階に環境的な側面を組み込んでいくことが効果的である。

## 2．統合的マネジメントシステム

　ISOでマネジメントシステム間の整合化がはかられているのは，ISO 14001とISO 9001だけではない。すでに述べたように，ISOのマネジメント規格にはEMSと品質マネジメントシステムのほかにも食品安全（ISO 22000）や労働安全衛生（ISO 45001）などさまざまなものがあり，これらの規格についても整合化がはかられている。2006年，ISOの「技術管理評議会」の下に「マネジメントシステムに関する合同技術調整グループ」を設けて検討が重ねられ，す

べてのISOマネジメントシステム規格に共通の構造，テキスト，用語および定
義を含む「付属書SL（Annex SL）」が2012年に公表された。これにより，ISO
のすべてのマネジメントシステム規格が付属書SLに沿って作成されることに
なったのである（吉田・奥野，2015，19～20，79～81ページ）。

　このような多様なマネジメントシステム，主には品質などの経済面と環境面，
労働安全衛生面のマネジメントシステムを統合的に扱うマネジメントシステム
は「統合的マネジメントシステム（integrated management system：IMS）」と呼ば
れ，ISOのほかにもさまざまに研究されている。たとえばバサラン（Başaran,
2018）は，IMSの8つのモデルについて統合の範囲とモデルの特徴，目的，お
よび限界を比較し，図表5－6のように整理している。この図にある「ISOガ
イド72」は，2012年に先述の付属書SLに統合されたものである。紙幅の都合
上，それぞれののIMSモデルについては詳述できないが，統合の手法には付
属書SLのように共通要素を統一する方法のほかにも，ISO 9001のプロセスア

図表5－6　総合的マネジメントシステムの比較

| モデル | 範　囲 | モデルの特徴 | 目　的 | 限　界 |
|---|---|---|---|---|
| システム・ア プローチ | 標準規格における要 求事項 | PDCAサイクルと プロセスアプロー チに基づくIMS | 異なる基本モデルに 関する問題の回避 | 文化を考慮して いない |
| IMSマトリッ クス | 標準規格そのもの | 標準規格の要素の 調和 | 組み合わせ可能性の 提示 | 整合であり統合 ではない |
| ISOガイド72 | 共通要素 | 共通要素の統合 | 重複の回避 | 整合であり統合 ではない |
| 統合的文書 | 文　書 | あらゆるシステム のための経営ハン ドブック | 単純化および文書の 削除 | 整合であり統合 ではない |
| EFQM | 総合的品質管理 | 戦略的・文化的経 営を包摂 | ビジネスの卓越性 | ISO認証の必要 性に取り組んで いない |
| ISO9001ベー スのIMS | 標準規格における要 求事項 | プロセスアプロー チに基づくIMS | プロセスアプローチ に基づくMS | 文化を考慮して いない |
| ISO14001ベ ースのIMS | 標準規格における要 求事項 | PDCAサイクルに 基づくIMS | PDCAサイクルに基 づくIMS | 文化を考慮して いない |
| 単独のマネジ メント基準 | 標準規格そのもの | 独自の共通基準ベ ース | 1企業1システム | ISOがない 潜在的な柔軟性 が低い 定期的な更新必 要 |

出所：Başaran（2018）Table 4, p.11 を訳出。

プローチやISO 14001のPDCAサイクルをベースに統合する方法，および段階的に統合度を上げていく方法（システム・アプローチ）などがある。それぞれに目的や特徴が異なり，また限界もあるものの，リスク管理や従業員のモチベーション向上，生産性向上，環境への悪影響の削減など，多くの利点があることが指摘されている（Başaran, 2018, pp. 11-14）。

　なお，組織の経済・環境・社会面の影響を総合的に扱っている規格に，ISO 26000がある。これは人権・労働慣行・環境・公正・消費者課題など，いわゆる社会的責任について，その原則や認識，ステークホルダー・エンゲージメント，中心的なテーマと課題，そして社会的責任を組織に統合する方法に関する手引き（guidance）を提供するものである。この規格はISO 14001やISO 9001のようなマネジメントシステムそのものの規格ではなく，認証取得も宣言もできないが，組織が整備しているPDCAプロセスなどの既存のシステムを利用して，そこに社会的責任を「統合」する方法を提示しているため（日本規格協会，2011, 21~27, 183ページ），IMSを構築する上でも有用な手引きとなるだろう。

## 3．中小企業向けマネジメントシステム規格

　ISO 14001は広く組織一般に適用可能な規格である（日本規格協会，2016a, 52~53ページ）。しかし，認証取得には箇条4以降のすべての項目を満たなければならないため，資金や人材面で必ずしも十分ではない中小企業にとっては導入が難しい面もある。

　こうした状況はISOにおいても認識されており，中小企業向けのEMS規格，「ISO 14005環境マネジメントシステム：環境パフォーマンス評価の利用を含む環境マネジメントシステムの段階的実施の指針」が2010年に発行されている。この規格自体で認証を取得することはできないが，EMSの導入に必要な要素を支援要素（力量・自覚，コミュニケーション）と主要要素（著しい環境側面の特定，法的要求事項の特定など）に分けて段階的に取り組むための方策が提示されている。そして，最終的にこれらすべての要素が網羅されれば，ISO 14001の要求事項が満たされたことになる（近藤，2017, 71ページ）。

　日本においても，こうした段階的ないし簡易的なEMS規格が策定されている。たとえば，「エコアクション21」という規格がある。これは環境省が定めたEMS認証・登録制度（運営組織は一般財団法人持続性推進機構）であり，中小企業でも取り組みやすい工夫がされている。とりわけ，具体的な取り組み事例や環境経営レポートの作成例を随時作成して公表したり，認証審査においてさまざまな助言を得ることができたりするなど，継続的支援の施策がとられていることが特徴的である（環境省，2017，4〜6ページ）。

　民間では，一般社団法人エコステージ協会が運営する「エコステージ」がある。この規格でも評価員が業務の効率化や環境改善・品質改善のコンサルティングを行っているが，エコアクション21とは異なり，ステージごとに段階的に導入することができる点が特徴となっている。ステージには導入段階の「エコステージ1」からCSRを実現する「エコステージ5」までの5段階があり，企業の状況に合わせて取り組むことができる。また，ほかにも経営革新に関する「経営革新ステージ」，CSRに関する「ソーシャルステージ」などの規格も公表しており，それぞれ3段階の認証が可能である（エコステージ，HP）。

　最初からISO 14001を導入することの難しい中小企業にとっては，これらの段階的・簡易的EMSを利用することも選択肢の1つとなるだろう。

## 第5節　環境マネジメントの実施組織

### 1．環境組織

　これまで述べてきたISO 14001をはじめとするEMS，あるいはTQEM，IMSなどのマネジメントシステムのいずれを採用する場合においても，それらを実施するための組織が整備されていなければならない[7]。組織のコンティンジェンシー・アプローチによれば，組織は外部環境[8]の不確実性が増大するにつれて組織内の「分化（differentiation）」が進むとされる。組織を取り巻く外部環境は複雑で変化しているため，組織が外部環境に一括して対応するのは困難である。そこで組織は，異なる特性をもつ部分に分割して外部環境に

対応すべく，研究開発部門や製造部門，営業部門などの部門を置くようになり，それぞれの部門の中でも分化が進んでいく（桑田・田尾，2010，85〜87ページ）。

　分化が進んでいくと，部門間のやり取りに多くの時間を投入しなければならなくなるため，調整の仕組みをつくることが必要になる（「統合（integration）」）。これには，EMSで行われているように目標や作業の手順，基準をあらかじめ決めておくといった方法（「標準化」）が含まれる。しかし，環境の変化が激しく標準化で対応しきれないときには，上司の判断を仰いだり（「階層関係」），連絡会や研究会，委員会のように各部門の代表者が集まる場を公式・非公式に設けたり（「水平関係」）するといった調整方法がとられる場合がある（Galbraith，2002，邦訳，53〜66ページ）。

　EMSの実施体制においても，これらの調整方法がとられている。たとえば，トヨタ自動車（以下，トヨタ）では，1963（昭和38）年に生産部門に「生産環境委員会」を設置し，1973（昭和48）年には「製品環境委員会」が発足されている（以下，トヨタHP，社史による）。また1990年代には，「オゾン層保護推進小委員会」（1989（平成元）年），「リサイクル委員会」（1990（平成2）年），「トヨタ環境委員会」（1992（平成4）年）と委員会組織を相次いで設け，1998（平成10）年には「環境部」を設置して「オールトヨタ地球温暖化防止会議」を発足するとともに，ISO 14001の認証を取得している。

　これらのトヨタにおけるEMS実施体制は，2000年代になると地理的・内容的に強化され，「グローバルEMS連絡会」（1999（平成11）年），「オールトヨタ生産環境会議」（2000（平成12）年），「自動車リサイクル研究所」（2001（平成13）年），「欧州環境委員会」（2002（平成14）年），「北米環境委員会」（2004（平成16）年），「南米環境委員会」（2006（平成18）年），「中国環境委員会」・「豪州環境委員会」（2007（平成19）年），「南アフリカ環境委員会」・「資源循環委員会」（2008（平成20）年）と，研究所や数多くの委員会組織が設置されている。図表5−7は，2019年現在におけるトヨタのEMS実施体制を示したものであるが，これまでの取り組みをベースとして，委員会組織や会議体を設けて部門横断的な取り組みが行われていることが分かる。

図表5－7　トヨタのEMS推進体制

出所：トヨタ自動車HPより作成。

　いかなる調整方法を採用するかは組織の状況や目的に応じて異なるが，トップレベルの環境対策を行っているトヨタの事例は，部門横断的な取り組みが必要とされるEMSの運用においては，トップマネジメントの強い関与のもとで委員会組織や会議体などを設けて推進することが有効であること，また特定課題については専門部署を設けて取り組むことが効果的であることを示唆しているといえるだろう。

## 2．持続可能なサプライチェーン・マネジメント

　EMSを実施する上では，組織内部の体制だけではなく仕入れから廃棄に関わる関連業者との体制，いわゆる「サプライチェーン・マネジメント（supply chain management：SCM）」の体制も整備しなければならない。SCMは，部品サプライヤーから完成品メーカー，卸売業者，小売業者，最終顧客に至る連鎖（サプライチェーン）全体を最適化しようとするものである（藤本，2001，120ページ）。SCMは1990年代後半に注目されるようになったが，環境問題や社会問題への関心の高まりやISO規格などにより組織的な対応が必要とされるようになると，廃棄・リサイクル業者も含めて環境面を考慮に入れた「環境配慮型サプライチェーン・マネジメント」や，さらに社会面を加えた「持続可能なサプライチェーン・マネジメント（sustainable supply chain management：SSCM）」へと発展していったといわれている（金藤，2016，460ページ）。

　SSCMは，サプライチェーン全体で統合的に行う必要がある。サプライチェーンにおいて場当たり的に対応していると，全体的には経済・環境・社会面で問題が生じることがあるからである。たとえばハウ・L．リー（Hau. L. Lee, 2010）によれば，香港を拠点とするプレミアム・コットンのシャツメーカーであるエスケルは，顧客であるアパレル小売企業からオーガニック・コットンを増やすように求められていた。しかし，農家に農薬を減らすよう要求しただけでは，病害虫の増加や生産高の減少といった経済・社会面での問題が発生する。そこでエスケルは，サプライチェーン全体をマッピングして評価した上で，関係者と協力して綿花の品種・栽培方法・収穫方法・取引方法を変えるとともに，自社の紡績・製織・縫製工程の見直しや，現地の農村での教育活動を推進することで，環境・経済・社会面でのパフォーマンスを向上させることができたという。

　このようにSSCMを進める上では，サプライチェーン全体を統合的に把握して最適化しなければならない。そのためのガイドとして役立つのが，国連のグローバル・コンパクト（United Nations Global Compact：UNGC）が公表している「サプライチェーンの持続可能性：継続的改善のための実践的ガイド」である[9]。このガイドでは，企業がサプライチェーンの持続可能性を達成するために実施できる実践的なステップの概要が示されている。そのステップには，①コミット（commit），②評価（assess），③定義（define），④実施（implement），

⑤測定（measure），⑥情報伝達（communicate）が含まれており，PDCAサイクルと同様に継続的に改善することが意図されている。とりわけサプライヤーとの関係についてUNGCのガイドでは，①トップマネジメントが直接サプライヤーとコミュニケーションをとったり，契約に行動規範を盛り込んだりすることでサプライヤーと認識を共有すること，②サプライチェーンを細分化し，リスクの発生可能性と影響度によってサプライチェーンの各要素を評価してそれに応じた対応をとること，および③サプライヤーとの関係を構築して継続的改善につなげることなどが奨励されている（UNGC and BSR, 2015, pp. 26-37）。先述のエスケルにおいてもこれらと類似の施策が導入されていることからも，SSCMの有益な枠組みをUNGCのガイドは提供しているといえるだろう。

## 第6節　おわりに

　本章では，EMSに焦点を当て，主にISO 14001規格の内容と認証，ISO 9001その他のマネジメントシステムとの統合的管理，および，EMSの実施体制について検討してきた。環境経営を推進する理念が設定され，それを実現するための環境経営戦略を策定しても，それが確実に実行されなければ意味がない。本章で述べてきたEMSとその実施体制は，この環境理念と戦略の実行をいわば担保するものである。その導入には労力を必要とし，組織の状況によっては困難が伴うかもしれないが，環境経営を推進しようとする組織にとって，導入を積極的に検討するだけの価値は十分にあるといえるだろう。

## 【注】

（1）ISO 14001:2004では，マネジメントシステムを「方針および目的を定め，その目的を達成するために用いられる相互に関連する要素の集まり」，「組織の体制，計画活動，責任，慣行，手順，プロセスおよび資源を含む」とし，EMSを「組織のマネジメントシステムの一部で，環境方針を策定し，実施し，環境側面を管理するために用いられるもの」と定義している（日本規格協会，2005，38〜41ページ）。

100

（2）ISO, HP, https://www.iso.org/about-us.html, 2019年9月30日確認。なお, ISOという名称は英語名の頭文字をとったものではない。ISOが組織されたときに名称をめぐって各国で食い違いがあったことから, ギリシャ語で「平等」を意味する「iso」が選ばれたとされる（ISO, 1997, p. 20）。

（3）ISOの後に記載されている数値が規格番号, その後にコロンで続く数値が発行年である。また, 他の標準化団体と合同で制定した場合は, ISOの後にスラッシュで区切って標準化団体の略称が記載される。

（4）ISO 14001の発行と改訂の経緯については, 吉田・奥野, 2016, 15～42ページに詳しい。

（5）ISO 14001の序文においても, PDCAプロセスをベースにしていること, および各段階についての説明が記載されている（日本規格協会, 2016a, 34～37ページ）。

（6）ISO 14001の初版開発時, EMSの「有効性の継続的改善」という表現を入れることをEUは主張したが, アメリカはパフォーマンスの継続的改善が要求されることになり実現不可能だと反対したとされる。しかし, ISO 14001:2015の改訂審議においてはいかなる国も反対せず, 箇条10にEMSの「有効性を継続的に改善しなければならない」ことが規定された（吉田・奥野, 2016, 305ページ）。

（7）ISO 14001の箇条5においても, それぞれの仕事について責任・権限をもつ部門や人を決め, 組織的な仕組みを管理し, 環境保護・環境改善の活動の状況と成果をトップマネジメントに報告する責任者を決めることが記載されている（日本規格協会, 2016a, 92～95ページ）。

（8）ここでいう「外部環境」は自然環境ではなく, 市場や技術などを含んでいる。これらを区別するために, 本章では自然環境を「環境」, より広範な要素を含んだ環境を「外部環境」と表記している。

（9）SSCMの導入において利用可能な規格や手引きには, ほかにもサプライチェーンの従業員保護を目的としたSocial Accountability International（SAI）のSA8000や先述のISO 26000などがある。

## 【参考文献・資料】

エコステージHP, https://www.ecostage.org/guide/, 2019年9月30日確認。
金藤正直稿「サステナビリティ・サプライチェーン・マネジメントの実践的展開モデル」『横浜経営研究』第37巻第2号, 2016年。
環境省『エコアクション21ガイドライン2017年版』2017年。
環境省『平成30年度 環境にやさしい企業行動調査 調査結果（詳細版）』2019年3月。
環境省HP, https://www.env.go.jp/policy/j-hiroba/04-iso14001.html, 2019年9月30日確認。

桑田耕太郎・田尾雅夫『組織論（補訂版）』有斐閣，2010年。

近藤明人「ISO環境マネジメントシステム」岡本真一編著『環境経営入門（第2版）』日科技連，2017年。

トヨタ自動車HP，https://www.toyota.co.jp/jpn/company/history/75years/index.html，2019年9月30日確認。

日本規格協会編『対訳ISO 14001:2004環境マネジメントシステム（ポケット版）』日本規格協会，2005年。

日本規格協会編『日本語訳ISO 26000:2010社会的責任に関する手引き』日本規格協会，2011年。

日本規格協会編『対訳ISO 14001:2015（JIS Q 14001:2015）環境マネジメントの国際規格（ポケット版）』日本規格協会，2016年a。

日本規格協会編『対訳ISO 9001:2015（JIS Q 9001:2015）品質マネジメントの国際規格（ポケット版）』日本規格協会，2016年b。

日本適合性認定協会HP，https://www.jab.or.jp/system/service/managementsystem/accreditation/，2019年9月30日確認。

藤本隆宏『生産マネジメント入門I』日本経済新聞社，2001年。

吉田敬史・奥野麻衣子『ISO 14001:2015（JIS Q 14001:2015）要求事項の解説』日本規格協会，2015年。

Başaran, Burhan, "Integrated Management Systems and Sustainable Development," Leo Kounis ed., *Quality Management Systems: a Selective Presentation of Case-studies Showcasing Its Evolution*, IntechOpen, 2018.

Curkovic, Sime, Robert Sroufe, and Robert Landeros, "Measuring TQEM Returns from the Application of Quality Frameworks," *Business Strategy and the Environment*, 17, 2008.

Galbraith, J. R., *Designing Organizaitons: An Executive Guide to Strategy*, John Wiley and Sons, 2002.（梅津祐良訳『組織設計のマネジメント―競争優位の組織づくり―』生産性出版，2002年。）

ISO, *Friendship among Equals*, 1997.

ISO, HP, https://www.iso.org/about-us.html，2019年9月30日確認。

Lee, Hau. L., "Don't Tweak your Supply Chain: Rethink It End to End," *Harvard Business Review*, Vol. 88, 2010, pp. 62-69.（スコフィールド素子訳「パートナーとの連携による持続可能なサプライチェーンの構築」『ダイヤモンド・ハーバード・ビジネス・レビュー』第38巻第4号，2013年，60～72ページ。）

Porter, Michael E., and Mark R. Kramer, "Creating Shared Value," *Harvard Business Review*, January-February 2011.（DIAMONDハーバード・ビジネス・レビュー編集部訳「共通価値の戦略」『DIAMONDハーバード・ビジネス・レビュー』第36巻第6号，ダイ

ヤモンド社，2011年6月。)

Schmidheiny, Stephan, *Changing Course: A Global Business Perspective on Development and the Environment*, the MIT Press, 1992.（BCSD日本ワーキング・グループ訳『チェンジング・コース：持続可能な開発への挑戦』ダイヤモンド社，1992年。)

United Nations Global Compact (UNGC) and Business for Social Responsibility (BSR), *Supply Chain Sustainability: A Practical Guide for Continuous Improvement, 2nd ed.*, 2015.

# 第6章
# 環境マーケティング

## 第1節　環境マーケティングの必要性

　環境問題は，私たちが住む社会と，そこで営まれる経済活動の持続可能性に大きな影響を及ぼす課題の1つとなっている。環境問題が顕在化した背景には，日本では1950年代以降の四大公害に代表される環境汚染がある。企業活動による有害物質の排出が地域住民に大きな健康被害をもたらし，その後，騒音・振動・悪臭なども追加対象となり「典型7公害」が定着することになる。そして1970年代になると，2度の石油危機を経験して，石油資源の制約や限界に直面したことが，エネルギーの節約・有効利用という「省エネ」活動へとつながっていった。健康被害とエネルギーの有効利用が問われたのである。

　その後も新しい環境破壊や汚染が発生していく。エアコンや冷蔵庫などから排出されるフロンガスによるオゾン層の破壊，ダイオキシンや環境ホルモンといった化学物質の排出，二酸化炭素（$CO_2$）やメタン（$CH_4$）に代表される温室効果ガス排出（greenhouse gas, 以下，GHG）による地球温暖化・気候変動，森林伐採や宅地・リゾート開発などによる自然破壊と生物多様性の毀損などである。とりわけ気候変動と生物多様性については，国際連合を中心に毎年のように会議が開催されており，パリ協定や名古屋議定書など世界的な枠組みがつくられている。

　自然環境が社会の持続可能性に大きく関係する理由は，人間の生活の場である社会が自然環境を基盤としていることに求められる。化学物質に汚染された

土壌や河川，大規模な気候変動，摂取可能な魚介類の減少などの現出は，健全な生活を営むための社会の形成を困難にすることになろう。そして，企業活動は健全な社会を基盤としている。社会（地域社会）とは，人材の獲得，顧客・市場への販売，取引先からの仕入れ，治安・行政サービスの享受など，企業が存続して活動を行う「場」そのものだからである。良好な事業活動のためには，社会と，それを支える自然環境の双方が健全であることが必要なのである。

　従来，経済と社会・環境は二律背反的な関係にあると考えられていた。企業にとって環境や社会へ配慮することは，追加コストを発生させる競争力低下の要因と認識されてきたのである（堀内・向井，2006，77〜80ページ）。それゆえ，企業が環境問題を積極的／先取り的に事業活動に取り込むようにするには，環境経営の実践が競争力強化に結実する必要がある。そのためには環境経営戦略の実行が求められており，とくに顧客や市場との関係に焦点を絞ると，環境配慮や環境負荷低減に基づいた「環境マーケティング」（Environmental Marketing）の活動が必要になるであろう。

　本章では，顧客・消費者との関係性に基づく環境マーケティングを検討していく。まず，環境マーケティングの概念を整理して，それを実行する根拠となる環境法令の概要を述べる。ついで，マーケティングの核となる製品・サービスについて，エコプロダクトとエコラベルの観点から特徴を位置づけて，そのプロモーションについても考察する[1]。エコラベルの表示によるプロモーション，消費者の環境意識とエシカル購入といった視点を提示するとともに，環境プロモーションによるコーポレート・アイデンティティの再構築に関する事例を見る。このような考察を通して，環境（倫理も含む）がマーケティングにおける現代的課題になっているだけでなく，企業と社会の持続可能な発展において重要な要因の1つになることを示していく。

## 第2節　環境マーケティングの概念と関連する環境法令

### 1．環境マーケティングとは

　環境マーケティングの定義は様々であり，普遍的な同意は見られないという（長谷川・吉野，2011，108ページ）。さらにグリーン・マーケティング（Green Marketing），サステイナブル・マーケティング（Sustainable Marketing），ソーシャル・マーケティング（Social Marketing）など類似した概念も見られる。厳密には，それぞれ概念や定義における違いが見いだされるのだが，本章では，これら類似概念の検討までは踏み込まないことにする。それでもソーシャル・マーケティングについて若干言及すると，これには環境に加えて，人権，強制労働，労働搾取，LGBT差別など社会性事項も含まれてくるのが特徴的である。

　そもそもマーケティングとは，どのように定義されるであろうか。アメリカ・マーケティング協会（American Marketing Association，以下，AMA）によると，「生産者から顧客・ユーザーへの製品・サービスの流れに向けられる事業活動の成果」と定義されている（McNair and Hansen，1949，p.9）。この定義からは，まず，顧客や市場という企業の経済的ステークホルダーとの関係が踏まえられている。ついで，顧客に製品・サービスを届けるための事業活動がマーケティングの実際の成果であり，それらの開発・生産や効果的な販売活動の展開が含まれてくる。つまり，市場や顧客というステークホルダーとの関係から，実際の企業行動，さらには企業経営の在り様を捉えていくことにマーケティングの核心が見出されるのである。また，マーケティング活動を捉える視点として，マッカーシー（E.J. McCarthy）による「マーケティング・ミックス」（Marketing Mix，以下，MM）がある（McCarthy，1964）。MMとは，顧客（Customer）に対してアプローチする企業活動であり，プロダクト（Product），プレイス（Place），プロモーション（Promotion），プライス（Price）の"4P"で構成されている（図表6－1）。

　プロダクトは，ターゲットとする市場や顧客に対して供給する製品・サービ

図表6－1　マーケティング・ミックス

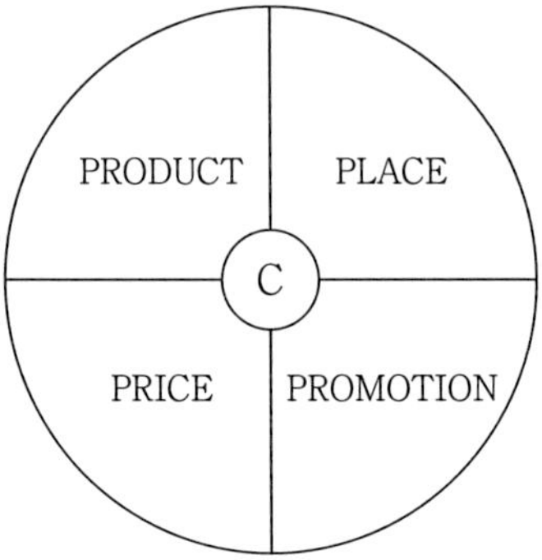

PRODUCT　PLACE
C
PRICE　PROMOTION

出所：McCarthy (1964), p.38.

スのことであり，顧客満足の向上を考慮して開発されるべきである。プレイス
は，いつ，どこで，どのようにして，顧客にプロダクトを提供するのかについ
てであり，卸売，小売，輸送，貯蔵・保管などが主要な役割を担う。プロモー
ションは，正しい価格と流通経路に基づいてプロダクトを販売する手段であり，
顧客・市場に対するコミュニケーション活動とも言い換えられる。そこには広
告・広報や販促活動などに加えて，営業担当の従業員の能力開発や訓練なども
含まれてくる。そして，プライスは価格であり，プロダクトの性質を反映して，
それを流通・プロモーションするのに適合した「正しい」価格が必要になると
いう（McCarthy, 1964, pp.39-40）。マッカーシーによると，これら4つのPを組
み合わせて，MMを展開することがマーケティングの本質と理解される。4P
視点から市場にアプローチする考え方は，企業のマーケティング活動を「バラ
ンス良く理解するフレームワークとして，現在でも研究や実務の現場で広く」
利用されている（田中，2015，280～281ページ）。
　しかし，従来のマーケティングは環境を視野に入れないどころか，環境問題
を引き起こした一端になっているとも指摘される。企業がマーケティング活動
を展開して消費者の購買意欲をいたずらに刺激した結果，「大量生産―大量販
売・流通―大量消費―大量廃棄」という構図を促進してしまったからである

（岩本, 2004, 19ページ）。この反省もあり，マーケティングには環境への負荷低減や課題解決に対する寄与が求められており，環境マーケティングを研究・実践する意義が見出されるのである。

　環境マーケティングとは，ピーティ（K. Peattie）によると，「顧客と社会からの要求を認識・予期して，その双方を満足させることに責任を負う全体的なマネジメントであり」，「企業の収益性と社会の持続可能性」を考慮した取り組みと定義される（Peattie, 1995, p.28）。単に「グリーン」や「エコ」というキーワードで顧客へ訴求する活動ではなく，顧客を含む社会全体と企業の収益性を同時に達成することが環境マーケティングなのである。しかし，これは抽象的であるため，より具体的な側面に踏み込む岩本の定義を見てみよう。それには「積極的に環境に配慮した製品の企画開発・販売・普及に努め，環境負荷の少ないライフスタイルの確立に寄与する活動」という実践的な内容が盛り込まれており（岩本, 2004, 51ページ），環境マーケティングの実際を捉えるのに適している。この定義には，サービス（無形財）が含まれていないが，環境に配慮したサービスの企画や販売を考慮しても齟齬をきたすことはない。

　ピーティと岩本の定義から環境マーケティングは，環境関連製品やサービスについて，市場との関係を踏まえてMMを実践することに加えて，持続可能な発展を実現するために，経営理念，経営戦略，経営管理，組織文化形成（従業員への浸透）なども含むと考えられる。環境マーケティングは，企業活動による外部不経済の最小化を模索し続けながら，企業，消費者さらには社会の満足を目的としているため，マーケティングの新しいビジョンを打ち立てることになるという（Fraj-Andres et al., 2008, p.266）。以下では，環境マーケティングを実行する際の根拠や強制力になる環境法令を概観した後に，プロダクトとプロモーションを中心に具体的な考察を進めていく。

## 2．環境マーケティングを実行する根拠となる環境法令

　環境マーケティングを通して，企業の収益性と社会の持続可能性を両立させるために，企業には消費者，NPO，政府・行政との連携や協働が必要になっ

てくるという。本来，環境マーケティングは，企業と消費者間の関係という民間主体の取り組みなのであるが，政府・行政による罰則や助成などの強制的な措置も必要になる場合がある。法制化を通して，環境マーケティングも含む企業の環境経営を統制する必要があるからである（荒井，2004，135～136ページ）。

　図表6－2の日本の主要環境法令からは，企業の自主的活動だけに依拠するのではなく，環境経営を規制・促進する制度が策定されていることが分かる。まず，環境基本法や地球温暖化対策推進法などが自然環境の保全と保護という環境全般を主題としている[2]。とくに環境基本法では，動物や植物の保護，自然景観の保全，そして生態系の維持・促進などの領域において，国・地方自治体，企業，国民が負う責任を示している（環境省HP）。環境全般に対する方針の後に，環境問題を3つに大きく分類して様々な法令が定められている。

　その第1が，公害・化学物質に関する規制である。事業所から汚染物質を大気・河川・土壌などへ排出した結果として，四大公害に代表されるような環境破壊と健康被害が公害問題として発生した。また，悪臭や騒音なども公害と認識されており，それらを防止する法令が定められている。さらに近年では，化学物質による環境や健康への影響が問われている。例えば，ホルモン分泌（生殖機能）を攪乱する環境ホルモンや，毒性の強い発癌性物質のダイオキシンが大きな問題となっている[3]。化学物質については，排出管理と削減の必要性が強く求められており，その顕著な例としてPRTR（化学物質排出移動量届出制度）法がある。PRTR法とは，人間の「健康や生態系に有害なおそれのある化学物質が，事業所から環境（大気，水，土壌）へ排出される量及び廃棄物に含まれて事業所外へ移動する量を，事業者が自ら把握し国に届け出」て，国がその情報に基づいて排出量と移動量を集計して公表する制度となっている（経済産業省HP）。

　第2が，循環型社会の実現へ向けて，廃棄物の削減とリユース（再利用）・リサイクル（再資源化）を促進する法令である。廃棄物では，自然分解が困難なプラスチックに加えて，PCB（ポリ塩化ビフェニル）について規制されている。PCBについては，化学的にも安定な性質のため，電気機器の絶縁油や熱交換

図表 6 － 2　日本の環境法令

| 大分類 | 小分類 | 法律名 | 略　称 |
|---|---|---|---|
| 環境全般 | 全　般 | 環境基本法 | ― |
| | | 環境影響評価法 | 環境アセスメント法 |
| | | 地球温暖化対策の推進に関する法律 | 地球温暖化対策推進法 |
| | | 循環型社会形成基本法 | ― |
| | 環境保護・保全 | 自然環境保全法 | ― |
| | | 自然公園法 | ― |
| | | 鳥獣の保護及び狩猟の適正化に関する法律 | ― |
| | | 絶滅のおそれのある野生動植物の種の保存に関する法律 | ― |
| | | 有明海及び八千代海を再生するための特別措置に関する法律 | ― |
| | | 自然再生推進法 | ― |
| 公害・化学物質排出 | 大気汚染 | 大気汚染防止法 | 大防法 |
| | | 自動車から排出される窒素酸化物及び粒子状物質の特定地域における総量の削減等に関する特別措置法 | 自動車Nox・PM法 |
| | | 特定物質の規制等によるオゾン層の保護に関する法律 | オゾン層保護法 |
| | | 特定製品に係わるフロン類の回収及び破壊の実施の確保等に関する法律 | フロン回収破壊法 |
| | 水質汚濁海洋汚染 | 水質汚濁防止法 | 水濁法 |
| | | 海洋汚染及び海上災害の防止に関する法律 | ― |
| | 土壌汚染地盤沈下 | 農用地の土壌の汚染防止等に関する法律 | ― |
| | | 工業用水法 | ― |
| | | 土壌汚染対策法 | ― |
| | 悪臭・騒音振動 | 悪臭防止法 | ― |
| | | 騒音規制法 | ― |
| | | 振動規制法 | ― |
| | 化学物質 | 化学物質の審査及び製造等の規制に関する法律 | 化審法 |
| | | 毒物及び劇物取締法 | |
| | | 特定化学物質の環境への排出量の把握等及び管理の改善の促進に関する法律 | PRTR法 |
| | | ダイオキシン類対策特別措置法 | |
| 循環型社会 | 廃棄物 | 廃棄物の処理及び清掃に関する法律 | 廃掃法 |
| | | 特定有害廃棄物等の規制に関する法律 | バーゼル法 |
| | | ポリ塩化ビフェニル廃棄物の適正な処理の推進に関する特別措置法 | PCB処理特別措置法 |
| | リサイクル | 資源の有効な利用の促進に関する法律 | 資源有効利用促進法 |
| | | 容器包装に係る分別収集及び再商品化の促進等に関する法律 | 容器包装リサイクル法 |
| | | 特定家庭用機器再商品化法 | 家電リサイクル法 |
| | | 建設工事に係る資材の再資源化等に関する法律 | 建設リサイクル法 |
| | | 食品循環資源の再資源化等に関する法律 | 食品リサイクル法 |
| | | 使用済自動車の再資源化等に関する法律 | 自動車リサイクル法 |
| | | 国等による環境物品等の推進等に関する法律 | グリーン購入法 |
| 省エネ | | エネルギーの使用の合理化に関する法律 | 省エネ法 |
| | | エネルギー等の使用の合理化及び資源の有効な利用に関する事業活動の促進に関する臨時措置法 | 省エネ・リサイクル推進法 |
| | | 新エネルギー利用等の促進に関する特別措置法 | 新エネ法 |
| | | 石油代替エネルギーの開発及び導入の促進に関する法律 | 代エネ法 |
| | | エネルギー政策基本法 | ― |

出所：エンジニアズブックHPを加筆・修正して掲載。

器の熱媒体などの用途で利用されてきたが，脂肪に溶けやすく健康に悪影響を及ぼすため製造が中止されている（環境省HP）。環境負荷物質の排出削減を進めるのと同時に，有効な資源については再資源化することが重要となる。とくに自動車や家電製品などには再利用・再資源化が可能な部品が多く存在しているため，それら希少な資源の有効利用が意図されている。また「国等による環境物品等の調達の推進等に関する法律」（以下，グリーン購入法）は，国や自治体に対して「環境配慮型の物品」購入を責務として率先させることで，企業による環境配慮型製品・サービスの開発促進を図っている（『日経産業新聞』2013年6月25日）。第3に，省エネに関する各法令は，エネルギー使用の合理化を進めることで「国民経済」の健全な発展を目的とするものである。省エネの促進だけでなく，化石燃料に対する代替・新エネルギーの開発と利用促進も含めた持続可能なエネルギーの普及を定めている。

　このように環境関連法令では，環境保全・保護，公害・化学物質，循環型社会，省エネルギーという領域にわたって，企業活動を規制したり促進することで環境の持続可能性が考慮されている。環境法令が強化されている現状では，環境保全・保護や資源の有効利用に取り組む必要性が高まっており，企業としても「環境」を経営の重要課題の1つに位置づけざるを得ない。環境経営をより有効に実行させるには，このような環境法令を，企業行動を規制するコスト上昇や競争力低下の要因と認識するのではなく，競合他社に対して競争優位を構築する機会と捉えることが重要であろう。そのために，環境マーケティングを実施することで，MMを環境課題との関係性から再構築して，当該企業の製品・サービスの魅力を向上させる必要がある。そして，これら環境法令は，環境経営および環境マーケティングを実行することに対して，その正当性を制度的側面から付与していると見なせるのである。

## 第3節 エコプロダクト

### 1．エコプロダクトの基本的特徴

　プロダクトはMMの中核要素であり，環境マーケティングの実行において
も基盤になってくる。環境に配慮する製品・サービスには，エコプロダクト，
エコグッズ，環境配慮製品，環境調和製品などの名称があるが（岩本，2004，61
ページ），本章では「エコプロダクト」で統一して使用する。貫（2010）によれ
ば，エコプロダクトとは「環境の持続性に貢献する」製品・サービスであり，
「環境負荷を軽減」し，「環境への負荷を最小化あるいはゼロ」にするものだと
いう。環境マーケティングは，環境問題に関心の高い消費者をターゲットにし
て，エコプロダクトを開発・生産・販売する経営戦略的な行為なのである。貫
によると，エコプロダクトは以下のように類型化される（図表6-3）[4]。

　①省負荷製品とは，環境負荷を相対的に減らす製品であり，消費者が一般的
にイメージするエコプロダクトがこれに分類される。「既存の製品より少ない
環境負荷で同レベルのパフォーマンスを発揮する」製品であり，消費電力の少
ないLED照明，燃料消費率の低い低燃費自動車（ハイブリッド車や電気自動車な
ど），水使用量の少ない水洗トイレなどが該当し，消費者が購入して使用する

図表6-3　エコプロダクトの類型

| エコプロダクトの類型 | 製品の環境負荷対応 |
|---|---|
| ① 省負荷製品 | 環境負荷が相対的に少ない製品 |
| ② 零負荷製品 | 環境負荷を出さずに機能する製品 |
| ③ 吸負荷製品 | 環境負荷を吸収，隔離する製品 |
| ④ 活負荷製品 | 廃棄物を活用して生産された製品 |
| ⑤ 抑負荷製品 | 長寿命化によって環境負荷の発生量を抑える製品 |
| ⑥ 有害物質フリー製品 | 有害物質という環境負荷を含まない製品 |
| ⑦ 生分解製品 | 時間と自然が環境負荷を解消してくれる製品 |

出所：貫（2010），29〜34ページに基づき作成。

機会も増えている。②零負荷製品とは，製品稼働時の環境負荷がゼロであったり，焼却時の$CO_2$排出を原料の成長過程で吸収する「$CO_2$ニュートラル」の植物由来製品が該当する。前者には，風力発電や太陽光発電など環境負荷ゼロ（$CO_2$排出ゼロ）でエネルギーを生み出す「創エネ製品」，後者には，バイオマス燃料やバイオ樹脂などの植物由来製品が含まれるという。

　③吸負荷製品とは，環境負荷を「吸収し，固定し，隔離し，あるいは浄化・無害化」する製品であり，その多くは浄化装置や集塵装置など事業所や工場における静脈工程で活用される。なお静脈行程とは，製品を生産する過程で発生する環境負荷物質を吸収・無害化する行程のことである。④活負荷製品は，廃棄物を再利用・再資源化するなどして生産された「有価値物」である。廃棄物を洗浄・補修して再利用するリユース，廃棄物を溶融・加工などして再資源化するリサイクル，生産工程の中間排出物から生産される「ゼロエミッション製品」に分類される。例えば，清涼飲料水の空瓶を再利用するリターナブルびん，紙ごみを利用した再生紙，食品残渣から生産される飼料などである。⑤抑負荷製品は，製品の寿命や耐久性の向上を通して廃棄物量を減少させるものであり，リデュースに関連してくる。「100年住宅」のような高耐久住宅や長寿命のLED照明などが該当する。⑥有害物質フリー製品は，鉛，水銀，カドミウムなど人間の健康に影響する有害物質を含まない製品であり，近年では，工業製品における化学物質の使用には世界的に規制が高まっている。最後に⑦生分解製品とは，時間の経過にともない分解・消滅されて環境負荷を発生させない製品であり，でん粉やセルロースを原料とする生分解性プラスチックが代表例として知られている（貫，2010，29〜34ページ）。

　このように，エコプロダクトは7つに類型化される。エコプロダクトでは，製品の製造，使用，廃棄という一連のライフサイクルに基づいて，その環境影響を評価するLCA（ライフサイクル・アセスメント）が行われる。これに加えて，とくに製品の製造に関しては，環境負荷を低減する「構想・計画・設計」をするためのエコデザインが必要になってくるという（岩本，2004，61〜63ページ）。エコデザインに基づき開発された製品には，近年では消費者から高い人気を得

ているものも見られる。薄型で絞れるペットボトル飲料水の「い・ろ・は・す」，TOTOの節水トイレ「ネオレスト」，すすぎ回数を減らして節水と節電を実現する洗濯用洗剤「ウルトラアタックNeo」のようなプロダクトである（『Nikkei Ecology』2015年12月号，24〜36ページ）。なお，これらは全て「省負荷製品」に該当する商品である。

## ２．近年のエコプロダクトの特徴とエコラベル

　上記では，エコプロダクトについて，環境への持続性を考慮する製品という定義に依拠したが，近年ではより広い視点で捉えられている。環境「だけ」に配慮する製品ではなく，食品の「グラノーラ」，生産者の物語も届ける「東北食べる通信」，公正取引に基づくフェアトレード商品などがエコプロダクトに含まれるからである。グラノーラは，カルビーが販売するシリアルであり，朝食時間の短縮や健康に注力した人々の「生活の質」（Quality of Life, 以下, QOL）を改善するものである。東北食べる通信は，東日本大震災の被災地の食材に加えて，生産者の「物語」や「思い」を掲載した雑誌も同梱されるギフトであり，食を通して被災地の状況を学べるようになっている。フェアトレード・コーヒーに代表されるフェアトレード商品は，発展途上国からの原材料調達において，適正価格取引に加えて，児童労働や環境破壊などの非倫理的な行為が排除されているものであり，当該国の発展に寄与することを目的としている（『Nikkei Ecology』2015年12月号，24〜36ページ）。これらの要素を取り入れて，エコプロダクトは，①環境配慮，②社会課題の解決，③QOLの向上という3つの視点を有するようになっている。つまり，人間・社会・環境の持続可能な発展に貢献する製品がエコプロダクトと認識されるようになっている。

　エコプロダクトには，環境配慮商品であることを示すために環境ラベル（エコラベル）が表示されることが多い。製品が，環境に配慮したものかどうかを消費者に理解される必要があるからであり，そのことを伝える表示手段がエコラベルなのである。エコラベルについては，国際標準化機構（International Organization for Standardization, 以下, ISO）が3つのタイプに規格化してい

る<sup>(5)</sup>。タイプⅠ（ISO14024）は，外部機関による第三者認証に基づいて運営されるエコラベルであり，事業者の申請に応じて審査をしてその使用が認められる。タイプⅡ（ISO14021）は，事業者が第三者審査を受けることなく製品の環境情報を主張するものであり，プロモーションの一環として利用される。そしてタイプⅢ（ISO14025）は，製品の環境負荷を定量的数値で示すものであり，審査は必要とされず購入者の判断に委ねられる。

タイプⅠについては，世界的にはアメリカのグリーンシール（Green Seal）やドイツのブルーエンジェル（Der Blue Engel）が知られている（図表6－4，図表6－5）。また，日本では日本環境協会が発行するエコマーク（図表6－6）の認知度が高く，その認定商品数は5,677点に及んでいる（2016年末時点）。この認定商品数は1ブランドに対して1点で計算しているが，実際には1ブランドで複数の商品を展開していることが多く，商品総数となると47,000品番を超えるという（日本環境協会HP）。例えば，トンボ鉛筆のスティックのり「消えいろPit」（塗りすぎがなく，詰め替え可能）のような商品がある（図表6－7）。

図表6－4　グリーンシール

出所：環境省HP。

図表6－5　ブルーエンジェル

出所：環境省HP。

図表6－6　エコマーク

出所：日本環境協会HP。

図表6－7　エコマーク表示商品の例

出所：IT MEDIAエンタープライズHP。

## 第4節　環境プロモーション

### 1．環境プロモーション

　エコプロダクトの普及のために，消費者へのプロモーション活動が行われる。プロモーション活動は，実際にはステークホルダーへの情報伝達とその理解を含むことから，コミュニケーションという広い視点で捉えられている。エコプロダクトの購入が，QOLの改善だけでなく，環境問題の解決にも寄与することを消費者に認識させる必要があるからである。その際には，商品にストーリー性を持たせてプロモーションすることで，商品の使用経験から環境配慮への意味や認識を消費者に持たせることができるという（西尾・牛窪，2013，46～49ページ）。エコプロダクトの販売やその環境配慮を知らしめる活動には，環境コミュニケーションや環境マーケティング・コミュニケーションなどの名称が存在する。本章では，環境マーケティングの一環として行われるプロモーションであるため，環境プロモーションという名称を用いることにする。環境プロモーションでは，エコプロダクトの販売を促進するだけでなく，コミュニケーションを取りながら，環境への取り組み情報提供や理解を通して，企業イメージを向上させることが必要なのである（図表6－8）。

　環境プロモーションには，第1に，環境情報を開示する活動が含まれる。テレビや新聞などによる環境広告や，環境報告書（CSR報告書や統合報告書も含む）を通した環境パフォーマンスや取り組みの開示行動などである。第2に，製品の環境負荷情報を表示するエコラベルも環境プロモーション活動に含まれる。第3に，コーポレート・アイデンティティ（Corporate Identity，以下，CI）である。CIとは，「企業理念やビジョンを構築し独自性を体系だてて整理し簡潔に示したもの」であり，それを「統一したイメージやデザイン，メッセージとして発信」して企業のブランド価値を高める取り組みである（チビコHP）。環境プロモーションにおけるCIでは，環境を重視する経営理念に基づき新たな企業ブランドを構築して，環境配慮企業としてのイメージをステークホルダーに

図表6－8　環境プロモーションの全体像

| 環境情報の開示 | 環境広告（テレビ，新聞，雑誌など） |
| | 環境報告書（CSR報告書，統合報告書含む） |
| 製品表示 | 環境ラベル（エコラベル） |
| CI | 環境を意識した企業イメージ構築 |
| ステークホルダー・エンゲージメント（環境事項に限定） | |
| 株　主 | SRI（社会的責任投資）への対応 |
| 消費者 | アンケート収集，意見提出 |
| 地域住民 | 住民説明会，工場見学 |
| サプライヤー | CSR・グリーン調達の指示・確認 |

出所：環境省HPを参考にして筆者作成。

定着させることが目的となる。

　第4に，ステークホルダー・エンゲージメント（Stakeholder Engagement，以下，SE）である。SEとは，ステークホルダーとの対話やコミュニケーションを通して，企業の取り組み理解促進と，彼らの社会的・環境的ニーズを把握して，企業の社会的責任（Corporate Social Responsibility，以下，CSR）や環境経営へ取り入れる活動である。環境問題に限定してSEを考えると，株主に対しては，SRI（社会的責任投資）を呼び込むために，企業の社会・環境に対する説明責任を果たすとともに意見を収集する。消費者に対しては，購買情報のアンケートやお客様相談窓口などを通して意見を収集することができる。地域住民に対しては，住民説明会や工場見学などを開催して，彼らの環境破壊や汚染への不安や懸念を払拭する必要がある。法的要請を満たしたとしても，この活動を怠った場合には，地域住民からの操業反対運動が起こることもある。事業に対する社会的正当性を獲得する必要があるのである（奥村，1987，185〜194ページ）[6]。また，部品や半製品の供給を受ける組立メーカーにとっては，当該企業だけが環境に配慮するだけでは不十分になっている。サプライヤーから供給される部品も社会や環境に配慮されている必要があるからである。現在では，国際NGOがサプライチェーンの初期段階（原材料）までの監視体制を構築しているため，第1次サプライヤー（tier1）から供給される部品だけでなく，問題

のある原材料の使用にも配慮しなければならない（後藤，2012，31ページ）。CSR
調達が要請されているのである。

## ２．購入・消費の側面

　環境プロモーションを実施しても，消費者がエコプロダクトの購入に消極的
であったり，環境配慮意識が低い状況下では大きな成果は得られがたい。それ
どころか，環境マーケティングがコスト上昇要因となり競争力を低下させるこ
とになろう。環境マーケティングの実行に際しては，それが受容される経営環
境が醸成されている必要がある。

　そのために，まずエコラベルが消費者にどれほど認識されているかを確認し
よう。日本環境協会の「環境ラベルの認知度調査」（消費者5,274名を対象，2015
年）によると，エコマークの認知状況について，①「内容を詳しく知っている
（人に説明できる）」が9.8％，②「ある程度内容を知っている」が46.2％となっ
ている。それらを合算すると56.0％に達していることから，消費者の認知は
一定程度高まっているようである。エコマーク以外のエコラベルで認知度（①
と②の合算）が高いものは，自動車に表示される「低排出ガス認定制度」が
47.9％，古紙の再利用を示す「グリーンマーク」が27.2％，古紙パルプの配
合率を示す「再生紙使用マーク（Ｒマーク）」が21.1％という数値に留まってい
る（日本環境協会エコマーク事務局，2015，18〜20ページ）。認知度が10％以下のエ
コラベルも多数見られており，消費者のエコラベル認知度は一部を除くと決し
て高くない状況にある。

　また同調査では，エコマーク商品の購入者に対して，その購入動機について
も問うている。これによると，エコマークの有無に基づいて商品を購入する消
費者は全体の21.8％に過ぎず，むしろ商品それ自体の価格や品質を選択基準
とする消費者の割合が圧倒的に高い（74.6％）。現状では，エコマーク自体が商
品の魅力を決定づける要因とはなっていないのである。しかし，エコマーク商
品を販売する企業については，「信頼できる」（30.9％）や「社会に貢献してい
る」（27.9％）などポジティブなイメージを消費者は持っている（日本環境協会エ

コマーク事務局，2015，28〜30ページ）。さらにエコラベルに限定しないで，消費者の環境意識を問うたMM総研の調査（「環境対策に関する消費者意識調査」，2012年1月）によると，「消費者の環境に対する関心」については約74％の消費者が「関心がある」と回答し，また「値段が高くても環境に良い商品を選ぶ」消費者の割合も約39％に達しているという（MM総研HP）。

　日本環境協会とMM総研の調査からは，環境配慮に関心のある消費者が一定の割合を占めていることが見て取れる。企業としてもエコプロダクトを開発・販売することは，経営戦略としても整合性の高い取り組みになりつつあるといえる。それを確実にするには，消費者の環境配慮製品やエコラベルに対する認知度を向上させることが必要になるであろう。また逆説的だが，エコラベル表示のエコプロダクトが増えるほど，消費者も環境配慮製品・サービスを目にする機会が増えて，それと同時に認知度の向上や意味理解も促進されていくと考えられる。

　環境負荷の小さいエコプロダクトの購入は，一般的にグリーン購入と呼ばれており，2001年にはグリーン購入法（図表6－2）が施行されている。上記の通りグリーン購入法とは，国・行政機関に対して環境配慮製品の率先購入を義務化（地方自治体には努力義務）する法令であり，国が積極的に購入することで，民間取引への波及が意図されている[7]。なお近年では，環境面だけでなく，社会面にも配慮した購入としてエシカル購入という概念も台頭してきている。社会面には，製造過程における公正取引，人権や多様性への配慮，持続可能な発展への貢献などの企業活動が含まれており（山本，2012，16ページ），エシカル購入とは，環境と社会の両面に配慮した事業活動をする企業の製品を購入しようという動向である。エシカル購入を積極的に推進する団体として，グリーン購入ネットワーク（以下，GPN）というNPOが存在する。GPNでは「エコ商品ねっと」というウェブページを開設して，印刷・情報用紙，自動車，パソコンなどの22のカテゴリー分類（1万4,328製品・サービス）を行い，独自の環境ガイドラインに基づく環境情報を提供している[8]。国・行政，地方自治体，企業，消費者の各主体によるエシカル購入を推進する機運が高まれば，エコプロダク

トの普及が拡大することになり，環境・社会の両面から持続可能な発展に向けて大きく前進すると考えられる。

## 3．BP社による環境プロモーションの戦略的活用

　最後に，環境プロモーションの観点からCIを再構築したイギリスのBP社（以下，BP）の取り組み事例を考察していく。BPは，石油の採掘・輸送・流通といった全過程を手がけるオイルメジャー（国際石油資本）であり，エクソンモービル（アメリカ），ロイヤル・ダッチ・シェル（英蘭合同）とともに三大石油企業（スーパーメジャー）を形成している。オイルメジャーは，京都議定書への反対運動を展開したり，石油採掘の過程で環境問題や人権問題を多数発生させてきた産業として，CSRの観点から大きく批判されてきた[9]。

　このような状況下で，環境プロモーションを通して，その負のイメージを刷新し高い環境評価を得た企業がBPであった。BPの旧名称はBritish Petroleum plc（英国石油）であり，企業ロゴには，「盾」を想起させる国有企業独特の「固さ」が滲み出ていた（図表6-9）。BPでは，環境や社会に配慮する企業としてのCI確立に向けて，"British Petroleum"という旧名称を"Beyond Petroleum"（石油を超えて）に言い換えたプロモーションを2000年から2008年にかけて展開した。Beyond Petroleumには，GHGを排出する環境負荷の大きい石油依存から脱却して，持続可能なエネルギー供給に貢献するという新たな理念が込められている。その際に，「太陽シンボル」（Helios symbol）の企業ロゴを採用し（図表6-10），同社経営のガソリンスタンドもすべてこのロゴに変更し，CI刷新によるブランド構築を図ろうとした。BPは，

図表6-9　BPの従来のCI

出所：ウィキペディアHP。

図表6-10　BPの新しいロゴ

出所：logo.jp HP

２億ドルの予算を計上して環境配慮を前面に出した様々なプロモーションを展開した結果，その取り組みが高く評価され，2007年にはAMAから「最優秀広告賞」（prestigious advertising award）を受賞するほどであった。環境プロモーションが奏功して，BPは最も環境に配慮した石油企業として認識されることになる（Barrage et al., 2014, pp.2-3）。

　しかし，このようなプロモーション活動とは異なり，BPの実際の操業では環境問題が多発しており，なかでも最悪のケースが2010年４月のメキシコ湾での原油流出事故であった。メキシコ湾の海底油田を採掘する過程で原油・ガスが流出し，海上の原油採掘施設が爆発したのである。これにともない作業員11名が死亡しただけでなく，原油流出量は約80万klにも達した。この流出量は，それ以前の最大規模事故「バルディーズ号事件」（1989年）の約４万klを遥かに上回るものになった。この原油流出事故によって，アメリカ政府からの罰金，原油の回収費用，地域住民や産業への賠償金などによって，BPの支払い義務は616億ドル（2016年７月時点）に及んでいる（日本経済新聞社HP）。

　工期遅れを取り戻すために，安全配慮を欠いた強行採掘の実施がその原因とされており，BPによる原油流出は偶発的で回避困難な事故ではなかったのである。実際にBPでは，2008年から2010年の３年間で760件に及ぶ安全規定違反が，世界各国の操業地で行われていたことも明らかになっている。さらに当時の同社CEOヘイワード（T. Hayward）は，「一体，どうして我々がこんな目に合うんだ」や，「海全体の水の量に比べれば，流出した石油と分散剤の量など微々たるもの」といった無責任な発言を繰り返していた（ニューズウィーク日本版HP）。経営者自らによって，CIの再構築に基づく環境プロモーションが，経営の中核ではなく「見せかけ」の取り組みであることを露呈させたのであった。"Beyond Petroleum"に基づいた環境配慮と持続可能なエネルギーへの取り組みが，その実現へ向けた誠実さと社会的責任を欠いており，結果としてBPのメキシコ湾原油流出事故を引き起こしたと考えられる。

　環境マーケティングは，哲学や理念に基づいた真の社会的責任の履行をともなわなければ，何もしないよりも，むしろ悪化した状態を企業とステークホル

ダーにもたらすと指摘されている（Kärnä et al., 2002, p.35）。BPのCI戦略という環境プロモーションは，成功を収めたように見えた。しかし，見せかけの環境理念が，実効性を著しく低下させ重大事故を発生させるに至ってしまった。その結果，ステークホルダーに多大な損害を与えただけでなく，BPそれ自体も競争力を低下させることになったのである。アンドレス（E. Fraj-Andres）らによると，自然や環境と調和するエコロジカル・バリュー（ecological values）が，企業の組織文化に統合され，その価値・文化が戦略へと転換されて環境マーケティングへと結実してくるという（Fraj-Andres et al., 2008, p.265）。BPの場合には，経営者による環境意識が希薄な状況下で，「環境」を従業員や事業活動における価値観へと浸透させられなかったと考えられる。

## 第5節　おわりに

　本章では，環境マーケティングについて，主としてプロダクトとプロモーションの観点から検討してきた。まず，気候変動や生物多様性などの環境問題を踏まえて，経済活動と環境・社会の双方を持続させるために，企業は顧客・市場との関係から環境の維持・発展に貢献すること，すなわち環境マーケティングを実施する必要性があることを述べた。ついで，環境マーケティングの概念について検討を行い，本章では，環境に配慮した製品やサービスの普及に努めて，環境負荷の少ないライフスタイルの確立に貢献する企業活動と定義づけた。環境マーケティングでは，MMを実行するだけでなく，経営理念，経営戦略，CSRなどとの関連性が重要になることも同時に見て取れた。また，日本の環境関連法令では，環境保全・保護，公害・化学物質，循環型社会，省エネと多岐に渡って企業活動を規制あるいは促進しており，環境マーケティングの実行に対して制度的な正当性を付与していると考えられる。

　そして，MMの観点から環境マーケティングを具体的に検討した。プロダクトの側面では，環境負荷の少ないエコプロダクトの開発や販売に焦点が当てられる。エコプロダクトは省負荷製品や零負荷製品などに分類されるが，近年で

は人々のQOLや社会課題の解決に貢献する製品も含まれている。エコプロダクトの中には，エコラベルによって環境配慮商品であることを表示するものもあり，ISOで規格化されたラベルとして，日本ではエコマークが広く認知されている。

　消費者への環境プロモーションも必要になってくる。環境プロモーションは，エコプロダクトの販売促進活動に留まるものではなく，ステークホルダーとのコミュニケーションが包含されている。情報提供，理解促進，さらには企業イメージ（CI）の向上などもその目的になるからである。その中でも製品がエコプロダクトであることを示すという点で，エコラベルは環境プロモーションの有力手段の１つであるが，エコマークを除くと，エコラベルの消費者による認知度は高くはない。しかし，消費者の環境配慮商品への関心が高いことに加えて，政府やNPOからのエシカル購入を促進する動向も踏まえると，環境プロモーションによってエコプロダクトの需要を喚起できると考えられる。最後に，環境プロモーションによるCIの再構築に関する取り組みをBPの事例から考察した。"Beyond Petroleum" という環境コンセプトと企業ロゴを用いたCI戦略は，プロモーションの側面で成功したが，石油採掘過程では，環境を軽視した操業が実施されていて大規模な原油流出事故を引き起こすことになった。BPの「石油を超えて」に基づく環境配慮型のCI戦略は，見せかけの取り組みに過ぎなかった。それゆえ環境プロモーションは，経営戦略や組織文化に浸透した誠実な行動に根差す必要があるのである。

　このように本章では，環境マーケティングについてMMの観点から検討してきた。環境マーケティングは，企業と社会の発展に必要であり，企業に求められるCSRの一環になり得るだけでなく，製品開発や販売などを通して収益の側面から競争優位に貢献するものと考えられる。しかし，売上や利益は企業存続のための手段に過ぎないのであって，企業の究極的な目的は経営哲学や理念を実現することにあり，それらを実現するために環境マーケティングが位置づけられるべきである [10]。企業は環境問題の解決に寄与することをCSRと認識し，そのために環境マーケティングを実施することで，企業，環境，社会の

三者間における "win-win" 関係が構築されていくのであろう。

## 【注】

（1）プロモーションについて，次章の環境コミュニケーションと重複する箇所が生じてくるであろう。プロモーションは，ステークホルダーとのコミュニケーション活動の一環に位置づけられるため，両者を厳密に区別することが困難だからである。本章では，販売促進や広告，さらには企業イメージ刷新といった競争優位の側面にフォーカスしている。この点において，本章の環境プロモーションが次章の考察内容との間に違いを見出せるのである。

（2）環境保全とは人間が管理しながら環境を維持する取り組みであり，森林の間伐作業や水産養殖場の漁場管理などが該当する。これに対して環境保護とは，人間が手を加えることなく，自然環境の機能や営みを見守る取り組みのことである。

（3）ダイオキシンは，ごみの焼却，金属精錬の燃焼，紙の塩素漂白工程などから発生することが指摘されている（福岡県保健環境研究所HP）。

（4）エコプロダクトでは，環境に貢献するサービス（エコサービス）も含まれてくるが，本章では製品に焦点を当てて検討していく。後述のエコラベルやエシカル消費の考察を前提とすると，製品のみを対象としたほうが，それらの特徴をより浮き彫りにできると考えるからである。

（5）とくに注記が無い場合には，エコラベルに関する記述は環境省HPに基づいている。

（6）石炭火力発電所の仙台パワーステーションが，2017年10月から仙台市で稼働している。同発電所は規模的に環境アセスメントが不必要だったことから，環境被害や健康への影響を地域住民に対して十分に開示してこなかった。その結果，地域住民の不信感を高めてしまい，同発電所の操業停止を求める訴訟が続いている。

（7）エコマークは，国連を中心とする世界的なグリーン購入の動きから誕生したものだという（『日経産業新聞』2013年6月25日）。

（8）詳細はGNPのHPを参照のこと。

（9）オイルメジャーの非倫理的行動の詳細については，矢口（2010）を参照のこと。

（10）経営理念は，企業の目的や目標を決定する際の上位概念になることが指摘されている（高田，1978）。

## 【参考文献】

荒井義則「環境マーケティングとオートポイエーシスに関する一考察」『国際経営論集』第28巻，2004年，133～143ページ。

岩本俊彦『環境マーケティング概論』創成社，2004年。

奥村惠一『経営と社会』同文館，1987年。

後藤敏彦「ISO26000とCSR調達」山本良一・中原秀樹編著『未来を拓くエシカル購入』環境新聞社，2012年，28〜33ページ。

高田　馨『経営目的論』千倉書房，1978年。

田中信裕「マッカーシー」佐久間信夫編著『経営学者の名言』創成社，2015年，280〜285ページ。

西尾チヅル・牛窪　恵「環境マーケティング─消費を後押し 世界で戦う武器に─」『Nikkei Ecology』2013年9月号，2013年，46〜49ページ。

日本環境協会エコマーク事務局「エコマーク認知度調査 報告書」2015年，1〜88ページ（https://www.ecomark.jp/pdf/report2015.pdf）。

貫　隆夫「エコプロダクトの概念と類型」『創価経営論集』第34巻第1号，2010年，27〜38ページ。

長谷川路子・吉野　章「環境マーケティングの事例整理のための試論」『環境情報科学論文集』Vol.25，2011年，107〜112ページ。

堀内行蔵・向井常雄『実践環境経営論』東洋経済新報社，2006年。

矢口義教「アメリカ石油産業におけるCSR─エクソンモービルのCSRと政策的関与─」『明大経営論集』第57巻第4号，2010年，389〜403ページ。

山本良一「"心の開発"から"美徳経済"の推進」山本良一・中原秀樹編著『未来を拓くエシカル購入』環境新聞社，2012年，12〜19ページ。

「強さ磨き続ける定番商品に学べ」『Nikkei Ecology』2015年12月号，24〜36ページ。

『日経産業新聞』2013年6月25日・18面「経営用語ABC─グリーン購入（上）─」。

Barrage, L., Chyn, E. and J. Hastings (2014), "Advertising as Insurance or Commitment? Evidence from the BP Oil Spill," *National Bureau of Economic Research Working Paper 19838*, pp.1-40.

Fraj-Andres, E., Martinez-Salinas, E. and J. Matute-Vallejo, "A Multidimensional Approach to the Influence of Environmental Marketing and Orientation on the Firm's Organizational Performance," *Journal of Business Ethics*, Vol.88 No.2, 2008, pp.263-286.

Kärnä, J., Hansen, E., Juslin, H. and J. Seppälä, "Green Marketing of Softwood Lumber in Western North America and Nordic Europe," *Forest Products Journal*, Vol.52 No.5, 2002, pp.34-40.

McCarthy, E.J., *Basic Marketing: A Managerial Approach*, Homewood, Ill.: R. D. Irwin, 1964.（粟屋義純監訳・浦郷義郎訳『ベーシック・マーケティング』東京教学社，1978年。）

McNair, M.P. and H.L. Hansen, *Readings in Marketing*, McGraw-Hill Book Company, 1949.

Peattie, K., *Environmental Marketing Management: Meeting the Green Challenge*, Pitman

Publishing, 1995.


【ホームページ】

IT MEDIAエンタープライズ　2019年 1 月10日アクセス
　　http://www.itmedia.co.jp/bizid/articles/0709/28/news105.html
logo.jp　2019年 1 月10日アクセス
　　http://www.logo.jp/blog/kaishalogo/
MM総研　2018年 5 月 8 日アクセス
　　http://www.m2ri.jp/news/detail.html?id=144
ニューズウィーク日本版　2019年 7 月10日アクセス
　　https://www.newsweekjapan.jp/stories/business/2010/06/post-1328_1.php
ウィキペディア　2019年 1 月 7 日アクセス
　　https://en.wikipedia.org/wiki/File:BP_old_logo.svg
エンジニアズブック　2018年12月28日アクセス
　　http://ebw.eng-book.com/pdfs/fbf0e1b219025cc8d39385253839ebda.pdf
環境省（PCB）　2019年 1 月15日アクセス
　　http://pcb-soukishori.env.go.jp/about/pcb.html）
環境省（環境基本法）　2019年 1 月20日アクセス
　　http://elaws.e-gov.go.jp/search/elawsSearch/elaws_search/lsg0500/
環境省（環境プロモーション）　2019年 1 月 8 日アクセス
　　https://www.env.go.jp/policy/hakusyo/h13/index.html
環境省（環境ラベル）　2019年 1 月 7 日アクセス
　　https://www.env.go.jp/policy/hozen/green/ecolabel/c01_04.html
環境省（グリーンシール・ロゴ）　2019年 1 月 7 日アクセス
　　https://www.env.go.jp/policy/hozen/green/ecolabel/world/usa.html
環境省（ブルーエンジェル・ロゴ）　2019年 1 月 7 日アクセス
　　https://www.env.go.jp/policy/hozen/green/ecolabel/world/germany.html
グリーン購入ネットワーク　2019年 1 月18日アクセス
　　http://www.gpn.jp/
経済産業省　2019年 1 月15日アクセス
　　http://www.meti.go.jp/policy/chemical_management/law/prtr/index.html）。
チビコ　2019年 1 月 5 日アクセス
　　http://chibico.co.jp/blog/business/ci corporate-identity/
日本環境協会（エコマーク認定商品数）　2019年 1 月10日アクセス

　　https://www.ecomark.jp/info/new/20161205.html
日本環境協会（エコマーク・ロゴ）　2019年1月4日アクセス
　　https://www.ecomark.jp/about/
日本経済新聞社　2019年1月17日アクセス
　　https://www.nikkei.com/article/DGXLASGM15H5P_V10C16A7FF2000/
福岡県保健環境研究所　2019年1月9日アクセス
　　http://www.fihes.pref.fukuoka.jp/~keisoku/Dioxin/dioxin.html

# 第7章
# 環境コミュニケーション

## 第1節　環境コミュニケーションの必要性

　環境コミュニケーションとは「持続可能な社会の構築に向けて，個人，行政，企業，民間非営利団体といった各主体間のパートナーシップを確立するために，環境負荷や環境保全活動等に関する情報を一方的に提供するだけでなく，利害関係者の意見を聴き，討議することにより，互いの理解と納得を深めていくこと」と定義されている（環境省，2001）[1]。この定義に基づき企業を中心に考えるならば，企業は持続可能な社会の構築という目的のため，図表7－1に示したように株主，消費者，従業員だけではなく，取引先やNGO（non-governmental organization:「非政府組織」），地域住民や行政など多様なステークホルダー間のパートナーシップを確立することが必要となる。そこで，ステークホルダーに対し一方通行で自社の環境に関する情報を発信するのではなく，彼らが求めている情報が何であるのかを吸い上げ，それに応えるとともに，彼らとの議論を通じて共に上記目的に向けた行動をとることである。この企業とステークホルダー間の関係を構築するうえで必要となるのが，環境コミュニケーションである。

　図表7－1は具体的に企業を取り巻くステークホルダーと，それぞれのステークホルダーの間に存在するコミュニケーション方法について簡略化し例示したものである。企業には多様なステークホルダーがおり，それぞれに合わせたコミュニケーションの方法が必要となる。グローバルに活動する企業であれば，

図表7－1　企業とそのステークホルダー間における環境コミュニケーション

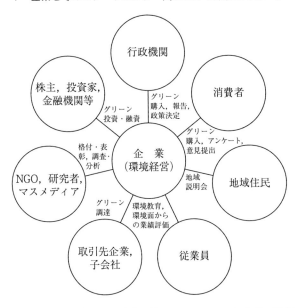

出所：環境省（2001），第3章第2節　図3－2－4を参考に筆者作成。

国や地域に合わせさらに多様な対応が求められることになろう。

　では，なぜ企業は環境コミュニケーションを行い，ステークホルダーとの間にパートナーシップを確立する必要があるのだろうか。ここでは主な3つの理由について述べる。

　第一に，地球環境問題の複雑性が挙げられる。地球環境問題とは，温暖化やオゾン層の破壊，酸性雨，砂漠化，熱帯雨林の減少，海洋汚染，そして有害廃棄物の越境移動などが代表的なものとして挙げられよう。これらは，先進工業国の工場周辺など局所的に生じる公害問題とは，地理的な範囲も発生要因も異なっている。この問題は，隣国や同一域内における国家間，先進国間，途上国間あるいは先進国と途上国間などいずれの場合も，複数の国の利害関係やそこに暮らす個々の企業や消費者の行動パターンや習慣など様々な要素が絡み合って生じる問題であり，その要因の特定や解決策の提示は容易ではない（加賀田，

2007, 71ページ)。したがって, この問題は, 国連 (United Nations:「国際連合」) やG20といった国際的な議論の場における主要課題の1つとして取り上げられ議論されるなど, 単独企業や個人, 1カ国で解決できるレベルの問題ではなくなっている。そこで, 様々なステークホルダーとパートナーシップを構築するために, コミュニケーションが欠かせない要素となった。

国連のような国際的な機関による主導もあり, 地球環境問題については, パートナーシップを確立し問題の解決にあたることが企業に対しても求められている。2015年9月に国連持続可能な開発サミットにおいて採択されたSDGs (Sustainable Development Goals:「持続可能な開発目標」) もその1つである。「誰ひとり取り残さない (leave no one behind)」というスローガンのもと, 2030年までに17の目標 (169ターゲット, 232指標) が設けられた。

その目標の1つに「気候変動およびその影響を軽減するための緊急対策を講じる」(目標13) がある。気候変動の要因には, 自然の要因と人為的な要因があり, 二酸化炭素の増加による地球温暖化に対する懸念が強まったことによって, 後者が注目されている (気象庁ホームページ)。温室効果ガスの増加は企業行動とも深く関連しており, 様々な企業がその削減に取り組んでいる。

このような環境問題の解決に向け, 法的拘束力のある規制だけではなく, 様々なステークホルダー間の協働によって求めようとする国際的な動向は, 主に2000年代に始まる。SDGsと同じく国連が提唱した国連グローバル・コンパクト (United Nations Global Compact:以下GCと略称する) がその重要な試金石であったといえよう。GCとは, 1999年の世界経済フォーラムにおいて提唱されたイニシアチブであり, 初めて国連が各国政府ではなく企業という民間組織に直接呼びかけたものである。GCは4分野 (人権, 労働, 環境, 腐敗防止) 10原則を企業の戦略やオペレーションに結びつけることを求めている (United Nations Global Compact homepage)。

GCは法的強制力を有さない。あくまでも企業の自発的な取り組みを促進させるためのものであり, 持続可能な成長を実現するための世界的な協働プラットフォームに自発的に参加することが期待されている (グローバル・コンパクト・

ネットワーク・ジャパン，ホームページ）。現在160以上の国から約12,000の賛同署名が，企業はもちろん，大学や都市，NGO，政府等多様なステークホルダーか表明されている（United Nations Global Compact homepage）。

　地球環境問題に限らず，持続可能な社会の構築に向けた取り組みについては，法的な枠組みが形成されている一方で，GCやSDGsのように協働による解決を企業に求める動きが顕著である。その背景には，1国政府だけでは地球規模で活動する企業の行動を把握したりコントロールできなくなったこと（Jones, G. 2005, p.290）や，環境や貧困など世界が抱える問題に対し国連などの国際機関やNGOだけでは解決しえなくなると同時に企業が解決に必要な資源を有していること（Prahalad,C.K., 2005, pp.22-55）が挙げられる。

　こうした国際的な働きかけに対して，企業はただ受動的に環境について取り組んでいたわけではない。国際的な動向と並行し，企業は自発的に環境問題へ取り組んできた。日本においては，工業の発展とともに環境問題が顕在化した。それを受け，1970年代の環境規制は厳しくなっていったが，企業は規制への対応はもちろん，この環境問題を解決するために技術開発を進めてきた（金原, 2012, 26ページ）。その技術力は，ステークホルダー間の協働に大きな力を発揮している。


　第二の環境コミュニケーション必要性は，説明責任（accountability）の観点から説明される。そもそも説明責任とは，「権限を行使し，影響を与えるものが，権限を委譲されたものやその行動から影響を受けたものに対して負う責任であり，権限を行使した結果について説明できること」（佐久間, 2001, 197ページ）である。

　企業は，何らかの地球の限られた資源を活用し財を生み出している。よって，企業はこの資源をどのようにどの程度用いたのか，その過程・結果においてどのような影響を環境に対し与えたのか，環境問題に対しどのような取り組みを行っているのかといったことについて，ステークホルダーに説明する責任を負っていると考えるものである（奥, 2002, 1399ページ）。そのため，次節に述べ

るように，企業のなかには環境に関する情報の開示を自社の社会的な責任であるととらえ，環境報告書などの媒体を通じその情報を広く開示することがある。

　第三の必要性は，企業価値の向上とリスクとの観点から説明される。コミュニケーションを促進することにより，「ステークホルダーとの相互理解を深め，広く社会から企業活動への支持を獲得し，企業価値（企業ブランド）や製品価値（製品ブランド）を高めることができる」とする考え方である。したがって，自社の環境に関する情報をどのようなステークホルダーに対しどのようなツールを用いて伝えるかを戦略的に行う必要があるとするものである（電通エコ・コミュニケーション・ネットワーク，2004，101～103ページ）。

　シャルテガー（Schaltegger, S.）らは，サステナビリティに関する企業行動の動機について，コスト管理・削減，売上・利幅，リスク管理・削減，評判・ブランド価値，雇用主としての魅力（attractiveness as employer），イノベーティブなケイパビリティの観点から説明している（Schaltegger,et al., 2011, p.14）。これらは環境に限定された内容ではないが，環境分野における取り組みにも共通していえる。すなわち，環境に関する取り組みを自社の経営に結びつけることにより，企業価値を向上させようとするものである。

　環境に関するコミュニケーションを積極的にとることにより，ステークホルダーから戦略的に支持を得たり利益にむすびつけたりしようとする一方，リスク対応の方法の１つとして環境コミュニケーションをとらえる見方もある。つまり，主に先進国において年々厳格化する環境規制や市場に出た商品のリコールなどを鑑みると，環境に関連する誤った経営行動は，企業の財政を圧迫しかねないほどの事態を引き起こすことがある。よって，環境リスク軽減のためにも，日頃からステークホルダーとの間で環境コミュニケーションを積極的に行い，そのリスクを減らそうとする考え方である（顔，2008，56ページ）。

　また，規制を受ける可能性が高い企業ほど規制回避の対応として環境コミュニケーションを積極的に行う傾向があると指摘されている。規制に限らず，特に「市民社会」（ステークホルダー）からの圧力を強く受ける特徴を有している企業は，経済的にメリットがある範囲において例えばCSR（Corporate Social

Responsibility：「企業の社会的責任」）情報の開示に積極的に対応する（林，2014，236ページ）。環境問題に取り組むことにより収益を上げる企業ももちろんあるが，大多数というわけではない。現在のオペレーションのなかで，環境に関する取り組みを収益や企業価値の向上に直結させようとしている段階にある企業が多いといえよう。そうした企業が環境コミュニケーションを行う理由には，対策を怠ることにより課される損失を防ぐというリスク管理の観点もまた重要な意味をもつ（加賀田，2007，80ページ）。

　企業は営利組織であり，ボランティア団体ではない。地球環境問題や説明責任の重要性を認識しつつも，経営資源のすべてをそこに投ずることはできない。しかし，もし投資家や消費者といったステークホルダーが企業の環境に対する取り組みについて環境コミュニケーションを通じ十分に理解し，関連する企業行動を評価するならば，企業はリスク管理だけではなく，積極的に情報を開示したり地球環境に配慮した商品やサービスの提供に務めることができる（鷲尾，2002，31ページ）。環境コミュニケーションとは，コミュニケーションという語が示す通り双方向であるため，企業に対し責任や解決を求めるだけではなく，ステークホルダーの側もまたもてる選択肢を行使し地球環境問題の解決に向けた一助となることができる。

　いずれの理由に基づいてステークホルダー間における環境コミュニケーションを促進する場合にも，環境に関する情報をもつ社員の環境に対する意識のあり方が重要である（鷲尾，2002，31ページ）。それは，企業内外における環境教育で培われる。環境教育自体は企業内に限定されるものではないが，そもそも環境教育とは1972 年「ストックホルム人間環境宣言」からその重要性が指摘された後，様々な国際会議においても議論がなされてきたという経緯がある。日本では，2012年に「環境教育等促進法」の基本方針が閣議決定された。その目的は，（1）環境問題に関心を持つこと（2）環境に対する人間の責任と役割を理解すること（3）環境保全に参加する態度と環境問題解決のための能力を育成することとされ，行動に結びつく人材を育てることが環境教育に重要と

図表7－2　環境教育によって育まれる能力例

| 未来を創る力 | 環境保全のための力 |
|---|---|
| ＜「未来を創る力の主な例」＞<br>・社会経済の動向や仕組みを横断的・包括的に見る力<br>・課題を発見・解決する力<br>・客観的・論理的思考力と判断力・選択力<br>・多様な視点から考察し，多様性を受容する力<br>・他者に働きかけ，共通理解を求め，協力して行動する力　等 | ＜「環境保全のための力」の主な例＞<br>・地球規模及び身近な環境の変化に気付く力<br>・資源の有限性や自然環境の不可逆性を理解する力<br>・環境配慮行動をするための知識や技能<br>・環境保全のために行動する力　等 |

出所：環境省ホームページ，ECO学習ライブラリーより筆者作成。

されている（環境省ホームページ）。環境教育によって育まれる能力とは，図表7－2に示したように「未来を創る力」と「環境保全のための力」の2つがあると考えられている。

　特に企業内における環境教育は，社員一人ひとりの意識を高めるだけではなく，具体的に戦略や日常業務のなかに活かされることが期待されている。企業内のみならず，社員のボランティア活動等の社会貢献活動の取り組みや，そうした取り組みに参加しやすい職場環境づくりは，パートナーシップの構築を行う上でも重要である（環境省ホームページ）。

# 第2節　環境コミュニケーションの現状

## 1．環境情報

　環境コミュニケーションを行うためには，企業側の環境情報に関する情報開示（information disclosure）が行われることが前提にある。企業が開示する情報には，有価証券報告書に示される財務情報が有名であるが，企業の環境に関連する情報は「環境情報」と呼ばれる。この環境情報とは，「企業の事業活動に関わる情報のうち，事業活動に伴う環境負荷及び環境配慮等の取組に関する情

報をいう」ものである（環境情報の利用促進に関する検討委員会，2012，11ページ）。ただし，すべての企業が等しく同じ内容の環境情報を同じ方法を用いてステークホルダーに伝えているわけではない。本節においては，前節において示した環境コミュニケーションの必要性を踏まえ，環境コミュニケーションに関する企業の取り組みについて現状を示すこととする。

　環境情報は，様々な形でステークホルダーに伝えられる。最も代表的なツールとして，次項で取り上げる環境報告書が挙げられる。この他，イベントやセミナー，環境教育講座，展示会，対話型ワークショップ，施設見学やエコツアーを開催するという形でも行われる（花田，2006，19ページ）。また，現在はホームページやSNSを活用しコミュニケーションを取る企業も見受けられるようになってきた。

　このように企業が環境情報を開示する理由は，図表7－3に示した通りである。

　図表7－3に示したように，社会的責任に関する活動の一環として情報開示を行う企業が約9割弱を占めている。現在日本企業においては，その多くが前

図表7－3　環境情報を開示する目的

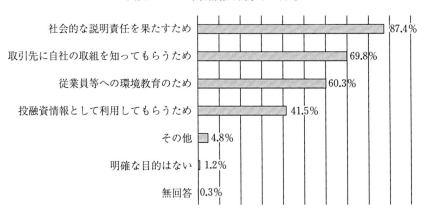

出所：環境省『平成30年度　環境にやさしい企業行動調査　概要版』13ページより筆者作
　　　成。

図表 7 - 4　環境負荷に関し開示している情報

出所：環境省『平成30年度　環境にやさしい企業行動調査　概要版』13ページより筆者作成。

節において 2 番目に取り取り上げた説明責任に基づき行動しているといえる。広報活動や企業内における環境教育の一貫と答えた企業がこれに続く形となった。

　では，実際企業はどのような環境情報を開示しているのだろうか。それを示したのが図表 7 - 4 である。なお，このグラフは開示している情報のうちトップ 5 を環境省の資料より抜粋したものである。

　図表 7 - 4 に挙げられた項目は，環境省の「環境報告ガイドライン2018年版」やGRI（Global Reporting Initiative）による「GRIガイドライン」にも記載されているものであるため，これらガイドラインへの準拠がグラフ 2 の結果に示された可能性が高い。

　「環境報告ガイドライン」は環境報告を行う企業のための報告指針であり，このガイドラインに沿って報告することにより，環境報告に必要な情報を網羅的に開示できるとしている。2018年版においては，2012年改定後の社会的動向が大きく変化したことを受け，抜本的に見直しがなされた。このガイドラインを，国際的な規制や実務動向と整合的な枠組みとするためである。したがって，例えば「ESG（Environment, Social, Governance：「環境」「社会」「ガバナンス」）報

告の枠組みで利用する投資家の情報ニーズに配慮し，従来型の環境マネジメント情報に加えて，組織体制の健全性（ガバナンス，リスクマネジメント等）や経営の方向性（長期ビジョン，戦略，ビジネスモデル）を示す将来志向的な非財務情報を記載事項」に加えるなどとしている（環境省，2019，2〜5ページ）。

　環境省のガイドラインにおいては，環境報告の品質を高めるため，その情報は「目的適合性のある情報」であり「忠実に表現する」情報であることに加え，その情報が「比較可能な情報」であること「検証可能な情報」「タイムリーな情報」「理解しやすい情報」であることといった特性を有しているとしている（環境省，2019，15ページ）。

　他方GRIは1997年に創設され，現在世界で最も普及したサステナビリティ報告書に関するガイドラインの開発およびその公表を行っている団体である。実際，世界のトップ250の企業のうち93％がこのGRIガイドラインを参照するなど，公的組織ではないがGRIの開発したガイドラインは今やグローバル・スタンダードとなっている（GRI homepage）。

　では，どのくらいの割合の企業が環境情報を開示しているのだろうか。図表7−5に示されているように，すべての企業が環境情報を開示しているわけではない。

　開示している企業のうち83.5％が上場企業である。非上場企業による開示は，39.8％と上場企業の半分以下の割合に留まっている。さらに，その割合はここ3年で下がっているという。しかし，広く一般ではなく，特定の取引先や金融機関など特定のステークホルダーを対象に開示している非上場企業は9.6％おり，その開示状況は前年，前々年と比較すると微増している（環境省，2019b，12ページ）。

　前節に述べたように環境コミュニケーションの必要性は認められるものの，このように現実の環境情報に関する開示状況については，上場企業と非上場企業によって差がある。情報開示は，他の多くの経営活動と同様に労力と費用がかかるものである。経営資源に余裕のある企業あるいは開示をステークホルダーから求められることが多かったり，開示状況が経営に影響する企業の方が積

図表 7 - 5　2018 年日本企業における環境情報の開示状況

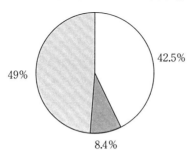

出所：環境省『平成 29 年度　環境にやさしい企業行動調査　調査結果』84 ページを参考に
　　　筆者作成。

極的な行動をとるといえる。情報開示によりコストを上回る利益を獲得できる
場合は，積極的に開示するという見方である（林，2014 年，236 ページ）。

　現在の日本企業においては，図表 7 - 3 にみたようにその多くが社会的責任
の観点から環境情報を開示するなど使命感に基づき開示している。開示割合を
向上させるためには，前節にも述べたようにステークホルダーの側もまたその
購買行動や投資基準について再考する必要がある。

## ２．環境情報を含む報告書

　環境報告とは「企業が事業活動に関わる環境情報により，自らの事業活動に
伴う環境負荷及び環境配慮等の取組について公に報告するもの」（環境情報の利
用促進に関する検討委員会，2012，11 ページ）と定義されているように，企業外部か
らは知り得ない企業内の環境情報について，一部のステークホルダーだけでは
なく広く一般に報告するものと位置づけられる。

　環境情報の開示方法において，報告書は主要なツールの 1 つとして挙げられ
よう。近年，環境情報は環境報告書という独立した形態だけではなく，統合報
告書やサステナビリティ報告書，CSR 報告書のなかに含まれる形で報告され

図表 7 － 6 　環境報告書の開示の推移

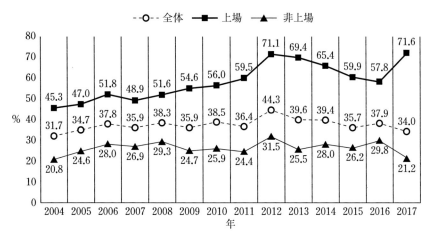

出所　環境省『平成30年度　環境にやさしい企業行動調査　概要版』15ページを参考に筆
　　　者作成。

るケースも増えるなど，企業によって報告のされ方が異なっている。

　例えば，トヨタ自動車株式会社は，主要なレポートとして有価証券報告書，
米国SEC提出書類，決算報告，コーポレートガバナンス報告書と
Sustainability Data Bookを挙げている。なかでも環境に関しては，後者に加
え主に環境報告書，All Toyota Green Wave Project，クルリサ～クルマとリサ
イクル～など複数の報告書をホームページ上にアップロードして一般に開示し
ている（トヨタ自動車株式会社，ホームページ）。

　環境省の報告によれば，環境報告書の公表状況は図表 7 － 6 に示した通りで
ある。

　環境報告書に焦点をあてても，その開示状況について上場企業と非上場企業
に差があることが明確である。上場企業については，年々増加傾向を見せてい
るが，非上場企業については，2004年から2017年現在まで大きな変動をみせ
ず20％代に留まっている。

　また，環境報告書の作成および開示状況について売上高別にみると，売上高

が高くなるにつれ，作成・公表している割合が高まる傾向がある。実際，売上が「100億円未満では1割に満たないが，1,000億円以上では6割以上となり，1兆円以上では，9割以上とほとんどの企業が作成・公表している」（環境省，2019a，15ページ）というのが現状である。

　しかし，日本の大企業は，他国と比較してもCSR報告書の発行割合も高い。日経225の構成銘柄になっている企業にしぼると，96％がサステナビリティレポートを発行している。日本に加え，インド，マレーシア，台湾は同様にCSR報告割合が高い（KPMG，2017，13ページ）。

　前節においてSDGsやGCのような法的強制力を有さない国際的な協働フレームワークに関する動向を取り上げたが，同時に「政府，規制当局，証券取引所は，引き続き世界中でCSR報告割合を増加させるのに重要な役割を担っている」ことが指摘されている。具体的には，「2015年以降，報告において最大の増加がみられたメキシコ，ニュージーランド，台湾の3カ国では，新たな規制，証券取引所の要求，投資家からの圧力が絡み合ってCSR報告割合を増加させている」（KPMG，2017，17ページ）というように，規制はもちろん，上場企業にとって，証券取引所の要求や投資家からの圧力は環境情報の開示を後押しするものとして機能している。

　特に先進的な事例として取り上げられることが多いのがEU（European Union:「欧州連合」）の取り組みである。EU司令は非財務情報の開示について定めている。司令の影響が完全に表れるまでにはまだ時を要する見込みであるものの，企業間における司令についての認識の広がりが，複数のEU加盟国で開示割合が増加した一因となったと考えられている。EU司令によって，域内企業は「自社の社会・環境方針および経営陣の多様性に関する方針を公開しない企業は，企業名が公開される」というリスクを負うことになる。したがって，これまで報告をしてこなかった企業の一部が報告を始めているという（KPMG，2017，17ページ）。これは，EUにおいて活動する日本企業にとっても無関連ではない。

　SDGsに関わる取り組みについては，国家間で差があるものの，すべての国

連加盟国に関わることである。しかし，規制は国や地域によって異なる。それは国際的な企業の経営活動に大きな影響を及ぼす。例えば，気候変動を財務的なリスクとして認識するかしないかという点については，同じ大企業においても，フランスでは90％の企業が認識していると答えているのに対し，ドイツは61％，英国は60％，米国は49％，日本は48％というように明確な違いが表れている（KPMG, 2017, 38ページ）[2]。

　同様に，業種によって同じ国内においても違いが出る項目もある。前述温室効果ガスについては，全体でみるとその削減目標を開示している日本の大企業は77％に及ぶ。これを業種別にみてみると，自動車，電力・石油・ガス，精密機器，繊維の4業種ではその開示割合が100％であるのに対し，不動産は20％，鉄鋼は25％というように開示の割合は低い（KPMG, 2019, 12ページ）。個別産業あるいは企業の認識も影響していようが，当該産業・企業がステークホルダーとどのようなコミュニケーションを通じどのような関係を築いているのか，そこで何を求められているのか，当該課題がその産業にとってリスクやビジネスチャンスになるのかといった複数の要素が開示状況にまで影響している。

　本節最後に，統合報告書について近年の特徴を取り上げる。統合報告書とは，「企業が発行してきたアニュアルレポートなど財務情報を中心とした報告書と社会責任報告書・CSR報告書・サステナビリティ報告書など非財務情報を中心とした報告書を統合したものである」（岡本，2015, 21ページ）。これまでのように，情報内容ごとに報告書を分けるのではなく，財務情報と環境情報を含む非財務情報を同じ報告書内で報告するものである。

　現在，環境情報を含むサステナビリティ情報を含んだ年次報告書を統合報告書として開示する企業数は増加傾向にあるが，主流になってきたとはまだ言い難い段階にある。しかし，フォーチュン500の上位250社を対象とした調査では，全体の78％が年次財務報告書にCSR情報を含めるようになってきているという。また，特に日本，ブラジル，メキシコ，スペインの4カ国では統合報

告を行う企業が大幅に増加している（KPMG, 2017, 24〜26ページ）。

　こうした動きを後押ししているIIRC（International Integrated Reporting Council：「国際統合報告評議会」）である。IIRCは統合報告書に関する統合フレームワーク「The international ＜IR＞ framework」を開発し，公開している団体である。フレームワークは，統合報告書がA組織概要と外部環境，Bガバナンス，Cビジネスモデル，Dリスクと機会，E戦略と資源配分，F実績，G見通し，H作成と表示の基礎という8つの内容を含めることを求めている（IIRC, 2013, 27ページ）。

　日本の大企業において，アニュアルレポートの中で，サステナビリティ情報を開示している企業のうち，それが「統合報告」であると述べているのは47％を占めている。このうち，このフレームワークを参照している企業は2016年43社から50社と増加している（KPMG, 2019, 6ページ）。

　ただし，現段階においては，統合報告書よりもサステナビリティ報告書を発行する企業が特に大企業においては主流である。統合報告書に環境情報を含める企業も増えてきた一方，前出トヨタ社のように環境報告書からサステナビリティ報告書へ転換した後，再度独立した環境報告書を復活させた企業もある（トヨタ自動車株式会社ホームページ）。環境情報に関する報告は一部を除き財務情報の報告のように厳格なルールが敷かれているわけではない。そのぶん，各企業の特性が表れやすい。開示される情報量や内容は，当該企業がおかれている外部環境とコミュニケーションを通じて築いたステークホルダーとの関係に規定される。

## 第3節　おわりに

　本章は，まず環境コミュニケーションがどのような理由によって必要とされているのかという点について，代表的な理由を3点取り上げ，それを効果的に行うための企業内環境教育について触れた。その後，主に環境省とKPMGの報告書や資料を用いながら，環境コミュニケーションをとるうえで必要な環境

情報やその情報の開示状況について現状を示した。

　地球環境の悪化は火急の事態であり，国際機関や政府はもちろん企業レベルや市民レベルにおいても様々な努力がなされているところである。SDGsに象徴されるように，世界的にみてもこの点については共通認識が存在している。また，CSRや持続可能性に関する取り組みは，環境はもちろん人権や汚職の問題まで多様であるが，環境に関する取り組みは，利益の獲得やコスト削減，新市場の獲得につながりやすいため，他分野と比べると一般化してきているといえる（ボーゲル，2007，206ページ）。

　しかし，環境コミュニケーションのあり方については，本章でみてきたように世界共通ではない。それはCSR同様，社会や市場，その国の文化の影響を受け，取り組み方や内容は変化する（小林，2013，3〜14ページ，顔，2008，56ページ）。全体的に共通の傾向はありつつも，当該企業の母国や活動している国や地域だけではなく，企業規模や産業によっても差異が見られた。このような差異を前提としながら，SDGsに対する世界的な取り組みや，GRIガイドラインや＜IR＞フレームワークのように世界共通化しつつある報告書のガイドラインの動向と，自社の地球環境問題に対するあり方をいかにつなげていくかを考えなければならない。考えるうえでのヒントは，その企業を取り巻くステークホルダーとのコミュニケーションが教えてくれるものである。

## 【注】

（1）環境コミュニケーションの定義については，以下の論文に詳しい。柩本真美代・阿部治（2011）「環境教育における環境コミュニケーションの意義と可能性について」『応用社会学研究』，No.53，237〜247ページ。

（2）この調査の対象となった企業は，フォーチュン500における上位250社である。この報告書のなかには，別の基準で選別された調査対象もある。詳しくはKPMG2017を参照のこと。

## 【参考文献】

岡本大輔「企業経営における統合報告と統合報告書」『三田商学研究』Vol.58，No. 2，2015年，21〜31ページ。

奥　真美（2002）「環境コミュニケーションのあり方」『紙パ紙パ技協誌』第56巻，第10号，1398〜1403ページ。

加賀田和弘「環境問題と企業経営―その歴史的展開と経営戦略の観点から―」『KGPS review』（8），2007年，71〜89ページ。

金原達夫「環境イノベーションの歴史的展開に関する分析」『修道商学』第53巻，第1号，2012年，25〜42ページ。

顔　秀倩「自動車産業における「環境コミュニケーション」についての一考察」，『横浜国立大学技術マネジメント研究学会，技術マネジメント研究』（7），2008年，55〜64ページ。

環境省「環境報告ガイドライン2018年版」2019年。以下のホームページよりダウンロード可　http://www.env.go.jp/policy/2018.html（2019年9月27日現在）

環境省「環境報告書作成に当たって参考としているガイドライン」（環境省，環境に優しい企業調査，概要p15）

環境省『平成13年版　環境白書』2001年。以下のホームページよりダウンロード可　http://www.env.go.jp/policy/hakusyo/　（2019年9月27日現在）

環境省『平成30年度　環境にやさしい企業行動調査　概要版』2019年a。以下のホームページよりダウンロード可　http://www.env.go.jp/policy/j-hiroba/kigyo/index.html（2019年9月27日現在）

環境省『平成30年度　環境にやさしい企業行動調査　調査結果　詳細版』2019年b。以下のホームページよりダウンロード可　http://www.env.go.jp/policy/j-hiroba/kigyo/index.html　（2019年9月27日現在）

環境情報の利用促進に関する検討委員会『環境経営の推進と環境情報の利用について，〜グリーン経済を導く基盤の構築に向けて〜』2012年。以下のホームページよりダウンロード可　https://www.env.go.jp/policy/env-disc/com/com_pr-rep/rep-main.pdf（2019年9月27日現在）

佐久間信夫編著『増補版　現代経営用語の基礎知識』学文社，2001年。

電通エコ・コミュニケーション・ネットワーク編著『環境プレイヤーズ・ハンドブック2005』ダイヤモンド社，2004年。

日本経営倫理学会監修，小林俊治，高橋浩夫編著『グローバル企業の経営倫理・CSR』白桃書房，2013年。

花田眞理子「企業の環境コミュニケーションに関する考察―業種別にみた環境報告書の発行動向より―」『龍谷大学経営学論集』45（4），2006年，14〜41ページ。

林　順一「日本企業のCSR情報開示の決定要因分析についての一考察―どのような属性の企

業がGRIガイドラインを適用した開示を行っているか―」『日本経営倫理学会誌』第21号，235〜244ページ。

柩本真美代・阿部治「環境教育における環境コミュニケーションの意義と可能性について」『応用社会学研究』，No.53，2011年，237〜247ページ。

鷲尾紀吉「環境経営の概念に関する一考察」『名古屋産業大学・名古屋経営短期大学環境経営研究所年報』第1号，2002年，23〜35ページ。

IIRC, *The international<IR>framework*, 2013.（IIRC『国際統合報告フレームワーク　日本語訳』）以下のホームページよりダウンロード可。https://integratedreporting.org/resource/international-ir-framework/（2019年9月27日現在）

KPMG『KPMGによるCSR報告調査2017』2017年。以下のホームページよりダウンロード可。https://home.kpmg/jp/ja/home/media/press-releases/2017/10/csr-report-survey2017.html　（2019年9月27日現在）

KPMG『日本におけるサステナビリティ報告2018』2019年。以下のホームページよりダウンロード可。https://home.kpmg/jp/ja/home/insights/2019/04/sustainability-report-survey-2018.html（2019年9月27日現在）

C.K. Prahalad, *The fortune at the bottom of the pyramid*, Wharton School Publishing, 2005.（スカイライトコンサルティング訳『ネクストマーケット』英治出版，2005年）

Jones, G., *Multinationals and Global Capitalism from the Nineteenth to the Twenty First Century*, Oxford University Press, 2005.（安室憲一，梅野巨利訳『国際経営講義　多国籍企業とグローバル資本主義』有斐閣，2007年）

Schaltegger, S. Lüdeke-Freund, F. and Hansen, G.E., 'Business Cases for Sustainability and the role of Business Model Innovation: Developing a Conceptual Framework', *International Journal of Innovation and Sustainable Development*, Vol. 6, No. 2, 2012, pp. 95-119.

Vogel, David, *The Market for Virtue: The Potential and Limits of Corporate Social Responsibility*, The Brookings Institution, 2005.（小松由紀子，村上美智子，田村勝省訳『企業の社会的責任（CSR）の徹底研究　利益の追求と美徳のバランス―その事例による検証』一灯舎，2007年）

環境省ホームページ，ECO学習ライブラリー　https://www.eeel.go.jp/quiz/ans.php?qid=201（2019年9月27日現在）

気象庁ホームページ　https://www.jma.go.jp/jma/kishou/know/whitep/3-1.html（2019年9月27日現在）

グローバル・コンパクト・ネットワーク・ジャパン　http://www.ungcjn.org/gc/index.html（2019年9月27日現在）

トヨタ自動車株式会社，ホームページ　https://global.toyota/jp/sustainability/report/

（2019年 9 月 27日現在）

GRI　homepage https://www.globalreporting.org/Pages/default.aspx（2019年 9 月 25日現在）

United Nations Global Compact　homepage https://www.unglobalcompact.org（2019年 9 月 27日現在）

# 第8章

# 環境金融

## 第1節　サステナブル社会構築に向けて変化する金融市場

　需要と供給を結びつける市場は様々あるが，経済活動の視点から見ると，「商品市場」と「金融市場」に大分できる。商品市場では，原材料を採取したりエネルギーを確保したりして，それらを投入して商品が作られ，販売店から消費者の手に商品が渡り，いずれ廃棄されるという行程を辿る。この市場では，図表8-1に見られるように，今ではすべての過程において環境に配慮した行動が望まれるようになった。言い換えれば，これまで，商品市場では，製造，流通，廃棄というあらゆる過程において，環境破壊や汚染に結びつく行動が取られがちであったため，現在では，環境配慮型の企業活動へとシフトしてきている。

図表8-1　環境配慮型の商品市場

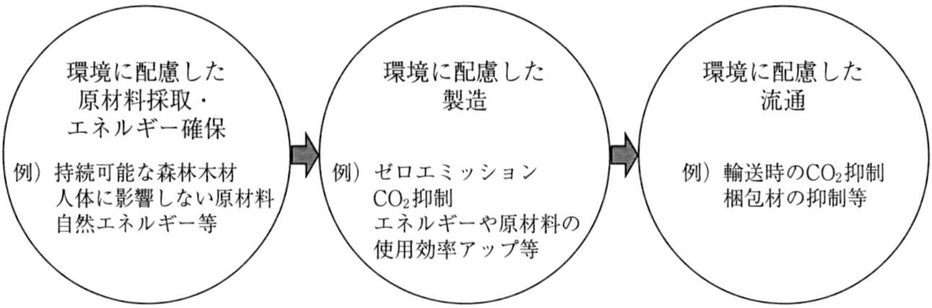

環境に配慮した
原材料採取・
エネルギー確保

例）持続可能な森林木材
　　人体に影響しない原材料
　　自然エネルギー等

環境に配慮した
製造

例）ゼロエミッション
　　$CO_2$抑制
　　エネルギーや原材料の
　　使用効率アップ等

環境に配慮した
流通

例）輸送時の$CO_2$抑制
　　梱包材の抑制等

出所：筆者作成。

　一方，金融機関の通常の投融資活動においては，商品市場における企業活動とは異なり，直接的に環境破壊を助長するような行動をとるとは考えられにくい。たとえば，企業が製造活動のための資源採取にあたり，現地の開発を進める上で，森林を伐採したり，土壌汚染を拡大したりするようなプロジェクトがあった場合，銀行が，そのプロジェクトに融資することは，今では，改善を求められるべきものであるが，かつては間接的な関わりにしか過ぎなかった。だが，近年では，金融市場においても，サステナブル社会の構築を目指した市場のあり方，金融機関の行動のあり方が，注目されてきている。

　これまで資本主義経済における金融市場では，投下した資本を短期間でいかに効率よく回収するかといった視点で，資金の投融資が行われてきた。企業もまた，投資家に報いるため過度な利益の追求に従事した。そのひずみからか2008年に，米国の金融市場でリーマンショックが起き，金融破綻を招いた。その後，金融市場はその反省に立ち，より長期的な視点での投資を目指す動きが見られるようになった。図表8−2に示すように，近年の金融市場はあらゆる側面から，環境問題に配慮する企業活動をサポートすべく，企業の評価や投融資を行う動きが活発化している。

図表 8 − 2　環境配慮型の商品市場をサポートする金融市場

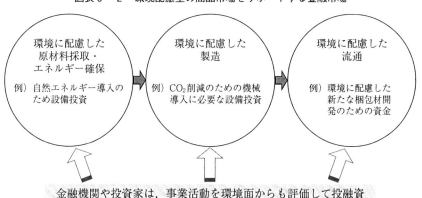

出所：筆者作成。

　以下に，近年，大きな変化が見られる環境問題や社会問題に配慮した投資形態や新たな融資形態を考察する。

## 第2節　ESG投資の台頭と興隆

### 1．ESG投資の始まり

　2006年，当時の国連のコフィー・アナン事務総長は，金融市場や経済活動において加速していた利益優先の短期主義的な動きに警鐘を鳴らす提案を行った。すなわち，環境問題や社会的問題により配慮した投資を行うことを明記した原則に署名することを機関投資家に促した。それは，PRI（Principles for Responsible Investment：責任投資原則）と呼ばれ，投資の意思決定にESG（Environmental, Social, Governance）課題を組み入れたり，投資対象企業にESG情報の開示を求めたりするなどの6つの原則からなっている。

**図表8－3　責任投資原則**

| |
|---|
| 1．私たちは投資分析と意思決定のプロセスにESG課題を組み込みます |
| 2．私たちは活動的な所有者となり，所有方針と所有習慣にESG問題を組み入れます |
| 3．私たちは投資対象の企業に対してESG課題についての適切な開示を求めます |
| 4．私たちは，資産運用業界において本原則が受け入れられ，実行に移されるよう働きかけを行います |
| 5．私たちは，本原則を実行する際の効果を高めるために，協働します |
| 6．私たちは，本原則の実行に関する活動状況や進捗状況に関して報告します |

出所：PRIホームページ https://www.unpri.org/about，日本語訳文，環境省ホームページ https://www.env.go.jp/council/02policy/y0211-04/ref01.pdf（2019年12月31日アクセス）。

　その後，2008年9月に米国の投資銀行であるリーマン・ブラザーズ・ホールディングスが破綻したことをきっかけに，世界中で金融危機が連鎖して起きた。PRIの動きは，機関投資家を始めとする金融機関に，長期的な視点での投資が重要であることを改めて認識させるものであった。

　環境問題も含めた企業活動の社会的な側面に注目した投資には，これまでも
SRI（Socially Responsible Investment：社会責任投資）と呼ばれる投資形態があっ
た。ESG情報を考慮した投資手法であるESG投資とSRIには，どのような違

図表 8 － 4　SRIからESG投資へ―世界と日本の動き

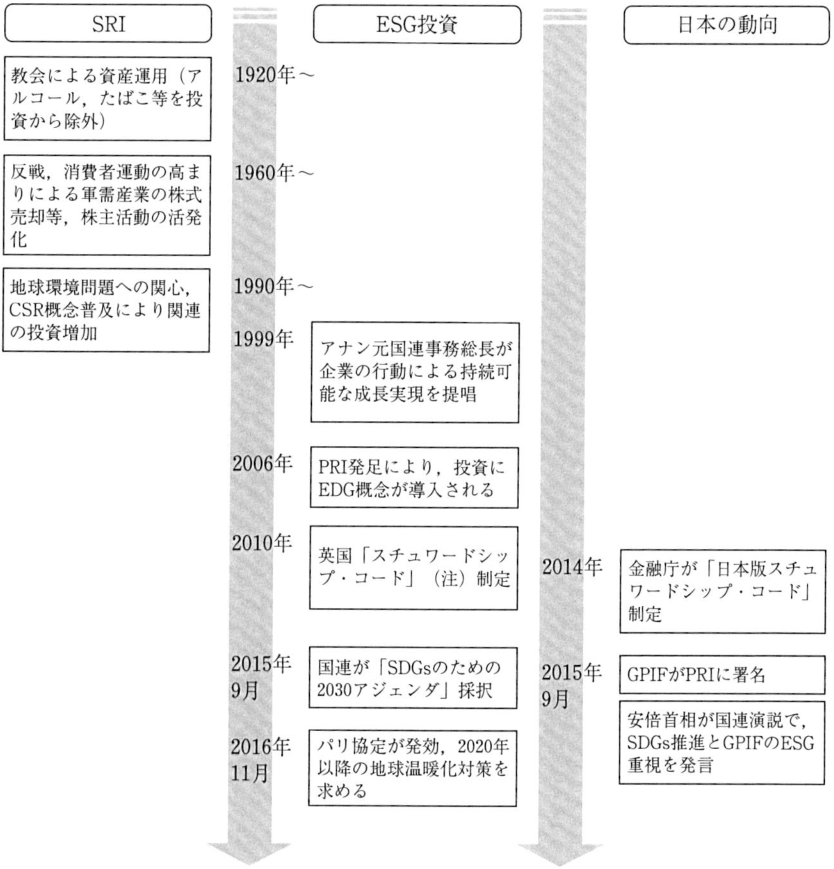

| SRI | ESG投資 | 日本の動向 |
|---|---|---|
| 教会による資産運用（アルコール，たばこ等を投資から除外）<br>1920年～ | | |
| 反戦，消費者運動の高まりによる軍需産業の株式売却等，株主活動の活発化<br>1960年～ | | |
| 地球環境問題への関心，CSR概念普及により関連の投資増加<br>1990年～ | | |
| 1999年 | アナン元国連事務総長が企業の行動による持続可能な成長実現を提唱 | |
| 2006年 | PRI発足により，投資にEDG概念が導入される | |
| 2010年 | 英国「スチュワードシップ・コード」（注）制定 | 2014年　金融庁が「日本版スチュワードシップ・コード」制定 |
| 2015年9月 | 国連が「SDGsのための2030アジェンダ」採択 | 2015年9月　GPIFがPRIに署名 |
| 2016年11月 | パリ協定が発効，2020年以降の地球温暖化対策を求める | 安倍首相が国連演説で，SDGs推進とGPIFのESG重視を発言 |

注：「スチュワードシップ・コード」とは，コーポレートガバナンスの向上を目的とした
　　機関投資家の行動規範をさす。
出所：大和住銀投信投資顧問（2016），7ページ，野村佐智代（2019）「新しい企業評価と
　　ESG投資」『CSR経営要論』118ページをもとに加筆修正。

いがあるのだろうか。荒井勝氏（NPO法人社会的責任フォーラム代表）は，次のように解説している。「SRIとESG投資は，以前は違いがないと説明していた。しかし，SRIは，ネガティブ・スクリーニングであれ，ポジティブ・スクリーニングであれ，望ましくない企業あるいは優れた企業という一部の企業だけを対象としていればよかったが，ESGという課題は一部の企業に限られるのものではなく，世界のすべての企業にかかわる問題である。そうであれば，ESG投資もすべての企業が対象となる点で異なる」と述べている[1]。つまり，一番の大きな違いは，これまで，SRIが一部の投資対象に限られていたものであったのが，ESG投資は，すべての企業が投資対象となって企業評価の檀上に乗せられるという点である。その特色の違いは，ESG投資の動向の流れからも読みとれる。図表8－4に見られるように，ESG投資は，国連の動きを始めとし，その後も様々な国際的な流れの中で普及拡大が敷設されていることがわかる。

## 2．ESG投資の動向と特徴

　ESG投資の普及の動きは，金融機関によるPRI署名機関数の増加からもうかがえる。署名機関数は年々増えており，2019年時点で2300を超えている（図表8－5）。

　一方，日本では，2015年にGPIF（Government Pension Investment Fund: 年金積立金管理運用独立行政法人）がPRIに署名し，2016年7月にESG株価指数の採用を公表したことで，ようやくESG投資が本格的に動き出した（図表8－4参照）。また，日本では，政府がSDGsの取り組みを支援していることもあり，投資対象である企業もESGおよびESG投資に関心を示すようになった。SDGsは，日本だけでなく，世界的にESG投資を後押ししている。フランスのBNPパリバの証券子会社であるBNPパリバ・セキュリティーズ・サービシズの2019年の調査によると，調査対象である世界の機関投資家347機関のうち65％が，SDGsに即した投資フレームワークを設けていると回答した[2]。

　また，同調査ではさらに興味深い結果を得ている。機関投資家がESG投資

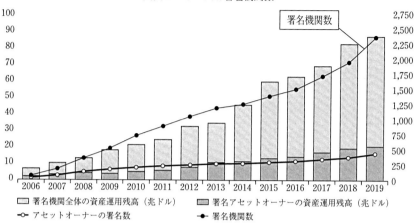

図表 8 − 5　PRI 署名機関数

注 1 ：右の縦軸および折れ線グラフは，署名機関数を表している。2 本の折れ線グラフのう
　　　ち下位にあるのは，署名アセットオーナー数を表している。
注 2 ：左の縦軸および帯グラフは，署名機関の運用資産残高を表している（兆ドル）。
出所：PRIホームページ。https://www.unpri.org/about-the-pri（2019年12月31日アク
　　　セス）。

を行う理由として「長期リターンを向上させるため」という回答を理由の 3 位
以内に挙げた機関投資家が，52 ％と半数を超えている。これは，PRI の根幹で
ある金融市場における短期主義から長期主義への志向の移行促進に寄与してい
ることを示している。

　さらに，この調査では，全体の60％が，今後 5 年間でESG投資のリターン
はそれ以外の投資のリターンを上回ると回答している。同じく2019年の米国
のモルガン・スタンレーによる調査でも，ESG投資はリターンを損なわず，
リスク低減に寄与するといった結果を得た [3]。長年，企業の環境対応や社会
的対応は企業価値及び企業評価をあげるか否か，あるいは，環境や社会問題を
考慮した投資は，通常の投資に比べ投資パフォーマンスが高いか否かという議
論が展開されてきた。これらの調査結果は，金融市場全体がESG投資を嗜好
し始め，金融市場を通じたサステナブル社会の構築の実現過程にあることを示
唆している。

## 第3節　新しい資金調達の形

　先ほど述べたESG投資では，機関投資家が投資を行う際に企業のESGの側面を投資判断基準に盛り込むということで，株式を発行する上場企業が対象となっている。企業が資金調達を行う際には，株式発行だけでなく，銀行からの借り入れや債券の発行といった手法もあげられる。近年では，これらの資金調達の場でも，環境問題を配慮した動きが見られる。なかでも債券発行の一形態であるグリーンボンドと環境配慮型の地域金融が注目を集めている。新しい金融の形として，両者がどのような特徴を持ち，どのように機能しているかを見てみる。

### 1．グリーンボンド

　日本では，1999年にエコファンドが誕生し，新たな投資手法として注目を浴びた。エコファンドでは，スクリーニングによって，環境に配慮している企業の銘柄を集めたファンドの運用が行われる。しかし，これは，株式の発行市場ではなく流通市場で行われている投資であり，投資家がこのファンドを購入してもファンドに組み入れられている銘柄の企業の環境対応に，直接的に資金が投じられるわけではない。一方，グリーンボンドは，企業が環境対応型プロジェクトに必要な資金を，債券発行を通じて調達する。そのため，環境に配慮した投資と事業活動が一体化するので，投資家の共感を呼び込みやすいと考えられる。

　このことを裏付けるようなデータを，国際NGOの気候債券イニシアティブ（CBI: Climate Bond Initiative）が発表している。世界全体のグリーンボンド（およびグリーンローン）の発行・設定額は，2018年に1,673億ドル（訳18.3兆円）だったが，2019年10月の時点で2,000憶ドルを超え，2020年には3,500憶ドルから4,000憶ドルになると見込まれている。調達による資金使途は，エネルギー（33％），不動産（30％），輸送・交通（22％），水（9％），廃棄物（3％）とな

っている[4]。

　また，大型のグリーンボンド起債の案件も見られる。米国のアップル社は，2016年に15億ドル，2017年に10億ドルと続けて発行し，さらに，2019年11月には，20億ユーロ（約2,400億円）を欧州市場で発行した。これは，欧州市場において企業発行体としては，最大の発行額と言われている[5]。

　日本でも，GPIFが，欧州復興開発銀行（EBRD: European Bank for Reconstruction and Development）発行のグリーンボンドおよびソーシャルボンドへの投資を運用委託会社に提案すると発表した（2019年10月）。

　以上のように国内外を問わず，グリーンボンド市場は活況を呈している。企業の環境問題への対応に際しては，しばしば新たな設備投資や開発資金を要するが，グリーンボンドは，その際の資金調達として有用であることを示している。

## 2．地域金融と環境問題

　金融事業の一端を担う銀行は，どのように，環境問題と対峙しているだろうか。主に，2つのアプローチがあげられる。1つめは，地球温暖化の一因といわれる$CO_2$削減のための設備や自然エネルギー導入のための設備など，企業の環境問題対応に関する事業資金を融資する際に，貸付金利を優遇したり，新たな環境プロジェクトに積極的に融資したりして，企業の環境対応を後押しするものである。2つめは，融資判断にともない，地球温暖化対策や土壌汚染の状況など環境問題に関することをリスク判断として用いるものである。このようなアプローチは，大手銀行はもとより，地方銀行でも積極的に行われている。一例をあげれば，名古屋銀行では，廃タイヤを破砕して固形燃料とするリサイクル事業への融資を行っている[6]。

　また，先ほど掲げたグリーンボンドも，銀行は，環境私募債，CSR私募債といった形で引き受け支援している。私募債は，債券発行が公募ではなく，銀行や取引先を引き受け手として発行されるものである。環境私募債等においても，大手銀行だけでなく，地方銀行が地元企業を支援する形で，積極的に発行

を支援している<sup>(7)</sup>。

　近年，食だけでなくエネルギーの地産地消等，地球環境を守る上で，地域レベルでの活動は非常に重要となってきている。とりわけ，日本においては，地方再生が注目を集めている。大企業による大規模な事業は大量生産，大量消費，大量廃棄に直結しやすいが，地域レベルでの経済活動は，サーキュラーエコノミーを実践しやすい。そのため，地元企業や地域レベルでのプロジェクトを支える地域金融は，これまで以上に大きな役割を担っているといえよう。

## 第 4 節　環境問題と金融の今後

　これまで見てきたとおり，近年の金融市場は株式市場，債券市場，また融資の現場においても，持続可能性（サステナビリティ）を念頭に置いた大きな変革の時にある。グリーンボンド市場や日本に見られる地域金融の活況は，その一端を担っている。また，ESG 投資は SDGs との相乗効果で，急速な進展を見せ，その役割も大きい。しかし，ESG という課題が世界のすべての企業に関わるもので，ESG 投資も自ずとそれを対象とすることから，SDGs 目標達成の 2030 年以降も継続されるべき投資スタイルである。ESG 投資は，経済活動全般を持続可能なものに変えていく影響力を持ち合わせている。

　そこで，重要な視点となるのが，次章で述べるサーキュラーエコノミーへの移行である。すでに海外投資機関はこのことに着目している。スイスの大手投資運用機関である RebecoSAM は，サーキュラーエコノミーを実践する企業の投資は長期リターンを拡大すると判断し，その市場は 2030 年までに 4.5 兆ドル（約 500 兆円）にまで拡大すると試算している。同社は，サーキュラーエコノミーを実現していく製品・サービスを提供する企業に積極的に投資すると表明している<sup>(8)</sup>。

　今後は，サーキュラーエコノミーの実現を促す企業活動，企業戦略に投融資されるような金融システムを構築していくことが，持続可能な社会実現の大きな鍵となるだろう。

# 【注】

(1) 荒井勝（2013）「SRIとESGの違いとは？」，JSIF（日本サステナブル投資フォーラム）ホームページ，http://www.jsif.jp.net/coloum1304-2（2019年12月31日アクセス）。なお，ここでの引用は，原文を要約している。また，ここでのネガティブ・スクリーニングとは，環境・社会問題に配慮しない企業は投資対象から外すことを指し，ポジティブ・スクリーニングとは，環境・社会問題配慮が優れた企業を投資対象とすることをいう。

(2) Sustainable Japan News 2019年4月25日。
https://sustainablejapan.jp/2019/04/15/esgi-investing/38920?=ml（2019年12月30日アクセス）。

(3) Sustainable Japan News 2019年8月10日。
https://sustainablejapan.jp/2019/08/10/morganstanley-sustainable-investing/41467（2019年12月30日アクセス）。

(4) Sustainable Japan News 2019年12月27日。
https://sustainablejapan.jp/2019/12/27/mufg-social-bond/45074（2019年12月30日アクセス）。

(5) Sustainable Japan News 2019年11月11日。
https://sustainablejapan.jp/2019/11/11/apple-euro-green-bond/43688（2019年12月30日アクセス）。

(6) 名古屋銀行ニュースレター　平成29年12月27日。
https://www.meigin.com/release/files/a6b2cd918354b6c84bb77c033a259466f45eafee.pdf（2019年12月30日アクセス）。

(7) 例えば伊予銀行では，具体的な案件は記載されていないが，毎年のように環境私募債を引き受けており，引受先企業の一覧を公表している。伊予銀行ホームページ。
https://www.iyobank.co.jp/business/sikin-cyoutatsu/environment/ichiran.html（2019年12月30日アクセス）。

(8) Sustainable Japan News 2020年2月5日。
https://sustainablejapan.jp/2020/02/05/robecosam-circular-economy/46142（2019年12月30日アクセス）。

# 【参考文献】

加藤康之編『ESG投資の研究　理論と実践の最前線』一灯舎，2018年。

佐久間信夫・田中信弘編『CSR経営要論　改訂版』創成社，2019年。

大和住銀投信投資顧問「ESG～その先にあるインパクト投資～」，2016年。

新名谷寛昌「未来を拓くコーポレートコミュニケーション第10回 企業と投資家との対話の重

　　要性から考える「統合報告」」『KPMG Insight Vol.8 /Sep.2014』，2014年。

『日本経済新聞』2017年11月8日付朝刊。

長谷川直哉・宮崎正浩・村井秀樹『統合思考とESG投資』文眞堂，2018年。

みずほ総合研究所株式会社　投資運用コンサルティング部「注目高まるESG投資」『年金コ
　　ンサルティングニュース 2017. 7』，2017年。

物江陽子「ESG投資：世界の主要年金基金の動向 運用資産総額世界上位20機関の調査から」
　　『大和総研　環境・社会・ガバナンス』大和総研，2017年。

Paul Hawken Amory B,Lovins & L.Hunter Lovins (2000), '*Natural Capitalism − Creating
　　the Next Industrial Revolution*', Green Building Council, US.（ポール・ホーケン，エイ
　　モリ・B・ロビンス，L・ハンター・ロビンス，佐和隆光監訳・小幡すぎ子訳『自然資
　　本の経済―「成長の限界を突破する新産業革命」』日本経済新聞社，2001年。）

# 第 3 部

# 環境ビジネスの新展開と
# 企業の環境経営戦略

# 第9章

# サーキュラー・エコノミー

## 第1節　変化を求められる現代企業

　環境問題への対応をはじめとするサステナブル社会構築の実現は，現代企業に，変化を促している。企業は，これまでも，消費者のニーズや政治情勢，国際環境など，様々な外部要因にともない時代と共に変遷を遂げてきた。たとえば，近年では，人やモノ，お金が自由に移動することが可能となったグローバリゼーションが加速してきたが，それにともない，企業活動においても国際的な展開がより容易になり，「グローバル企業」と呼ばれる新たな企業形態が誕生した。また，IT技術の進展は，企業のグローバル化を瞬く間に推し進めた。すなわち，これまで国内に限定されていた取引先や顧客が，インターネットの普及を通じて，以前よりも容易に海外にも見出せるようになった。このように企業は時代の流れに応じて，その活動形態や行動を変化させてきた。

　現代企業は，今，より大きな変化を求められている。なぜなら，企業活動の根幹である経済システムそのものが大きな変革期にあるからである。これまでの企業の活動は，経済の成長や経済発展を促すことが前提とされていた。その実現のために企業は，大量に資源やエネルギーを使用して大量に商品を作ったり，サービスを提供したりし，そこから大量の廃棄物も生じさせてきた。一方で，企業が資源やエネルギーを無尽蔵に採取して，大量に商品を作り，廃棄する経済システムは，地球環境に深刻な害を及ぼしてきた。近年，問題となっているファスト・ファッションの台頭やプラスチック製品の生産・廃棄は，まさ

に，こうした経済システムの中で生じてきた。意図的に創られた流行に乗って大量に生産され，安価な価格で売られた衣料品は，売れ残ったり，消費者の手に渡ったあともすぐに廃棄されたりし，問題視されるようになった[1]。また，利便性を追求して大量に作られたプラスチック製品は，海洋を汚染したり，海洋生物や人体にも影響を及ぼす懸念が生じてきたりしている[2]。このような経済システムを覆す新たな形態として，サーキュラー・エコノミーが浮上した。

　本章では，サーキュラー・エコノミーの概要と特徴を述べるとともに，導入が進む欧州の動向および日本における「循環型社会」との相違について考察する。また，サーキュラー・エコノミーを実現する新たなビジネスモデルや事業展開をケーススタディとして紹介する。以上を通じて，サーキュラー・エコノミー実現の要件は何か，また，サーキュラー・エコノミーが浸透していく中で，企業はどのような変化を求められるのかを，最後に提案する。

## 第2節　サーキュラー・エコノミー概念の誕生とその特徴

### 1．サーキュラー・エコノミーの概念とエレン・マッカーサー財団

　環境問題が注目されるようになって，これまでの経済システムが立ちいかなくなってきているといった指摘がなされたり，新しいビジネスモデルが提案されたりするようになった。1972年にローマクラブにより発表された「成長の限界」では，このまま人口増加が続き，環境汚染を招くような経済成長をしていけば，人類は100年以内に限界を迎えると警鐘が鳴らされた。また，20世紀は「大量生産・大量消費・大量廃棄」の時代だったが，21世紀は「最適生産・最適消費・最小廃棄」の時代であるといった考えが提唱されるようになった[3]。いずれにせよ，これまでのように右肩上がりの経済を実現していくことが疑問視され始めた。

　こうしたなかで，より抜本的な地球環境問題の解決やサステナブル社会構築の実現を果たす概念を提唱し，また，それを実践するための組織として，2010年9月にエレン・マッカーサー財団が英国に創設された。財団の名称となって

160

いる，エレン・マッカーサー（Ellen MacArther）氏は，自然と対峙する航海での経験を原体験として，地球のシステムや限界を捉え，その解決のために組織の設立に踏み切った。幼い頃からヨットでの航海に憧れ，単独世界一周の最短記録を打ち出したが，船上における食料品や日用品の「限りある状態」を知り，それらでやりくりをするという体験を経て，そこから，地球環境問題の現状を理解するのに至った。すなわち，「モノを使い切るのではなく，活用する経済を作れたなら真に長期的に機能する未来を作ることができる」と考えたのである(4)。

マッカーサー氏によれば，生命は何十億年も存在し効果的に資源を使い続けてきており，廃棄物はなく，すべてが代謝される「循環型」である。一方で，これまでの経済システムは，人類が150年かけて作りあげた「直線型経済」であると特徴づけた。すなわち，物質を地中から掘り出してモノを作り，そして最後には廃棄する仕組みとなっており，また，リサイクルするモノもあるが，再利用のためのデザインはなされておらず，最後まで使い倒すという意図で作られていると捉えた（図表9－1参照）。さらに，この人類が作り上げた経済シ

図表9－1　エレン・マッカーサーが考える生命の活動と人類が生み出した直線型経済

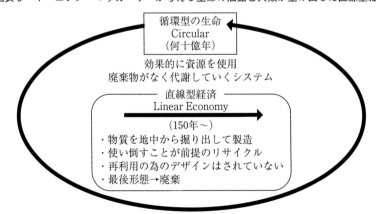

出所：エレン・マッカーサー氏の考えをもとに筆者作成。エレン・マッカーサー財団ホームページ。https://www.ellenmacarthurfoundation.org/news/now-we-have-a-plan-ellen-macarthur-presents-the-circular-economy-at-ted（2019年12月30日アクセス）。

図表9－2　これまでの経済システムとサーキュラー・エコノミー

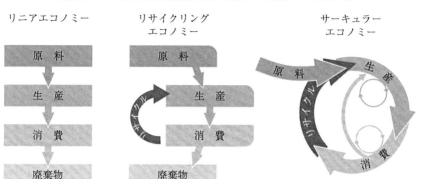

出所：「戦後の経済を変えるサーキュラー・エコノミーとは」
　　　https://www.huffingtonpost.jp/entry/orix-circular-
　　　economy_jp_5d37f69de4b020cd994b6988（2019年12月30日アクセス）。
原出所：オランダ政府ホームページ 'From a liner to a circular economy'
　　　https://www.government.nl/topics/circular-economy/from-a-linear-to-a-
　　　circular-economy（2019年12月30日アクセス）。

ステムは，根本的に，長期的には立ち行かなくなる経済システムであり，自然
界における生命活動のような無駄なく循環し続ける経済システムに移行してい
く必要性があると考えた[5]。この新しい経済システムを「サーキュラー・エ
コノミー（循環型経済）」と名付けた。

　マッカーサー氏が指摘した，直線型の経済システムとサーキュラー・エコノ
ミーに加え，環境問題解決のために，これまでに推奨されてきたリサイクル型
の経済システムを図に表すと上のようになる（図表9－2参照）。リサイクル型
の経済は，先述のとおり，最終的には廃棄物を産むが，サーキュラー・エコノ
ミーの形態では廃棄物ゼロを目指すことがわかる。

　さらに，サーキュラー・エコノミーの仕組みの詳細を見てみると，エレン・
マッカーサー財団では，図表9－3のような概念図を示している。日本でのサ
ーキュラー・エコノミーの普及を目指す社団法人サーキュラー・エコノミー・
ジャパンの解説によると，エレン・マッカーサー財団では，サーキュラー・エ

図表 9 － 3　サーキュラー・エコノミーの概念図

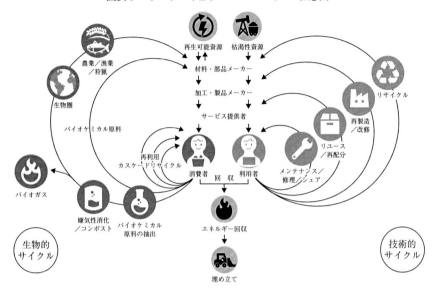

出所：IDEAS FOR GOOD 「サーキュラー・エコノミー・ジャパン設立記念日 カンファレ
ンス　先行事例から学ぶ日本での可能性」
https://ideasforgood.jp/2019/10/03/circular-economy-conference/（2019年12
月30日アクセス）。

原出所：Ellen MacAuther Foundation ホームページ。
https://www.ellenmacarthurfoundation.org/circular-economy/concept/info
graphic（2019年12月30日アクセス）。

コノミーの原則として次の３つを掲げている[6]。
　①　廃棄物と汚染を生み出さないデザイン（設計）を行う
　②　製品と材料を使い続ける
　③　自然のシステムを再生する
　この３つの原則を実現するためのシステムとして「バタフライ・ダイアグラ
ム」が考案されている。そこには２つの循環が描かれ，まず，左の羽にあたる
部分には「生物的サイクル」として，植物，魚などの再生可能な資源の循環が
示されている。ここに属する資源は使用のつど劣化するもので，最終的には土

に戻り，栄養分となって新しい植物が生まれるという形で循環していく。次に，右の羽は「技術的サイクル」として，石油・鉄鉱石などの枯渇資源の循環を示している。まずは，内側の円に描かれているように，修理やメンテナンスで長く使えるようにする。それが不可能となると，リユース，再配分していき，それでもできなければ部品に分解，洗浄して再度製品を作る。

　全ての生物資源および枯渇資源をこのように循環可能にしていくことで，サーキュラー・エコノミーが実現化していく。

## ２．サーキュラー・エコノミーのビジネスモデル化

　エレン・マッカーサー財団は，政府や企業，教育機関と協働しながら，サーキュラー・エコノミー実現の推進を図っている。また，同組織は，サーキュラー・エコノミーにおける経済的価値を定量化したり，それらの価値の論理的根拠を示す経済レポートを作成したりするナレッジパートナーとして，米国の大手コンサルティング会社であるマッキンゼー・アンド・カンパニーとも協働している[7]。同社は，サーキュラー・エコノミーの概念をビジネスにする6つのモデルを提唱している（図表9－4）。この6つのモデルは，頭文字を取って，'ReSOLVE' と呼称される。

　また，アイルランドに本拠地を置くアクセンチュアは，サーキュラー・エコノミーにおける競争優位を示す5つのビジネスモデルを提唱している（図表9－5）。それぞれのモデルは，再生可能エネルギーへのシフトやシェアリング・プラットフォームの活用など基本概念は重複している。いずれにせよ，先ほど述べたようにリサイクリング・エコノミーに見られるような単なるリサイクルや再利用に留まるのではなく，新たな資源の投入を最小限にしたり，投入した資源を最後まで使い尽くしたりするようなビジネスの仕組みに代えていくことで，サーキュラー・エコノミーの実現を進めていくものである。

164

図表9－4　マッキンゼー・アンド・カンパニーが提唱する
サーキュラー・エコノミーにおける6つのビジネスモデル

| | タイプ | 内　容 |
|---|---|---|
| ① | Regenerate：再 生 | 再生可能エネルギー・再生可能資源へのシフト |
| ② | Share：共 有 | シェアリング・エコノミーの導入 |
| ③ | Optimise：最適化 | 商品のパフォーマンス，効率化 |
| ④ | Loop：循 環 | 商品・部品の再製・リサイクル |
| ⑤ | Virtualise：仮想化 | デジタル化<br>先進的素材へシフト |
| ⑥ | Exchange：交 換 | 最新テクノロジーへのシフト |

出所：The Earthbound Report (2016), 'The ReSOLVE framework for Circular
　　　Economy' をもとに筆者作成（2019年12月30日アクセス）。
　　　https://earthbound.report/2016/09/12/the-resolve-framework-for-a-circular-
　　　economy/

図表9－5　アクセンチュアが提唱するサーキュラー・エコノミーにおける
5つのビジネスモデル

| | タイプ | 内　容 |
|---|---|---|
| ① | Circular Supplies<br>サーキュラー型のサプライチェーン | リサイクルや生物分解が可能な原材料を使ったり，製品にしたりする |
| ② | Resource Recovery<br>回収とリサイクル | いままで廃棄されていた設備や製品を再利用する |
| ③ | Product Life Extension<br>製品寿命の延長 | 耐久性に優れた製品を作ったり修理や再販売によって製品の耐用年数を延ばす |
| ④ | Sharing Platforms<br>シェアリング・プラットフォーム | 使用していない製品の貸し借り，共有，交換 |
| ⑤ | Product as a Service（PaaS）<br>サービスとしての製品 | 顧客は所有せず，製品の利用に応じて料金を支払う |

出所：ピーター・レイシー（Peter Lacy），ヤコブ・ルクヴィスト（Jakob Rutqvist）
　　　(2015)，アクセンチュア ストラテジー「エグゼクティブ・サマリー　無駄を富に変え
　　　る」（2019年12月30日アクセス）。
　　　https://www.accenture.com/_acnmedia/Accenture/Conversion-
　　　Assets/DotCom/Documents/Local/ja-jp/PDF_4/Accenture-Waste-Wealth-
　　　Exec-Sum-JP.pdfzoom=50

## 第3節　日本の循環型社会と欧州の動向

### 1．日本の循環型社会とサーキュラー・エコノミー

　日本では，2001年に環境庁が環境省となり，循環型社会形成推進基本法が施行された。冒頭に述べたとおり，大量生産，大量消費，大量廃棄型の20世紀から，「循環型社会」へと移行することが掲げられたのである。循環型社会とは，基本法2条に述べられているとおり，「（1）製品等が廃棄物等になることが抑制され，（2）製品等が循環資源となった場合においてはこれに適正に循環的な利用が行われ，（3）利用されない循環資源については適正な処分が確保されることによって，天然資源の消費を抑制し，循環への負荷が出来る限り低減される社会」と定義されている。すなわち，最適生産，最適消費，最小廃棄の実現を目指す社会である。それと共に，3R（Reduce（廃棄削減），Reuse（再使用），Recycle（再生利用））の概念が提示され，循環型社会の推進が一層図られることとなった。

　日本政府が掲げる「循環型社会」と「サーキュラー・エコノミー」の概念は同意だろうか。日本政府（環境省）が言及した20世紀の大量生産，大量消費，大量廃棄型の社会は図表9-2に示された「リニアエコノミー」に該当すると考えられる。一方で，循環型社会は，「リサイクリングエコノミー」に相当すると考えられる。このことから，「循環型社会」と「サーキュラー・エコノミー」の概念は根本から異なるものであるといえる。また，「サーキュラー・エコノミーでは，作る段階から再利用を前提としていることが大きな相違である。循環型社会の考え方は，個人や企業が使用済みのものをリサイクル業者に出すことで，それが新たな燃料，材料として再生され循環するものであるのに対し，サーキュラー・エコノミーは，ここからさらに進み，物作りの段階から使用後の再利用の方法，再利用先を計画したうえで，商品を生産，販売する」[8]といった見方にもその相違がよく表れている。

　これまで，「循環型社会」という考えにとどまっていた日本では，サーキュ

ラー・エコノミーについてどのような認識をもっているだろうか。日本のビジネスマンを対象に行われたアンケート調査[9]によると，サーキュラー・エコノミーを知っているかという問いに対し，4割以上（41.9％）が「知らない」と回答しており，「聞いたことはあるがよく知らない」（17.6％）と合わせると，半数以上がよく知らないという結果を示している。また，製品設計に際し，「リサイクルしやすい材料をなるべく使うようにしている」という答えが3割弱の28.4％であるのに対し，「特にリサイクル性は考慮していない」は，34.5％で3割を超えている。また，「分からない」という回答の17.6％と合わせるとリサイクルを考えた製品設計は過半数に満たないことを指名している。この調査から，日本では，サーキュラー・エコノミーに関しては，まだ，理解が浅く推進も遅れていることがうかがえる。一方で，2018年7月に「循環経済ビジョン研究会」が経済産業省主導で発足され，各国の動向を踏まえながら日本版サーキュラー・エコノミー形成に向けてようやく構想を立て始めた[10]。

## 2．欧州の動向

　欧州は，ドイツや北欧を始めとし環境問題への関心が高い国も多く，これまでも，化学物質の規制や気候変動対策で環境対応において，世界をリードしてきた。サーキュラー・エコノミーについても，EU共通の枠組みとして「サーキュラー・エコノミー・パッケージ」を2015年に採択しており，積極的な展開を示してきた（図表9－6）。

　欧州にとっては，2015年のパリ協定の2℃目標，すなわち，世界の平均気温上昇を産業革命以前に比べて，2℃より十分低く保ち，1.5℃に抑える努力をするという達成目標が根底にある。その上で，欧州全体としてのサーキュラー・エコノミー・パッケージの採用だけでなく，各国がそれぞれ対応策を掲げていることは，注目に値する（図表9－7）。

図表 9 － 6　EU におけるサーキュラー・エコノミー・パッケージ

| 対　象 | 内　容 |
|---|---|
| プラスチック | リサイクル可能性，生分解性，プラスチック中の有害物質の存在，海洋ゴミを大幅に減らすための持続可能な開発目標の問題に取り組む |
| 食品廃棄の削減 | 2030年までに食品廃棄物を半減させるための，一般的な測定方法，日付表示の改善，及び世界の持続可能な開発目標を達成するためのツールを含む，食品廃棄物を削減するための行動 |
| 品質基準 | 単一市場における事業者の信頼を高めるための二次原材料の品質基準の開発 |
| エコデザイン | エネルギー効率に加えて，製品の修理性，耐久性及びリサイクル性を促進するためのエコデザイン作業計画における措置（2015年〜2017年） |
| 化学肥料 | 単一の市場における有機肥料及び廃棄物ベースの肥料の認識を容易にし，バイオ栄養素の役割を支持するための，化学肥料に関する規則の改訂 |
| 水の再利用 | 廃水の再利用のための最小要件に関する立法案を含む，水の再利用に関する一連の行動 |

出所：浦島邦子（2019），31ページをもとに一部修正。

図表 9 － 7　欧州各国・各都市のサーキュラー・エコノミー戦略

| フランス | Circular Economy roadmap of France: 50 measures for a 100% circular economy |
|---|---|
| フィンランド | Leading the cycle - Finnish road map to a circular economy 2016-2025 |
| ロンドン（英国） | London's Circular Economy Route Map |
| ブリュッセル（ベルギー） | Regional plan for the circular economy, Brussels Capital Region |
| ドイツ | German Resource Efficiency Programme II: Programme for the sustainable use and conservation of natural resources |
| ギリシャ | National Action Plan on Circular Economy |
| イタリア | Towards a Model of Circular Economy for Italy - Overview and Strategic Framework |
| オランダ | A Circular Economy in the Netherlands by 2050 |
| ポルトガル | Leading the transition: a circular economy action plan for Portugal |
| スロベニア | Strategy for the Transition to Circular Economy in the Municipality of Maribor |

出所：デロイトトーマツ循環経済ビジョン研究会（2019）「欧州のサーキュラー・エコノミー政策について」有限責任監査法人トーマツ，10ページ。
　　　https://www.meti.go.jp/shingikai/energy_environment/junkai_keizai/pdf/
　　　005_04_01.pdf　（2019年12月30日アクセス）。
　　　なお，英国は，2020年1月31日にEU離脱を正式に表明した。

## 第4節　サーキュラー・エコノミー実現のためのビジネスモデル

　サーキュラー・エコノミーのビジネスモデルについては,すでに紹介したが,ここでは,実際にサーキュラー・エコノミーの概念を取り入れたビジネスを展開している事例をあげる。1つめに,環境問題解決の推進役でもあるインターフェイス社と,2つめに,近年,活躍が目覚ましいスタートアップ企業の動向を紹介する。

### 1．インターフェイス社

　米国に本拠地を置く,オフィス等のカーペットを提供するインターフェイス社は,創業者の故レイ・アンダーソンが早くから環境問題に配慮した経営を展開していたが,そのビジネスモデルは,サーキュラー・エコノミーに合致するものであった。たとえば,古タイヤをカーペットの材料にして生産し,使用されて古くなったカーペットは回収し,再度,カーペットに作り直すなどして,以前からサーキュラー・エコノミー型のビジネスモデルを構築していた。

　近年,海洋プラスチックが大きな問題になっていることは,冒頭でも述べたが,中でも,魚の捕獲のために使用されている漁網はナイロンで作られており,耐久性に優れている一方で朽ちることなく海洋生物に害を及ぼしてきた。インターフェイス社は,古くなって海岸に置き去りにされたこの厄介な製品を回収し,カーペットの原料とするサーキュラー（循環）システムを考えた。実際には,フィリピンの漁村で,これまで廃棄されてきた漁網を住民に回収してもらい,それに対して報酬を支払うことで,貧しかったコミュニティに収入源をもたらすことにも成功した[11]。近年,処理に困っていた間伐材をリサイクルしたり,再生可能エネルギーを導入したりして地域活性化を図る環境配慮型の地方創生への期待が日本でも大きい。インターフェイス社のこのシステムは,米国本社とは離れた漁村でこれまで捨てられて環境汚染をもたらしていた漁網を

原材料に変えて製品とし，地域の経済を潤おしながら，その製品がまた，別の地域で使用されるという，まさにグローバルなサーキュラー・エコノミーを実現している。

## ２．スタートアップ企業

　近年，ソーシャルビジネスと呼ばれる社会問題解決型のベンチャー企業が，世界中で次々と誕生としている。その中でも，サーキュラー・エコノミーのビジネスモデルに合致するようなスタートアップ企業も多く見受けられる。たとえば，2017年に設立されたフランスのグリーン・ジェン・テクノロジー社は，91％が編んだ麻と松脂でできたボトルを開発した。ボトルはこれまでも，ガラスやプラスチックなどで作られ，使用後に回収され，他の製品に形を変えリサイクルされてきた。サーキュラー・エコノミーにおいては，製造段階で原材料やエネルギーを減らすことが求められるが，同社のボトルはガラス製よりもエネルギーの使用が少ない。また，軽量化により，輸送時の$CO_2$削減にもつながる。これは，アクセンチュアの５つのビジネスモデルのうち，再生型サプライチェーン（Circular Supplies）に合致する[12]。

　サーキュラー・エコノミー型のスタートアップ企業に見られる最近の特徴は，大手の企業が資金面や技術面でサポートしていることである。たとえば，米国のグーグル社は2019年11月に，貧困，気候変動，環境破壊，持続可能な成長等，SDGsに関連したスタートアップ企業を育成するプログラム「Google for Startups Accelerator」を設立したと発表した[13]。また，エレン・マッカーサー財団が連携するサーキュラー・エコノミー企業，団体のCE100（Circular Economy100）の中には，26のスタートアップ企業が含まれている[14]。

# 第5節　サーキュラー・エコノミーの実現に向けて

　これまで，見てきたとおりサーキュラー・エコノミーは，今までの経済システムの概念を根底から覆す新しい経済システムである。そのため，現存の企業

も未来の企業も大きな変化を求められていることがわかる。今後，このシステムが実現していく要件はなにか。ここでは，大きく2つの観点を提案する。

## 1．協働の多様性

　すでに述べたとおり，エレン・マッカーサー財団は，政府を始めとし，大企業，スタートアップ起業，NPO，教育界等，様々な組織との交流，協働を図ってきた。たとえば，大企業ではユニリーバ，グーグルを始めとしキングフィッシャー，フィリップスなどが，企業内でサーキュラー・エコノミーのプロジェクトを実施している。エレン・マッカーサー財団は，これらの企業にセミナーや社内研修を提供したり，プロジェクトの効果の分析を行ったりしている。こうした大企業との協働は，それらの企業がリーダー役となって世界的な導入を推進していくことが期待される。また，CE100には，企業だけでなく，公共団体，大学，起業家なども含まれ，研修やワークショップなどを通じ，サーキュラー・エコノミーのプラットフォームづくりに貢献している。

　最近では，同財団は，世界最大手の投資運用会社である米国のブラックロック（BlackRock）社との提携（パートナーシップ）を発表した（2019年10月8日）。これは，投資が持つ力とサーキュラー・エコノミーへの価値創造の機会を結びつけることが目的とされる。ブラックロック社はファンドを立ち上げ，サーキュラー・エコノミーへの移行のために貢献している，あるいはその恩恵を受けている企業への投資を促す[15]。

　日本でも，環境技術創出のために産学連携や，政府が企業の環境活動を資金面でバックアップするといった動きはあったが，今後は，様々な組織の垣根を越えて多様性を包括しながら新しい経済システムを共に創りあげていくことが望まれる。

## 2．ITおよびIoTの活用

　エレン・マッカーサー財団は，ITおよびIoTの概念および技術の投入は，サーキュラー・エコノミーの推進には欠かせないと主張している[16]。たとえ

図表 9 - 8　サーキュラー・エコノミーと IoT

出所：経済産業省「平成27年度地球温暖化問題等対策調査 IoT 活用による資源循環政策・関
連産業の 高度化・効率化基礎調査事業 ―調査報告書―」
https://www.meti.go.jp/policy/recycle/main/data/research/h27fy/h2803_IoT
/h2803_IoT_houkokusho.pdf　（2019年12月30日アクセス）。

ば，ビジネスモデルにも示されているシェアリング・エコノミーの導入におい
ても，IT のプラットフォームは不可欠である。図表 9 - 8 に示すように，
様々な分野で，IoT はサーキュラー・エコノミーを後押しすることがわかる。
　近年，多くの企業が業務上，IT および IoT のシステムを導入してきている
が，今後は，サーキュラー・エコノミーの観点からの活用を促すことが望まれる。

## 【注】

（1）18年上期の日本国内のアパレル（衣料品）は29億点を超える（うち，97.8％は輸入品）。
　　家計調査から推計される国内総消費量はリユースも合わせ13億5,200万点であり，残り
　　の15億5,000万点が売れ残りであり供給過剰であることを示している。

172

商業界オンラインホームページ, http://shogyokai.jp/articles/-/1077（2019年12月31日アクセス）。

（2）近年，クジラや魚貝類の体内から多くのプラスチックが検出されている。また，海洋プラスチックの中でも特に問題視されている「マイクロプラスチック」と呼ばれる粒子の細かいプラスチックに関して，WHO（世界保健機構）は，飲料水に含まれるマイクロプラスチックは現段階では健康リスクにはならないと判断されるが，現時点での情報は不十分であり，さらなる調査研究が必要であるとし，また，さらに小さいナノレベルのサイズであると情報が少なく判断しづらいが健康被害が大きくなるであろうと述べている（2019年8月22日発表）。

WHO News Release 'WHO calls for more research into microplastics and a crackdown on plastic pollution'

https://www.who.int/news-room/detail/22-08-2019-who-calls-for-more-research-into-microplastics-and-a-crackdown-on-plastic-pollution（2019年12月31日アクセス）。

（3）2000年に成立した「循環型社会形成推進基本法」で掲げられた。同法については，後述。

（4）ウィリアム・アンダーヒル「特集　「儲かるエコ」の新潮流　サーキュラー・エコノミー」，『Newsweek』2018年10月16日号，CCCメディア，21ページ。

エレン・マッカーサー財団ホームページの動画で詳しく解説されている。

https://www.ellenmacarthurfoundation.org/news/now-we-have-a-plan-ellen-macarthur-presents-the-circular-economy-at-ted（2019年12月31日アクセス）。

（5）同上。

（6）IDEAS FOR GOOD 「サーキュラー・エコノミー・ジャパン設立記念日 カンファレンス　先行事例から学ぶ日本での可能性」

https://ideasforgood.jp/2019/10/03/circular-economy-conference/（2019年12月30日アクセス）。

（7）一般社団法人CSOネットワークホームページ「エレン・マッカーサー財団　インタビュー」（2019年12月30日アクセス）。

https://www.csonj.org/activity2/organic/organic2014/ellen-macarthur

（8）IDEAS FOR GOOD 「サーキュラー・エコノミーとは・意味」

https://ideasforgood.jp/glossary/circular-economy/（2019年12月30日アクセス）。

（9）吉田勝（2019）「サーキュラー・エコノミーへの取り組み」，『日経ものづくり 2019年2月号』日経BP社，88〜90ページ。

https://xtech.nikkei.com/atcl/nxt/mag/nmc/18/00024/00014/（2019年12月30日アクセス）。

（10）経済産業省「循環経済の目指す姿（案）」

https://www.meti.go.jp/shingikai/energy_environment/junkai_keizai/pdf/009_01_00.pdf（2019年12月30日アクセス）。
(11) Sustainable Brand ホームページ（2019年12月30日アクセス）。
　　https://www.sustainablebrands.jp/article/sbjeye/detail/1189191_1535.html
(12)「循環型経済という4.5兆円の新市場　サーキュラー・エコノミー」,『環境ビジネス』2019年春号，107ページ。
(13) Sustainable Japan ホームページ（2019年12月30日アクセス）。
　　https://sustainablejapan.jp/2019/11/10/google-sdgs/43680
(14) エレン・マッカーサー財団ホームページ（2019年12月30日アクセス）。
　　https://www.ellenmacarthurfoundation.org/our-work/activities/ce100/members
(15) 同上。
(16) 2019年11月にロンドンのエレン・マッカーサー財団の職員にインタビューした内容に基づいている。

## 【参考文献】

ウィリアム・アンダーヒル「特集　「儲かるエコ」の新潮流　サーキュラー・エコノミー」,『Newsweek』2018年10月16日号，CCCメディアハウス。
浦島邦子（2019）「サーキュラーエコノミーの動向と2050年のビジョン」,『STI Horizon Vol.5 No.1』科学技術予測センター。
　　https://www.nistep.go.jp/wp/wp-content/uploads/NISTEP-STIH5-1-00166.pdf（2019年12月30日アクセス）。
川野茉莉子「サーキュラー・エコノミー時代のビジネス戦略」,『経営センサー』2018年4月号，株式会社東レ研究所，2018年。
「資源循環型経済という4.5兆円の新市場　サーキュラーエコノミー」,『環境ビジネス』2019年春号。
Lacy, P. and J. Rutqvist (2015) 'Waste to Wealth -The Circular Economy Advantage'（牧岡宏・石川雅崇監訳『サーキュラー・エコノミー　デジタル時代の成長戦略』日本経済新聞出版社，2016年。）
A Circular Economy in the Netherlands by 2050
　　file:///C:/Users/sachiyo/Downloads/17037+Circulaire+Economie_EN.PDF

# 第10章
# クリーン・エコノミー

## 第1節　クリーン・エコノミー

　持続可能な発展のためには，経済と環境の両立が必要とされている。人間生活の場である社会が安定した環境を基盤としているからであり，また健全な社会を基盤として経済活動が展開されていくことで，物質的にも満たされた「ゆたかな社会」が形成されていく。つまり「自然環境」は，人間が富を創出するための大前提であり，持続的な経済発展には環境保全と保護を欠くことができない (Cohen, 2017, p.104)。環境に負荷をかけない，あるいは環境をより良い状態へ変えながら経済活動を行う「クリーン・エコノミー」(clean economy) が求められているのである。

　近年では，大気汚染，土壌・水質汚染，資源枯渇，環境破壊などの環境問題に直面しているが，とくに気候変動が最重要課題の1つになっている。気候変動もまた，人間の経済活動を通して引き起こされている現象であり，過去1万年間に安定していた地球の気候は急激に変化しつつある。世界の平均気温は，2018年には0.73℃上昇しており（1891年比），このことが異常気象や海面上昇などを発生させ，人間の生活に深刻な影響を及ぼすと考えられている（気象庁HP）。地震や洪水のような突発的な自然災害とは異なり，気候変動は慢性的で人為的な現象なのである。安定した気候について，私たちは「当たり前」の認識を持っていたが，実際には極めて価値の大きいものであり，今後，気候の安定を維持するために多大な費用と労力を投入することが求められている（西岡，

2011, 2〜4, 148ページ)。

　クリーン・エコノミーについては，明確な定義が存在しないようであるが[1]，この言葉からは，まず「エコノミー」(経済)というマクロ経済や政策的な側面がイメージされる。もちろん，マクロ経済を論ずる以上，企業や家計といったミクロ主体もエコノミーには含まれてくる。またクリーンには，汚職や不正などを排除した透明性や公正さも含まれるが，ここでは我々が暮らす「自然」や「環境」がクリーン（きれいに保たれている）であることを指している。本章では，環境と経済，そして生活の側面から「生活の質」(Quality of Life, 以下，QOL)の向上を目的とした環境配慮型の経済活動であり，人間の安定した生活と経済の両立に貢献する取り組みの総称と，クリーン・エコノミーを捉えることにする。

　クリーン・エコノミーの下で，①QOLに影響を及ぼす化学物質の排出が最小化され，②環境保全と保護を通して地球環境と生態系が維持され，かつ③低炭素社会の実現により適正な気候を保ちながら経済活動が行われていく。なお，①化学物質や②生物多様性は大きな環境問題であるが，今日における最重要課題は③気候変動にあることから，本章では，とくに③に焦点を当てる。気候変動の抑制には，温室効果ガス (greenhouse gas, 以下，GHG)[2]，とくに二酸化炭素 (以下，$CO_2$) の排出量を削減することが必要となっている。すなわち，低炭素社会や低炭素経済を模索することが中心的な課題なのであり，本章では，その実現を目指す取り組みを検討していく。

　以下では，まず，GHG排出削減に向けた国際的な動向を概観した後に，日本も含めた世界の$CO_2$排出と発電における電源構成を見ていく。ついで，日本におけるクリーン・エコノミー実現への取り組みについて，$CO_2$を排出しない再生可能エネルギー（以下，再エネ）の現状とその課題を検討する。最後に，自動車の$CO_2$排出削減に向けた取り組みについて，トヨタ自動車（以下，トヨタ）の企業事例を中心に見ることで，日本の自動車業界が，内燃機関から脱却してクリーンな経済の実現に向けてどのように貢献しているのかを示す。これらの考察を通して，クリーン・エコノミーの実現に向けた日本の取り組みの一

端が明らかになるであろう。

## 第2節　世界における温室効果ガス排出削減への取り組みと現状

### 1．GHGの排出削減に向けた世界的な枠組み

　GHG排出量を削減するために世界的な取り組みが実施されてきた。初めて気候変動とGHGの関係に言及したのは，1988年設立の「気候変動に関する政府間パネル」(Intergovernmental Panel on Climate Change，以下，IPCC) であり，両者の関係性について科学的知見に基づく根拠が提供されたのであった。IPCCの第1次報告書 (1990年) は，「人為起源の温室効果ガスがこのまま大気中に排出され続ければ，生態系や人類に重大な影響をおよぼす気候変化が生じる」と警告を発したことで大きな注目を集めた。このことが後押しとなり，国際連合を中心とする気候変動に対する国際的な取り組み（枠組み）が進展していくことになる[3]。

　そして，気候変動に関する具体的な取り組みが，1992年の「環境と開発に関する国際連合会議」(United Nations Conference on Environment and Development，以下，UNCED) から始まる。UNCEDでは「国連気候変動枠組条約」(United Nations Framework Convention on Climate Change，以下，UNFCCC) が採択され，1995年から条約を批准した197の国・地域によって「気候変動枠組条約締約国会議」(Conference of the Parties，以下，COP) が開催されていく。1997年には，その第3回会議であるCOP3（第3回締約国会議）が京都市で開催され，「京都議定書」（正式名称「気候変動に関する国際連合枠組条約の京都議定書」）が採択されることになる。京都議定書は，UNFCCC締約国（とくに先進工業国）に対して2020年までのGHG排出削減を義務づける「法的な枠組み」であった。議定書を批准した国々に対しては，第一約束期間 (2008年〜2012年) におけるGHG削減目標が定められることになり，日本の削減目標は1990年比で6％という数値に設定された。

　しかし，第一約束期間の終了後には，京都議定書は第二約束期間（2013年～2020年）へと移行せず実質的に機能を停止している。第二約束期間を開始するための議定書改正案が提示されたが，発効に必要な批准国数（UNFCCC締約国の75%以上）を得られなかったからである[4]。これを受けてUNFCCCは，第二約束期間を保留にしてそれ以降のルールづくりに着手し，2020年以降の新たな枠組みの「パリ協定」がCOP21（開催地：パリ，2015年）において採択されることになる。パリ協定の長期目標として，①気温については産業革命以前の平均気温よりも2℃以内の上昇（1.5℃以内に抑える努力をする）に抑えること，②21世紀後半には人為的なGHG排出と吸収の均衡を達成することの2点が設定されている。この目標数値は，IPCCの第5次評価報告書における「2℃シナリオ」に基づいている。気温上昇を2℃以内に抑えるには，GHG排出量を2050年に40～70%削減（2010年比）し，2100年には排出量をゼロまたはマイナスにする必要性があるというものである。

　パリ協定では，2020年以降について，すべてのUNFCCC締約国にGHG排出の削減目標を提出させてそれを義務化している。各国の削減目標については，プレッジ・アンド・レビュー（Pledge and Review）方式が採用されている。この方式では，各国が自国の状況を勘案して自主的に削減目標を定めて，それを5年ごとにパリ協定の事務局に提出する。そして，目標に対する進捗状況について，情報を提供して第三者から確認・評価を受ける仕組みになっている（経済産業省HP）。ちなみに，日本の削減目標を示した「日本の約束草案」（2015年）には，2030年度に26%のGHG削減（2013年度比）を達成することが記されており，今後は，この水準を達成する技術革新やエネルギー・ミックスなどが求められることになる（環境省HP）。

## 2．世界各国の$CO_2$排出量と電源構成

　それでは世界各国の$CO_2$排出量について，①経済規模や効率性の側面と，②発電における電源構成との関係から検討して見よう。世界の$CO_2$総排出量（2015年）は約329億トンとされており，最も多いのが中国（93億3,300万トン）

178

図表10－1　世界の$CO_2$排出量の国別順位

| 順位 | 国　名 | 排出量 | 割合（%） | 名目GDP（順位） | $CO_2$1トンあたりGDP |
|---|---|---|---|---|---|
| 1 | 中　国 | 9,333 | 28.4 | 11,226,185（2） | 1,203 |
| 2 | アメリカ | 5,071 | 15.4 | 18,120,714（1） | 3,573 |
| 3 | インド | 2,107 | 6.4 | 2,132,755（6） | 1,012 |
| 4 | ロシア | 1,578 | 4.8 | 1,326,324（11） | 841 |
| 5 | 日　本 | 1,147 | 3.5 | 4,395,487（3） | 3,832 |
| 6 | ドイツ | 713 | 2.2 | 3,375,611（4） | 4,734 |
| 7 | 韓　国 | 582 | 1.8 | 1,382,764（12） | 2,376 |
| 8 | カナダ | 504 | 1.5 | 1,552,808（10） | 3,081 |
| 9 | ブラジル | 471 | 1.4 | 1,803,650（8） | 3,829 |
| 10 | メキシコ | 468 | 1.4 | 1,169,625（15） | 2,499 |

※1：$CO_2$排出量および名目GDPは2015年のもの。
※2：単位については，$CO_2$が100万トン，名目GDPが100万ドル，$CO_2$1トンあたりGDPがドル。
出所：全国地球温暖化防止活動推進センターHP; 総務省統計局，2018，pp.56-58に基づいて筆者作成。

であり世界全体の28.4%を占めている。ついで，アメリカ（50億7,100万トン，15.4%），インド（21億700万トン，6.4%），ロシア（15億7,800万トン，4.8%），そして日本（11億4,700万トン，3.5%）と続いている（図表10－1）。また，名目GDPの高い国，つまり経済規模の大きい国が$CO_2$排出量の上位になる傾向があることも見て取れる。

　経済と$CO_2$の関係を正確に捉えるために，本章では総排出量の多寡だけで判断するのではなく，排出効率から捉えることにする。「量」とあわせて，「質」や「効率性」も含めた総合的な観点から検討することが必要だと考えるからである。そのために，「$CO_2$1トンあたりGDP」（名目GDP／$CO_2$排出量）を設定して，$CO_2$排出量1トンから生み出される名目GDPを計算していく。この数値が高いほど，少ない$CO_2$排出量で高いGDPを産出していることになり環境効率の良い経済と捉えられる。早速，これに基づいて捉えると，アメリカ（3,573ドル），日本（3,832ドル），ドイツ（4,734ドル），カナダ（3,081ドル），ブラジル

（3,829ドル）と数値が高いことから，これら各国は環境効率の良い経済と言うことができる。これに対して，中国（1,203ドル），インド（1,012ドル），ロシア（841ドル）といった発展途上国は，アメリカや日本などに比べて著しく環境効率が低くなっている。このことからGDP上位国間においても，相対的にクリーン・エコノミーに近づいている国々と，ほど遠い状況の国々が存在しており，環境効率は世界レベルで二極化していることが分かる。

　ついで，中国，アメリカ，インド，ロシア，日本，ドイツといった主要各国の発電における電源構成について見ていく（図表10－2）。もちろん$CO_2$排出は，自動車の使用台数・頻度・燃費効率，家庭や事業所における石油・ガスの

図表10－2　世界各国の発電における電源構成

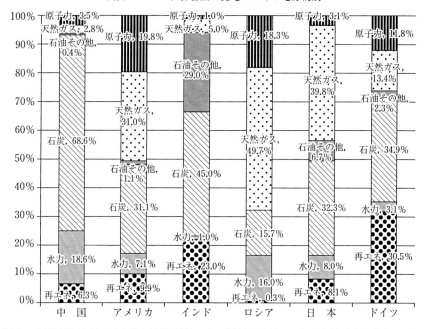

※1：中国は2016年，アメリカは2017年，インドは2015年，ロシアは2016年，そして日本とドイツが2017年と比較対象時期が若干前後している。
※2：ロシアの石油その他は不明のため，石炭火力に組み入れている。
出所：資源エネルギー庁HP；海外電力調査会HPに基づき筆者作成。

使用などからも排出されるため，発電のみでは一国の$CO_2$排出量の全体像を捉えられるわけではない。しかし，発電部門は$CO_2$排出において相当の割合を占めている。実際に日本の経済部門別の$CO_2$排出量割合（2014年）では，エネルギー転換部門（発電）が40％，産業部門（製造業）が27％，運輸部門（自家用・営業用）が16％，業務その他部門（営業活動）が6％，家庭部門が4％，工業プロセス部門（セメント製造）が4％，廃棄物部門（廃棄物焼却）が2％となっている（中国電力HP）。発電の$CO_2$排出に占める割合が大きいことから，それに影響を及ぼす電源構成を見ることによって，一国の$CO_2$排出量の多寡の要因を一定程度捉えることができると考えられる。

　その前に発電方法と$CO_2$排出量の関係を整理すると，再エネ（太陽光，風力，地熱，バイオマス[5]，潮力）と水力[6]は，自然エネルギーを利用して行われる発電であり，$CO_2$を排出しないエネルギー源として位置づけられる。これに対して，石炭，石油，天然ガスといった化石燃料を燃焼する火力発電では$CO_2$が排出されることになる。化石燃料間でも発熱量あたりの$CO_2$排出量が異なっており，同一発熱量に対する石炭・石油・天然ガスの発生比率は5：4：3になっている。つまり，最も排出効率の良いのが天然ガスであり，仮に投入資源を石炭から天然ガスにすべて変更できれば，$CO_2$排出量を40％削減することができる（西岡，2011，98ページ）。発電からの$CO_2$排出量を削減するためには，火力発電への依存割合を減らすことが必要なのである。なお原子力発電は，$CO_2$を排出しないエネルギー源として認識されてきたが，東日本大震災（以下，震災）による福島第一原子力発電所（以下，原発）の事故を契機にその危険性が露呈しただけでなく，バックエンド（使用済み燃料再処理や施設解体など）でも技術的・コスト的な制約が明らかになっている。

　このことを踏まえて各国の発電における電源構成を見ると，環境効率の低い中国では，化石燃料の割合が71.8％と高いだけでなく石炭への依存度合も68.6％となっている。インドも同様であり，化石燃料への依存度が79.0％（石炭45.0％，石油29.0％）に達している。またロシアでは，化石燃料への依存度が65.4％と相対的に低いだけでなく，さらに天然ガスへの依存割合が49.7％と高

いにも関わらず，中国やインドよりも環境効率が低くなっている。これについ
ては緻密な分析が必要であるが，日本などから輸入した旧式自動車の排気ガス
や，石油や天然ガスの採掘過程からの$CO_2$排出などが要因として想定される。

　これに対して環境効率の高い国を見ていく。まず，アメリカでは化石燃料そ
れ自体（62.3％）と，その中の石炭依存（石炭31.1％，石油1.1％，天然ガス31.0％）の
割合が低い。さらに，水力も含めた再エネ（17.0％）と原子力（19.8％）の比率が
高いことからエネルギー・ミックスの進展が見て取れる。日本では，化石燃料
への依存度が78.8％と高いのだが，その内訳は石炭32.3％，石油6.7％，天然
ガス39.8％となっており，石炭への依存度合が中国やインドよりも低いことが
特徴的である。最も環境効率の高いドイツでは，化石燃料への依存度合が
50.6％（石炭34.9％，石油2.3％，天然ガス13.4％）と極めて低く，再エネが33.6％，
原子力が11.8％を占めていることから，$CO_2$を排出しない電源の割合が高くな
っている。ちなみにドイツにおける再エネの構成比率（2017年）を見ると，バ
イオマスが61.4％，風力が21.6％，太陽光が9.7％，水力4.1％，地熱3.3％とな
っており，森林資源を最大限に活用しつつ風力と太陽光を導入していることが
分かる。また同国は「脱原発」を決定しており，2022年までに原発を完全停
止する予定であるため（日経ビジネスHP），今後は再エネの設置や稼働をさらに
高めていくという。

　このように環境効率の高い先進工業国では，$CO_2$排出量の少ない天然ガスの
比率を高めているとともに，再エネや原子力など電源構成を多様化させている
傾向がある。しかも，今後は原発を大幅に新設・増設することは困難であり，
再エネの拡大が世界的にも重要課題として認識されている。石油危機を経験し
た日本では，原発導入によって化石燃料への依存度合を下げてきていた。実際
に，76％（1973年）であった化石燃料への依存度合が62％（2010年）まで低下
したが，震災で原発が停止したことで83％（2016年）へと上昇している（資源
エネルギー庁HP）。化石燃料からの脱却を原子力発電に依存してきた結果であ
り，今後，再エネを積極的に導入することが求められている。

## 第3節　日本の再生可能エネルギーに向けた取り組み

### 1．日本における再生可能エネルギーの現状

　上記から，再エネの拡大がクリーン・エコノミーの実現に重要な役割を果たすことが見て取れた。しかし，日本の電源構成に占める再エネの割合は8.1%に過ぎず，アメリカやドイツよりもその導入割合が低く，今後，$CO_2$排出量の削減には再エネの積極的な導入が求められる。しかも，現在の内訳（2015年）は，太陽光が44.7%，風力が7.0%，地熱が4.0%，小水力が23.3%，バイオマスが21.5%となっており太陽光に大きく依存した状況になっている（ジャパン・フォー・サステナビリティHP）。そして，再エネの普及促進を目的として2012年に固定価格買取制度（Feed-in Tariff，以下，FIT）が創設されている。FITとは，再エネによって発電された電気を，国が定めた価格で購入することを電力会社に義務づける制度であり，再エネ普及のために必要不可欠な仕組みとなっている（西岡，2011，164～165ページ）[7]。また，FITによる電力会社のコスト上昇分については，電気料金に反映されて電気を使用する国民が最終的に負担することになる。

　FITによる再エネ1kWhあたりの固定買取価格（調達価格）は図表10－3の通りとなっており，太陽光（18円から26円），風力（17円から36円），中小水力（20円から34円），地熱（26円から40円），バイオマス（32円から40円）に対して，それぞれ価格が設定されている[8]。買取期間（調達期間）についても，太陽光が10～20年，風力が20年，中小水力が20年，地熱が15年，バイオマスが20年と定められている。とくに太陽光発電による2,000kWh以上の電力調達については，2017年から入札制度が施行されているため，大規模な太陽光発電施設の建設を希望する事業者は，国の入札制度に参加して調達価格を決定される必要がある。

　再エネの普及にFITが必要となる理由には，その発電コストの高さに求められる。発電方法別のコスト（1kWh，2014年）を見ると，石炭火力が12.3円，

図表10−3　再生可能エネルギーの固定買取価格（1kWhあたり）

| 太陽光 | 2,000kW以上 | 10kW以上2,000kW未満 | 10kW未満 |
|---|---|---|---|
| | 入札で決定 | 18円＋税 | 24円〜26円 |
| 風　力 | 陸上風力 | 洋上風力 | |
| | 17円〜20円＋税 | 36円＋税 | |
| 中小水力 | 5,000kW以上<br>3万kW未満 | 1,000kW以上<br>5,000kW未満 | 1,000kW未満 |
| | 20円＋税 | 27円＋税 | 29円〜34円＋税 |
| 地　熱 | 1万5,000kW以上 | 1万5,000kW未満 | |
| | 26円＋税 | 40円＋税 | |
| バイオマス | メタン発酵ガス | 間伐材由来の木質<br>バイオマス | 一般木材<br>農産物 |
| | 39円＋税 | 32円〜40円＋税 | 入札で決定 |

※1：中小水力では既存導水路利用を，地熱ではリプレース（廃止施設再利用）をそれぞれ
　　　除外している。
※2：買取価格は2018年度のもの。
出所：資源エネルギー庁HPに基づき筆者作成。

　石油火力が30.6円〜43.4円，天然ガスが13.7円，原子力が10.1円であるのに対して，再エネでは，太陽光が29.4円，風力が21.5円，小水力が23.3円から27.1円，地熱が16.9円，バイオマスが12.6円から29.7円となっている（原子力資料情報室HP）。このことから化石燃料や原子力に比べて，再エネによる発電ではコストが高いことが分かるであろう。2019年時点では，再エネの発電コストもある程度低下していると考えられるが，再エネ事業者の採算性を考慮すると，化石燃料や原子力よりも高い調達価格設定が必要なのである。再エネの発電コスト低減が，その普及の決定的要因の1つになると想定される。

## 2．各再生可能エネルギーの状況

　それでは，日本における再エネの特徴や導入状況について，まず「日本を代表する再生可能エネルギー」である太陽光発電から検討していく。太陽光発電は，太陽電池が太陽光エネルギーを直接的に電気に変換する仕組みとなっている。地域的特性や立地環境によって発電能力に差異が生じるものの，その利点

図表10－4　太陽光発電の国内導入量の推移

| | 2010年 | 2011年 | 2012年 | 2013年 | 2014年 | 2015年 | 2016年 |
|---|---|---|---|---|---|---|---|
| 全導入量 | 390 | 531 | 911 | 1,766 | 2,688 | 3,605 | 4,229 |
| 住宅用導入量 | na | na | 628 | 865 | 1,062 | 1,149 | 1,229 |

※単位は万kW。

出所：資源エネルギー庁 (2018)，167～169ページ；資源エネルギー庁HPに基づき筆者作成。

として，①設置する地域に制限がないこと，②住宅・ビルの屋根や壁などに設置できるため用地の確保が不要なこと，③山間部・農地などの遠隔地電源や非常用電源として活用できることが挙げられる（資源エネルギー庁HP）。震災後には，警戒区域となった津波被災地の活用を目的として太陽光発電が設置されてきた。

　近年では，太陽光発電の国内導入量が大きく拡大している（図表10－4）。ここでは①全導入量と②住宅導入量が示されており，①から②を引いた数値が事業用（工場敷設や発電所）の導入量になる。住宅用導入量は，2012年の628万kWから2016年には1,229万kWへと4年間で倍増しているのに対して，全導入量は2010年の390万kWから2016年の4,229万kWへと6年間で約11倍に増加している。事業用の導入数量を見ると，2012年の283万kW（911万kW－628万kW）から2016年には3,000万kW（4,229万kW－1,229万kW）へと顕著に増加している。震災後には太陽光発電の導入量が増えたが，その多くが太陽光発電所に代表される事業用に依拠しているのである。つまりFITの創設を受けて，事業者が「メガソーラー」（1,000kW以上の発電施設）を多数設置しており，このことが太陽光発電の導入量を大きく増加させたと考えられる[9]。

　なお上記の通り，太陽光発電（2,000kW以上）の買い取りについては入札制度が施行されている。その背景には太陽光発電の導入量が急速に高まっており，再エネ全体のコスト低下実現のためには，その調達価格を抑えることが重要だと認識されているからである。しかし，太陽光発電の入札制度は低調であり，2018年夏に実施された第2回入札では落札者が現れておらず（『日本経済新聞朝刊』2018年9月6日），今後はメガソーラーの導入が減速していく可能性がある。

図表10－5　風力発電の国内導入量の推移

| | 2010年 | 2011年 | 2012年 | 2013年 | 2014年 | 2015年 | 2016年 |
|---|---|---|---|---|---|---|---|
| 設備容量 | 247 | 255 | 264 | 270 | 293 | 311 | 335 |
| 設置基数 | 1,809 | 1,847 | 1,890 | 1,915 | 2,015 | 2,097 | 2,199 |

※単位は万kw。
出所：新エネルギー・産業技術総合開発機構HPに基づき筆者作成。

　ついで，風力発電の状況を見ていく。設備容量（発電量）と設置基数については，2010年（約247万kW，1,809基）から2016年（約335万kW，2,199基）にかけて増加しているものの，太陽光発電と比較すると微増に留まっている（図表10－5）。風力発電の導入が進展しない理由を発電施設の設置費用（システム費用）から検討してみる。太陽光発電の1kWあたりのシステム費用は平均値で32.3万円（2015年）であるのに対して，風力発電（陸上風力，発電出力20kW以上）の設置費用（資本費）の平均値は33.1万円（同年）となっており，設備費用には大きな違いが見られない（経済産業省HP）。大きな課題は，むしろ「開発段階での高い調整コスト」にあるという（資源エネルギー庁HP）。風力発電では2012年より環境影響評価（アセスメント）が義務づけられており，立地・風況調査を経た事業化判断，アセスメント手続きをして建設・稼働するまでに5年程度の期間を要するからである。太陽光発電では設置においてアセスメントの必要がなく，事業化が判断されれば施設建設に迅速に着手できるのである[10]。

　また，風力発電の設置に際して，健康や環境への影響を懸念する地域住民への説明会を開催する必要もあり，稼働開始までにはさらなる労力を要する。例えば，秋田県由利本荘市の沖合では，再エネ事業者のレノバが2021年の着工を目指して洋上風力発電の建設を計画している。地域住民には，健康被害や工事・工法の安全性などを理由とした「反対派」が多数存在しているため，同社による説明会がしばしば開催されてきた。しかし，このような調整コストを負担しているにも関わらず，レノバは地域住民からの信頼が得られていない。結果として，地域住民団体は計画撤回を求める要望書を秋田県と由利本荘市に提出しており，同社による風力発電の建設と稼働は不透明な状況になっている

（『河北新報朝刊』2018年12月28日，2019年2月9日）。

　最後に地熱，小水力，バイオマスについても若干ながら触れておく。地熱発電は，地下の地熱エネルギー（蒸気や熱水）を利用した発電であり，日本の本格的な地熱発電所は1966年から運転を開始している。安定した発電が期待されているが，地熱発電所の立地は温泉や自然公園などに限定されることから，そのような観光地域や自然保護区では地域住民との調整が必要になることも指摘されている（資源エネルギー庁HP）。結果として，日本の再エネに占める地熱発電の割合は4.0％に留まっている。小水力発電は出力1,000kW以下の水力発電施設であり，出力1万kWから3万kW以下を含めて中小水力発電と総称される。一般的に水力発電というと，山間部ダム（貯水ダム）において落差を利用して水車（タービン）を回して発電する仕組みであるが，小水力発電では一般河川や農業用水などを利用しており（写真10−1），水を貯めることなく直接取水する方式となっている（関西電力HP）。そして，バイオマス発電は，日本の再エネのなかで一定の割合を占めており，とくに循環型社会の形成や農山村の地域活性化へも期待されている（資源エネルギー庁HP）。循環型社会では，家畜排泄物，稲わら，森林残材などを使用するため廃棄物の再利用や削減効果を，また地域活性化の側面では，発電による売電収入が地域経済への波及効果をそれ

写真10−1　一般河川利用小水力発電

出所：日本小水力発電HP。

ぞれ生じさせるからである。

## 第4節　企業の役割—自動車業界の低炭素化への取り組み—

### 1．トヨタ自動車に見るCSRとしての低炭素化への取り組み

　最後に，クリーン・エコノミー実現に向けた企業の役割について，環境経営の視点から検討していく。そもそも低炭素社会の実現に貢献することは，企業にとって重要な社会的責任（Corporate Social Responsibility，以下，CSR）の1つとなっている。そのためには，（1）事業活動からのCO$_2$排出量を最小化すること，（2）低炭素化に貢献する製品やサービスを開発・販売すること，（3）ステークホルダーと協働した取り組みを行うことの3点が考えられる（西岡，2011，138ページ）。

　低炭素社会を実現するために，自動車業界では省エネルギー化（以下，省エネ）に取り組んできた。省エネとは，エネルギーを節約，あるいは効率的に使用する行為であり，ガソリン自動車を想定すると，1ℓあたり10kmの燃費だったものが，15kmや20kmに伸長させることが省エネとして該当してくる。つまり，ガソリンの使用効率を1.5倍から2倍に高めているからであり，これによって走行1kmあたりのガソリン燃焼にともなうCO$_2$排出量も抑制できる。燃費改善にともなう省エネ・低炭素化だけでなく，各自動車メーカーはCO$_2$を一切排出しない自動車の開発と販売も進めており，完全なクリーン・エコノミーへ向けた取り組みが始動している。以下では，トヨタに焦点を当てながら，自動車を通した低炭素化への取り組みを考察していく。

　トヨタは日本を代表する企業の1つであり，売上高は29兆3,795億円，当期純利益は2兆4,939億円（2018年度連結）に及んでいる。自動車生産台数は896万4,394台（2017年度単独）であり，ダイハツ工業や日野自動車などグループ企業も含めた総数は1,011万7,274台に達している。また，日本経済新聞社が実施する「環境経営度調査2018企業ランキング」においても，トヨタは5位に位置しておりその環境経営も高く評価されている[11]。

188

　トヨタでは，2016年から「トヨタ環境チャレンジ2050」を策定して，6つの観点から環境問題に取り組んでいる（図表10－6）[12]。1. 新車$CO_2$ゼロ，2. ライフサイクル$CO_2$ゼロ，3. 工場$CO_2$ゼロ，4. 水環境インパクト最小化，5. 循環型社会・システム構築，6. 人と自然が共生する未来づくりであり，それぞれに2030年中間目標と2050年達成目標が設定されている。このうち$CO_2$に関連した取り組みが「1」・「2」・「3」・「6」であり，トヨタにおける環境目標の相当部分を占めることから，$CO_2$排出削減が同社の最重要課題の1つに位置づけられているといえる。西岡の3分類に対応させると，「1」が低炭素化に貢献する製品，「3」が事業活動による排出量の最小化，「2」が製品と事業活動の双方を通した最少化として位置づけられる。また，ステークホルダーとの協働については「6」に相当している。

　「1」では各車種の$CO_2$低減率が示されており，実際に2017年度のトヨタの新車平均$CO_2$排出量は13.7％削減（2010年比）されている。また同社では，ハイブリッド車（hybrid vehicle, 以下，HV）の販売台数が約150万台，PHVが約

図表10－6　トヨタ環境チャレンジ2050

| 名　称 | 2030年中間目標 | 2050年達成目標 |
|---|---|---|
| 1．新車$CO_2$ゼロ | 電動車550万台以上，EV・FCV100万台以上，走行時$CO_2$排出量30％以上削減 | 新車走行時$CO_2$排出量90％削減（2010年比） |
| 2．ライフサイクル$CO_2$ゼロ | ライフサイクルでの$CO_2$排出量25％以上削減（2013年比） | ライフサイクル全体での$CO_2$排出ゼロ |
| 3．工場$CO_2$ゼロ | 工場からの$CO_2$排出量35％削減（2013年比） | 工場$CO_2$排出ゼロ |
| 4．水環境インパクト最小化 | 複数拠点で水量管理と評価・対策を実施 | 水使用量の最小化と排水管理 |
| 5．循環型社会・システム構築 | 電池回収・再資源化，廃車適正処理施設の複数設置 | 適正処理やリサイクル技術のグローバル展開 |
| 6．人と自然が共生する未来づくりへ | 自然共生・生物多様性保護活動への貢献 | 自然保全活動の輪をつないでいく |

出所：トヨタ自動車（2018），10～11ページに基づき筆者作成。

5万台をすでに達成しているほかに，燃料電池車（Fuel Cell Vehicle，以下，FCV）や電気自動車（Electric Vehicle，以下，EV）の開発・販売にも着手している。

「2」では，製品の開発段階から環境マネジメント・システム（Environmental Management System，以下，EMS）を導入して，R&Dや製造過程から生ずる$CO_2$の排出削減を図っている。さらに物流・輸送の効率化と，自動車の安定運行を考慮に入れた技術開発を通して$CO_2$排出量を削減することも模索されている。物流・輸送に関しては，効率化が進んだことで2017年度には$CO_2$排出量を35%削減している（1990年度比）。しかし，2013年度の国内輸送における排出量は29.0万トンであったが，2017年度には28.6万となっていることから，近年では減少率が約1.4%と著しく停滞している。国内輸送だけでの改善は限界に達しつつあり，今後は，海外における輸送効率の改善が目標達成のために必要になると考えられる。現状では物流・輸送を中心とした排出削減が進んでいるが，今後はR&Dや部品製造でも$CO_2$排出量の少ない仕組みを確立するだけでなく，さらに交通全体の状況を改善した削減に取り組んでいくという。交通状況の改善は，政府，地方自治体，他社などとの連携を必要とする領域であり，トヨタはこのような領域でリーダーシップを発揮しようとしている。

「3」について，まず国内工場では2017年度には$CO_2$排出量が45%削減されている（1990年比）。しかし2013年度以降の状況を見ると，国内では126.0万トン（2013年）から119.0万トン（2017年）へと減少率が5.9%へ，全世界の工場では784.0万トン（2013年）から779.0万トン（2017年）へと0.6%まで削減率が低下している。2013年度以降，工場における$CO_2$排出量の削減が進展していないことから，使用エネルギーを再エネや水素などに変更することでエネルギー起源の$CO_2$排出量を削減していく方針だという[13]。

最後に「6」では，①トヨタ各工場との連携，②新エネルギーの創出（以下，創エネ），③地域コミュニティ・ベースの活動の側面から，トヨタは地域社会との連携・協働を展開している。それぞれ一例を挙げると，①では，福岡県主導の「地産地消型グリーン水素ネットワーク」（水素エネルギー社会を目指す取り組み）において，トヨタ自動車北九州の宮田工場が工場水素利用の実証に参加してい

190

る。②では，神奈川県主導の「京浜プロジェクト」がある。これは再エネに基づく水素の製造・貯蔵・輸送・利用の促進を目的とするものであり，風力発電の電力で製造された水素を各企業の事業所用フォークリフトに活用している。ここでは，トヨタは水素を利用する事業者代表として，参加事業者の取りまとめと調整役を担っている。③では，関西国際空港が空港内における水素エネルギーの普及・促進を目指して「KIX水素グリッドプロジェクト」を実施している。トヨタは空港の水素利活用を全面的に支援したり，さらにFC車両の供給もしている。このように，トヨタは水素利用の促進を目指して，日本各地でステークホルダーとの連携・協働を展開しているのである。

## 2．FCVやEVを通したクリーン・エコノミーの達成へ向けて

　水素を燃料とするFCVは，水素（H）を空気中の酸素（$O_2$）と結合させて得た電気エネルギーでモーターを駆動させる。結果として，FCVからは水（$H_2O$）が排出されるだけとなる。EVも充電器から供給される電気を利用してモーターを駆動させるため，走行過程で$CO_2$を排出しない。従来の自動車は，石油を内燃機関で燃焼させるため車体から直接$CO_2$を排出するのに対して，FCVやEVは$CO_2$を排出しないことから，ゼロエミッション・ビークル（Zero Emission Vehicle, 以下，ZEV）と呼ばれる。しかし，FCVやEVをZEVと捉えるのは表層的であり，両車両において使用される燃料（水素と電気）の製造過程も踏まえて$CO_2$排出量を考える必要がある。"Well to Wheel"（井戸・油田から車輪まで，以下，WtW）という視点であり，これに基づいて自動車を駆動した際に排出される$CO_2$量が計算される（図表10－7）。

　FCVやEVが走行時に$CO_2$を排出しないとしても，実際には，水素や電気の製造過程で$CO_2$が排出されている。WtWの視点を理解するために，単純化した例に基づいてこのことを考えてみる。例えば，1km走行するのに1kWhの電力量を必要とするEVがあり，供給される電気は火力発電（天然ガス）によって供給されることにする。天然ガス火力で1kWhを発電する際の$CO_2$発生量は599グラムであることから（関西電力HP），このEVは走行1kmあたり599g

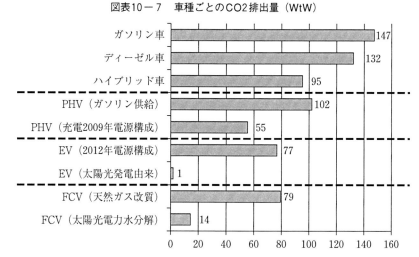

図表10－7　車種ごとのCO2排出量（WtW）

※：単位はg-$CO_2$/km。
出所：ダイヤモンド・ビジネス企画編・著，2016，15ページの図表を加筆修正。
原出所：温室効果ガスインベントリオフィス「日本の温室効果ガス排出量データ（1990～
　　　2014年）確報値」2016年。

のCO2を排出（g-$CO_2$/km）していると実質的に見なされる。このようにエネルギー起源まで遡ると，EVはZEVとは見なせないことが分かるであろう。

　WtWに基づいて車種ごとにCO2排出量を見ていくと，ガソリン車が147グラム，ディーゼル車が132グラム，HVが95グラムという数値になっている（図表10－7）。近年では，燃費の良さからHVが普及しているが，CO2排出量に関しては劇的に削減されてはいない。ついで，プラグインハイブリッド（Plug-in Hybrid Vehicle, 以下，PHV）について検討する。PHVとは，エンジンとモーターを併用するHVでありながら，充電器からの充電を可能にする大型バッテリーを搭載したEV的特徴を兼ね備えた車種である。WtWに基づいてPHVのCO2排出量を見ると，ガソリン供給のみで走行する一般的なHV状態では102グラム，ガソリン供給に加えて充電（2009年の電源構成）を行って走行する場合には55グラムになる。

　EVについて，2012年の電源構成で電力供給を受けると仮定すると，WtW
に基づく$CO_2$排出量は77グラムとなる。化石燃料に依存する発電割合が78.8%
(2017年)を占めており，発電過程でそれらを燃焼せざるを得ない[14]。つまり
EVを実質的なZEVにするには，供給電力を再エネ由来の電源に移行する必要
があるのである。また，FCVは走行中に水しか排出しないが，燃料源である
水素は天然ガスを改質して製造されるためその過程で$CO_2$が排出される[15]。
このことからWtWでFCVを捉えると，$CO_2$排出量は79グラムとなっている。
つまりFCVにおいても，太陽光発電の電力を用いて水を電気分解するなど再
エネに基づく水素製造が求められているのである。再エネを利用した水素製造
の研究開発が進められているが，太陽光などを用いた場合には，水素への変換
効率が低くなりエネルギーを無駄にしてしまうと指摘されている（スマートジャ
パンHP）。

　このような課題に加えて，EVやFCVの車種数や販売台数の少なさが，各自
動車メーカーの国内販売台数内訳から如実に見ることができる（図表10−8）。
現在，日本における自動車の主要メーカーは8社[16]であり，軽自動車を除く
乗用車販売台数（2018年）はトヨタの150万3,197台を筆頭に，日産の41万
4,129台，ホンダの36万3,565台と続き8社合計では278万1,797台となってお
り，総車種数は135に及んでいる。しかし，EVとFCVの車種数については，
トヨタが1，日産が2，ホンダが1，三菱が1の合計5車種と少ない。その総
販売台数も1万7,960台（2017年）に留まっており，国内総販売台数の約1.2%
を占めるに過ぎない。しかも，EV・FCVの販売台数の内訳では，日産のリー
フが1万6,925台と94.2%を占めることから，実質的に普及しているZEVはリー
フのみであり，今後は車種数の拡充が求められている。そのためには，購入
可能な価格，航続距離の伸長，走行性能などの技術的な側面に加えて，充電器
や水素ステーションの設置などインフラ整備が必要になってくる。

　自動車の側面から低炭素化，そしてクリーン・エコノミーの達成に寄与する
には，自動車の燃費を改善して$CO_2$排出量を低減させるだけでなく，$CO_2$を
排出しないEVとFCVの普及促進が必要になる。しかし，化石燃料に基づく電

図表10−8　日本の自動車メーカーの国内販売台数内訳

| 自動車<br>メーカー | 乗用車<br>販売台数 | 車種数 | EV・FCV<br>車種数 | EV・FCV<br>販売台数 |
|---|---|---|---|---|
| トヨタ | 1,503,197 | 46 | 1 | 766 |
| 日　産 | 414,129 | 26 | 2 | 16,925 |
| ホンダ | 363,565 | 16 | 1 | 78 |
| マツダ | 179,277 | 10 | 0 | 0 |
| スズキ | 123,285 | 8 | 0 | 0 |
| SUBARU | 119,330 | 12 | 0 | 0 |
| 三　菱 | 43,802 | 13 | 1 | 191 |
| ダイハツ | 35,212 | 4 | 0 | 0 |
| 合　計 | 2,781,797 | 135 | 5 | 17,960 |

※1：乗用車販売台数は2018年（1−12月），EV・FCV販売台数は2017年（1−12月）
　　　のもの。

※2：トヨタの車種数にはレクサスも含む。

※3：EV・FCV車種は，トヨタのミライ，日産のリーフとe-NV200，ホンダのクラリティ
　　　FC，三菱のi-MIEVとなっている。
　　　しかし，e-NV200の販売台数は不明であったため，日産のEV・FCV販売台数はリー
　　　フのみの数値である。

出所：日本自動車販売協会連合会HP（乗用車販売台数）；自動車各社HP（車種数）；House
　　　to House HP（FCV販売台数）；日本自動車販売協会連合会（2018），152〜153ペー
　　　ジに基づき作成。

力と水素の供給では，WtWの観点から完全なZEVにならないため，再エネに
基づく車両へのエネルギー供給が同時に求められる。自動車という運輸部門に
おける$CO_2$排出削減に注目が集まっているが，その達成にはEVやFCVを普及
させるだけでなく，$CO_2$を排出しないエネルギーの製造と供給をセットで考え
るべきなのである。

## 第5節　おわりに

　本章では，経済発展と環境保護・保全の両立を目指すクリーン・エコノミーについて検討してきた。クリーン・エコノミーとは，環境に配慮した経済活動であり人々のQOL向上に貢献するものである。近年では，これを達成するためにGHGとくに$CO_2$排出量を削減する低炭素社会・経済の構築が求められている。そしてIPCCの報告書以降，国連を中心にGHG排出削減に向けた様々な取り組みが行われており，現在ではパリ協定に基づいた2020年以降の枠組みがつくられている。

　このような背景を踏まえ，世界各国の$CO_2$排出量について，GDPとそれとの関係について環境効率の側面から捉えてみた。その結果，アメリカや日本などの先進工業国の環境効率が高いのに対して，経済発展著しい中国やインドなどの発展途上国の環境効率が低いことが示された。各国の発電における電源構成では，発展途上国では石炭を中心とする化石燃料への依存度合が高いのに対して，先進工業国では天然ガスや再エネの占める割合が高くなっている。クリーン・エコノミーの実現には，再エネの割合を高めることが重要であるが，日本の再エネについては，全電源構成の8.1%を占めているに過ぎない。震災以前には，$CO_2$の削減を原子力発電に依存していたからであり，再エネの割合を高めることが喫緊の課題となっている。そのためにFITを創設して事業者への収入が確保されているものの，日本における再エネでは，太陽光に偏っているため再エネ内でのバランスが重要になっている。

　最後に企業の役割として，トヨタに注目して自動車業界の取り組みを検討した。クリーン・エコノミーを実現するCSRは，①事業活動による$CO_2$排出削減，②低炭素化に貢献する製品・サービス開発，③ステークホルダーとの協働の側面から捉えられる。①では，製品の開発段階におけるEMS構築や輸送の効率化など，②では，HV，PHV，FCVの販売台数と比率の上昇，③では，創エネや地域コミュニティ基盤の活動などが見て取れた。自動車業界としてクリ

ーン・エコノミーを達成するには，EVとFCVの拡充が必要であるが，現状の販売車種数は5車種であり，全体に占める販売台数の割合も1.2%に過ぎない。さらに，それら車種に供給する電気や水素の製造段階からの$CO_2$排出量をゼロにしなければならない。自動車それ自体と，それに供給するエネルギー製造の双方において，$CO_2$ゼロの仕組みづくりが必要なのである。

　このように世界や各国レベルに加えて，企業・事業者といったミクロ・レベルの双方において，クリーン・エコノミーを目指す取り組みが行われている。本章では，$CO_2$排出量削減という低炭素社会・経済の観点から考察を進めたが，化学物質や不法投棄などによる環境汚染，森林伐採や埋め立てなどから生じる環境破壊を防ぐことも，クリーン・エコノミーの確立に必要なことに論を俟たない。環境を保護・保全しつつ経済活動を活発にするには，多大なる努力が求められることになり，このことは，一般的には経済発展の制約要因と認識されてきた。しかし，経済発展と環境汚染の拡大との間には明確な関係性が無く，むしろ環境維持に取り組むことが，長期的な経済成長に対してプラスの影響を及ぼすとさえ指摘されている（Grossman and Krueger, 2017）。経済と環境は，一方を優先させると他方が犠牲になるトレードオフ（trade-off）ではなく，両者の両立が可能な関係にある。このような意味から，クリーン・エコノミーとは理念的なコンセプトではなく，極めて実現可能性の高い経済と企業経営の在り様だと考えられる。また，私たち人間が今後とも安定した環境と社会の下でQOLを維持・向上させていくためにも，クリーン・エコノミーは達成しなければならない必須の課題事項なのである。

## 【注】

（1）環境に配慮した経済概念として「グリーン・エコノミー」（green economy）といった名称も見られる（Kolenc, 2011）。

（2）$CO_2$のほかにメタン（$CH_4$）や一酸化二窒素（$N_2O$）などがGHGに含まれるが，$CO_2$の排出割合が全体の76.0%を占めている（気象庁HP）。

（3）IPCCの第1次報告書については，環境省HPを参照のこと。

（4）京都議定書に関する記述では，Sustainable Japan HPを参照している。

（5）バイオマスは，木材廃材や農業残渣などを燃焼・ガス化して発電するため，その過程で$CO_2$が排出される。しかし，木材や農作物などの成長過程における$CO_2$吸収を考慮して，その排出量はゼロという取り扱いになる。

（6）中小の水力発電が再エネに位置づけられFITの対象となっているが，ここでは中小水力とダム・大河などの大型水力も加えて「水力」と表示している。

（7）FIT以外の仕組みとして，エネルギー使用に税金を課す環境税や炭素税，各事業所にGHGの排出枠を設定して取引する排出量取引制度などがヨーロッパで進展している。

（8）kWとkWhの違いは以下の通りである。kW（電力）とは，出力できる電力の大きさを示しているのに対して，kWh（電力量）とは，時間との関係から出力した電力の量を示している（北海道電気保安協会HP）。例えば，出力1,000kWの太陽光発電を2時間稼働すると，2,000kWh（1,000kW×2h）となる。

（9）メガソーラーの導入事例は，新聞や雑誌記事などから知ることができる。例えば，『日経エコロジー』2016年12月号，『河北新報朝刊』2018年11月30日を参照のこと。

（10）震災後にはメガソーラー建設が相次いでおり，大規模森林開発による景観破壊や土砂崩れなどを懸念して，発電出力4万kW以上の発電所へのアセスメント義務化方針を環境省が決定している（『日本経済新聞朝刊』2019年1月16日）。

（11）環境経営度調査の詳細については，『日本経済新聞朝刊』（2018年1月21）を参照のこと。

（12）トヨタの環境への取り組みについては，同社の「環境報告書2018」に基づいて記述している。

（13）エネルギー起源$CO_2$とは，事業所における①石油や石炭などの燃料燃焼で排出される$CO_2$と，②他事業所から供給される電気・熱を使用した際に，他事業所がそれらを創り出すために排出した$CO_2$の量を示している。②については，他事業所が直接的には$CO_2$を排出しているのだが，その排出の根本要因を電力や熱を供給され使用した側に求めているのである。

（14）PHVのほうが，EVよりもWtWが低くなっているが，前者には2009年の電源構成，後者には2012年の電源構成を用いているため，このような逆転現象が生じていると考えられる。2009年時点では原発が稼働していたのに対して，2012年にはそれが稼働を停止し，化石燃料に極端に依存する電源構成になっていたからである。同一の電源構成からの供給を考えれば，EVのほうが，PHVよりもWtWが低くなると想定される。

（15）天然ガスから水素を製造するには，それに含まれるメタンを水蒸気と化学反応させて水素を取り出すが，その際に一酸化炭素と$CO_2$が発生する（水素エネルギーナビHP）。

（16）これら8社間には，資本出資や技術提携に基づいたグループが形成されている場合がある。例えば，日産と三菱はルノー（仏）からの資本出資に基づくグループを形成しているし，ダイハツはトヨタの完全子会社となっている。ここでは，そのような関係を捨

象していることに留意されたい。

## 【参考文献】

資源エネルギー庁「エネルギー白書2018」2018年，1〜354ページ（http://www.enecho.
meti.go.jp/about/whitepaper/2018pdf/whitepaper2018pdf_2_1.pdf）。

総務省統計局「世界の統計2018」2018年，1〜280ページ
（https://www.stat.go.jp/data/sekai/pdf/2018al.pdf）。

ダイヤモンド・ビジネス企画編・著『4Rの突破力―再利用電池で実現する低炭素社会―』ダ
イヤモンド社，2016年。

トヨタ自動車「環境報告書2018―トヨタ環境チャレンジ2050に向けて―」2018年，1〜68ペ
ージ（https://www.toyota.co.jp/jpn/sustainability/report/archive/er18/pdf/er18_full.
pdf）。

西岡秀三『低炭素社会のデザイン―ゼロ排出は可能か―』岩波新書，2011年。

日本自動車販売協会連合会『自動車統計データブック2018年版』日本自動車販売協会連合会，
2018年。

「再エネビジネス『本番』」『日経エコロジー』2016年12月号，2016年，22〜34ページ。

『河北新報朝刊』2018年11月30日・9面「宮城・加美にメガソーラー」，12月28日・20面
「風力建設 中止を要望」，2019年2月9日・22面「計画撤回求め住民団体要望書」。

『日本経済新聞朝刊』2018年1月21日・7面「環境経営度ランキング，本社調査」，9月6
日・2面「大規模太陽光，『入札制』足踏み」，2019年1月16日・34面「環境アセス基
準 4万キロワットに」。

Cohen, S., "Democratic Grassroots Politics and Clean Economic Growth," *Journal of
International Affairs*, Vol.71 No.1, 2017, pp.103-116.

Grossman, G. and A. Krueger, "Economic Growth and the Environment," *The Quarterly
Journal of Economics*, Vol.110 No.2, 1995, pp.353-377.

Kolenc, V., "A Little Green: El Paso near Smallest of 'Clean' Economies," *El Paso Times*, 13
July 2011.

## 【ホームページ】

House to House　2019年4月19日アクセス
　　http://house-to-house.car.coocan.jp/fcv.html

Sustainable Japan　2019年2月14日アクセス
　　https://sustainablejapan.jp/2017/08/07/kyoto-protocol/27771

海外電力調査会　2019年2月8日アクセス
　　　https://www.jepic.or.jp/data/

環境省（IPCC第1次報告書）　2019年2月14日アクセス
　　　http://www.env.go.jp/earth/ondanka/ipccinfo/IPCCgaiyo/report/IPCChyoukahouko
　　　kusho1.html

環境省（日本の約束草案）　2019年2月14日アクセス
　　　https://www.env.go.jp/earth/ondanka/ghg/2020.html

関西電力（LNG発電CO2量）　2019年3月1日アクセス
　　　https://www.kepco.co.jp/energy_supply/energy/nuclear_power/nowenergy/need.html

関西電力（小水力発電）　2019年2月18日アクセス
　　　https://www.kepco.co.jp/sp/energy_supply/energy/newenergy/about/learn/qa5.html

気象庁（温室効果ガス）　2019年2月6日アクセス
　　　https://www.data.jma.go.jp/cpdinfo/chishiki_ondanka/p04.html

気象庁（世界の年平均気温）　2019年2月12日アクセス
　　　https://www.data.jma.go.jp/cpdinfo/temp/an_wld.html

経済産業省（太陽光・風力発電コスト）　2019年2月15日アクセス
　　　http://www.meti.go.jp/shingikai/santeii/pdf/025_01_00.pdf#search

経済産業省（パリ協定）　2019年2月14日アクセス
　　　http://www.meti.go.jp/policy/energy_environment/global_warming/global2/pdf/
　　　UNFCCC.pdf

原子力資料情報室　2019年2月20日アクセス
　　　http://www.cnic.jp/7795

資源エネルギー庁（固定買取価格制度）　2019年2月19日アクセス
　　　http://www.enecho.meti.go.jp/category/saving_and_new/saiene/kaitori/kakaku.html
　　　#h28

資源エネルギー庁（再生可能エネルギー概要・世界の電源構成・化石燃料依存度）　2019年
　　　2月8日アクセス
　　　http://www.enecho.meti.go.jp/category/saving_and_new/saiene/renewable/outline/

資源エネルギー庁（太陽光発電）　2019年2月13日アクセス
　　　http://www.enecho.meti.go.jp/category/saving_and_new/saiene/renewable/solar/
　　　index.html

資源エネルギー庁（地熱発電）　2019年2月18日アクセス
　　　http://www.enecho.meti.go.jp/category/saving_and_new/saiene/renewable/geother
　　　mal/index.html

資源エネルギー庁（バイオマス発電）　2019年2月19日アクセス

http://www.enecho.meti.go.jp/category/saving_and_new/saiene/renewable/biomass/index.html

資源エネルギー庁（風力発電）　2019年2月15日アクセス

http://www.enecho.meti.go.jp/category/saving_and_new/saiene/renewable/wind/index.html

ジャパン・フォー・サステナビリティ　2019年2月13日アクセス
　　https://www.japanfs.org/ja/news/archives/news_id035667.html

新エネルギー・産業技術総合開発機構　2019年2月15日アクセス
　　https://www.nedo.go.jp/library/fuuryoku/state/1-01.html

水素エネルギーナビ　2019年3月2日
　　http://hydrogen-navi.jp/technology/manufacture.html

スマートジャパン　2019年3月1日アクセス
　　https://www.itmedia.co.jp/smartjapan/articles/1509/24/news065.html

全国地球温暖化防止活動推進センター　2019年2月6日アクセス
　　http://www.jccca.org/chart/chart03_01.html

中国電力　2019年2月8日アクセス
　　http://www.energia.co.jp/kids/kids-ene/learn/environment/ CO2.html

日経ビジネス　2019年2月11日アクセス
　　https://business.nikkei.com/atcl/report/16/061600046/061600001/

日本自動車販売協会連合会　2019年3月3日アクセス
　　http://www.jada.or.jp/

日本小水力発電　2019年2月18日アクセス
　　http://www.smallhydro.co.jp/products/suisya.html

北海道電気保安協会　2019年2月20日アクセス
　　https://www.hochan.jp/knows/

# 第11章
# スマートシティの特徴と課題
## ―スマートシティ構築政策の視点から―

## 第1節　スマートシティとは

　世界的な人口増加と都市部への人口集中が進展している。世界人口に占める都市人口の割合を示す都市化率は1950年（約25億人）の30％（約7,500万人）から2019年（約77億人）の55％（約42億3,500万人）へと増大しており，さらに2050年（約97億人）には66％（約64億200万人）に達すると予測されている[1]。各都市が抱える問題と何を優先すべきかはそれぞれ異なるが，都市化率の上昇に伴い，失業者の増加と飢餓・貧困の深刻化，スラム街の巨大化，廃棄物による公害・汚染問題，都市部におけるエネルギー消費の増大と温室効果ガス（GHG; greenhouse gas）排出量の増加による気候変動の促進，交通渋滞の慢性化と交通事故の多発化，郊外の無秩序な拡大による生態系の破壊などが既に世界中で見られるようになっている。これらの問題に対応することによって人々の生活の質（QOL; quality of life）を向上し経済を発展させるために，都市空間の整備や管理方法の変革が必要である。環境・社会・経済のトリプル・ボトム・ラインの発展を実現し得る持続可能な社会の構築が課題であり，そのあり方の1つとして，スマートシティが注目されている。

　スマートシティとはモノのインターネット（IoT; Internet of Things）による社会インフラのスマート化[2]が進んだ都市や地域のことであるが，スマートコミュニティ，スマートタウンなどとの違いが不明瞭であり，その定義は必ずしも明確化されていない。たとえば，国土交通省によれば，スマートシティとは

「都市の抱える諸課題に対して，ICT等の新技術を活用しつつ，マネジメント（計画，整備，管理・運営等）が行われ，全体最適化が図られる持続可能な都市または地区」[3] であるという。2014年に閣議決定された日本のエネルギー基本計画は「様々な需要家が参加する一定規模のコミュニティの中で，再生可能エネルギーやコージェネレーションシステムといった分散型エネルギーを用いつつ，IoTや蓄電池制御等の技術を活用したエネルギーマネジメントシステムを通じて，地域におけるエネルギー需給を総合的に管理し，エネルギーの利活用を最適化するとともに，高齢者の見守りなど他の生活支援サービスも取り込んだ新たな社会システム」[4] をスマートコミュニティと定義している。経済産業省が2017年に作成した『スマートコミュニティ事例集』では，「柏の葉スマートシティ」や「芝浦二丁目スマートコミュニティ」および「Fujisawaサステイナブル・スマートタウン」などが紹介されている[5]。これらのことから，都市，地域社会，街のどれをスマート化の対象にするのかという政策上の目的に応じて，スマートシティ，スマートコミュニティ，スマートタウンという用語が使い分けられる場合がある一方で，一地区のスマート化という現象面の共通性に注目して，これらの用語を同義語として使用する場合があることがわかる。本章では，便宜的に主としてスマートシティという用語を用いることとし，スマートコミュニティとスマートタウンという用語はスマートシティという用語と置換可能な同義語として使用することにする。

　以上のような認識のもとに，本章では，欧州，アメリカ，およびASEANにおけるスマートシティ構築政策を概観し，スマートシティの特徴と期待される機能，および課題を検討する。

## 第2節　欧州，アメリカ，日本とASEANにおける　　　スマートシティとその構築政策

### 1．欧州におけるスマートシティ

　スマートシティ構築の世界的潮流は，2007年のEU首脳会議で採択された

「エネルギー・気候変動政策パッケージ」から始まったといわれている。この政策パッケージは，エネルギー分野におけるEUの競争力と持続可能性（sustainability）および供給安全保障を基本路線にしながら「EU20-20-20」という2020年までの中期目標を設定している。この中期目標は，2020年までに①GHG排出量を1990年度比で20％削減する，②最終エネルギー消費に占める再生可能エネルギーの割合を20％に引き上げる，③省エネ化を図り，エネルギー効率を20％向上する，という3つの目標をEU加盟国に義務付けるものである。現状では，2030年までの中期目標も設定されており，①'GHG排出量を1990年度比で少なくとも40％削減，②'最終エネルギー消費に占める再生可能エネルギーの割合を少なくとも32％に引き上げること，③'省エネ化を図り，エネルギー効率を少なくとも32％向上することをEUは目指すという[6]。2011年に欧州委員会は，「低炭素経済ロードマップ2050」を発表し，2050年までにGHG排出量を1990年度比で80％から95％削減するという長期目標を設定している[7]。これらの長期目標と中期目標を達成するために，EU域内の排出量取引制度，森林・土地利用によるGHGの吸収・排出量抑制などのカーボン・オフセット政策と，スマートシティ政策を組み合わせることが不可欠であるという[8]。

　ウィーン工科大学が提起し，EUの地方首長連合体（CEMR; Council of European Municipalities and Regions）が採択しているスマートシティのコンセプトは，smart economy, smart mobility, smart environment, smart people（またはsmart learning），smart living, smart governanceという6つの中核概念から構成される。すなわち，EU（加盟国）にとって，スマートシティとは交通，教育，環境，生活，行政のスマート化を手段としてQOLの向上と経済発展を目指す都市である。このコンセプトに基づいてEU域内の各都市が，省エネ化，低炭素化，スマート化を目的とする建物の省エネ技術，電気自動車，再生可能エネルギーの導入等の施策を進めている[9]。EUでは，エネルギー問題と気候変動問題に対応するだけでなく，QOLの向上と経済発展も同時に追求する持続可能な都市（sustainable city）としてのスマートシティの開発が試みられている。

## ２．アメリカにおけるスマートシティ

　アメリカにおけるスマートシティへの注目は，民主党のバラク・フセイン・オバマ２世（Barack Hussein Obama Ⅱ）が2009年１月に大統領に就任したことを契機としている。オバマ大統領が掲げるグリーン・ニューディール政策は，気候変動対策とエネルギー安全保障を同時に解決するために，GHGを排出しない再生可能エネルギー発電と原子力発電の利用を拡大し，老朽化した送配電網にスマートメーターなどの通信機器を取り入れて再構築を図り，さらにこれらの経済活動を雇用創出につなげるという環境・エネルギー・雇用政策である。その中心にある計画は送配電網の再構築と効率的活用を目的とするスマートグリッドの普及であり，再生可能エネルギー，スマートハウス，電気自動車の導入はその付随的要素として位置付けられた。アメリカではスマートグリッドを中核技術とする，環境・エネルギー・雇用対策としてのスマートシティが注目されている。

　2011年以降，アメリカ国内ではシェールガスとシェールオイルの掘削コストが低下し，その国内生産量が飛躍的に増大したため（シェール革命），化石燃料とその経済効果に注目が集まった。また福島第一原子力発電所事故の影響から原子力発電に対する投資の魅力が低下した。再生可能エネルギー発電と原子力発電およびスマートグリッドを手段とするグリーン・ニューディール政策は存亡の危機を迎えるが，オバマ大統領はスマートシティ・イニシアティブを2015年９月に創設し，2016年９月に同イニシアティブを強化した。これによって，地球温暖化，交通・運輸，公共安全，都市サービスの変容などを目標とする70以上のスマートシティ関連事業に対して合計2億4000万米ドルの投資を行っている。

　2017年１月に大統領に就任した共和党のドナルド・ジョン・トランプ（Donald John Trump）大統領は，グリーン・ニューディール政策をはじめとする気候変動対策はアメリカ経済の成長と雇用に悪影響を与えると批判している。このような状況下で，2019年４月，ニューヨーク州ニューヨーク市は気候変動対策計画として「ニューヨーク市グリーン・ニューディール計画

(NYC's Green New Deal)」を発表した。同市は，パリ協定を遵守するために2030年までにGHG排出量を30％削減することを目標とし，市内の全ての大型建築物に対してGHG排出量削減の義務，新規ガラス建築の禁止，市内の電力の100％クリーン化を計画している。この計画により，再生可能エネルギーの利用拡大と建築物改修による数万人の雇用創出が見込まれている。同市は，この計画を実行するために140億ドルの投資と法整備を行う予定である。このようなニューヨーク市の都市計画は，オハイオ州コロンバス市のスマート交通システム，イリノイ州シカゴ市の市民参加型の都市問題解決プラットフォーム，カリフォルニア州サンフランシスコ市のQOL向上を目的とする行政活動のオープンデータ化などとならんで，スマートシティの取り組みの1つとして注目されている[10]。国家の枠を超えて域内全体で中・長期目標を設定し一貫してスマートシティの構築に取り組むEUとは違って，アメリカにおけるグリーン・ニューディール政策およびスマートシティ政策に対する評価と取り組みはその時々の政権次第である。しかし，それらの政策のコンセプトは地方都市のスマートシティ構築計画に継承されているようである。

## 3．日本におけるスマートシティ

　日本におけるスマートシティへの取り組みは，経済産業省の統括の下2011年4月から2015年3月にかけて実施された「次世代エネルギー・社会システム実証事業」から始まったと一般的にいわれている。しかし，日本の都市政策の系譜を辿ると，内閣府地方創生推進事務局による統括の下，2008年から開始されている「環境モデル都市」政策と2010年6月に閣議決定された「新成長戦略」の1つである「環境未来都市」構想から，2018年以降の「SDGs未来都市」政策および「自治体SDGsモデル事業」に至るまで，スマートシティ政策が継続的に取り組まれてきたことがわかる。

　環境モデル都市とは低炭素社会の実現に向けて先駆的な取り組みを実践している都市である。より具体的には，地域資源を最大限に活用し，主体間の垣根を超えた取り組みにより，低炭素化と持続的発展を両立する地域モデルの実現

を目指す都市である。日本政府は2008年度に13都市，2012年度に 7 都市，2013年度に 3 都市の合計23都市を選定している（図表11－1 を参照）。環境未来都市とは，環境モデル都市のコンセプト（＝低炭素社会の実現）に基づいて環境問題と高齢化社会に対応することにより，環境価値（低炭素・省エネルギー，水・大気，自然環境・生物多様性，3R「発生抑制，再利用，再資源化」等），社会的価値（健康・医療，介護・福祉，防災，子育て・教育等），経済的価値（雇用・所得の創出，観光，新産業，産学官連携等）という 3 つの価値の創出に対して優れた取り組みを実践している都市である。図表11－2 は「環境未来都市」構想推進協議会[11]が2011年に選定した11の環境未来都市を示している。「新成長戦略」の 1 つである「環境未来都市」構想は，スマートグリッド，再生可能エネルギー，次世代自動車を組み合わせた都市のエネルギーマネジメントシステムの構築，事業再編や関連産業の育成，再生可能エネルギーの総合的な利用拡大等の施策を，環境モデル都市等から厳選された戦略的都市・地域に集中投入する戦略である[12]。すなわち，環境モデル都市のコンセプトに基づく環境未来都市を開発することは，欧米のスマートシティと同じ要素技術に対する投資によっている。このことから，新成長戦略の 1 つである「環境未来都市」構想は環境モデル都

**図表11－1　環境モデル都市に選定されている23都市**

| 2008年度選定；北海道帯広市，北海道下川町，富山県富山市，東京都千代田区，神奈川県横浜市，長野県飯田市，愛知県豊田市，京都府京都市，大阪府堺市，高知県梼原町，熊本県水俣市，福岡県北九州市，沖縄県宮古島市。 |
|---|
| 2012年度選定；茨城県つくば市，新潟県新潟市，岐阜県御嵩町，兵庫県神戸市，兵庫県尼崎市，岡山県西粟倉村，愛媛県松山市。 |
| 2013年度選定；北海道ニセコ町，奈良県生駒市，熊本県小国町。 |

出所：「環境未来都市」構想推進協議会ホームページを参考にして筆者作成。

**図表11－2　環境未来都市に選定されている11都市**

| 北海道下川町，岩手県気仙広域，宮城県岩沼市，宮城県東松島市，福島県新地町，福島県南相馬市，富山県富山市，神奈川県横浜市，千葉県柏市，福岡県北九州市。 |
|---|

出所：同上。

市と環境未来都市を一体化して進める投資戦略であり，その内実は欧米におけるスマートシティ開発と同義である。

このようなスマートシティ開発が試みられる一方で，経済産業省は2009年11月に「次世代エネルギー・社会システム協議会」を設置し，「日本版スマートグリッド」と「スマートコミュニティ」の検討を開始した。2010年1月，同協議会は，日本版スマートグリッドを「再生可能エネルギーが大量に導入されても実現する強靱な電力ネットワークと地産地消モデルが相互補完する」ものと定義し，スマートコミュニティとは「スマートグリッドを基盤として，電気の有効活用に加え，熱の有効活用を行うとともに，交通システムや都市計画も含め，地域の人々のライフスタイルにまで視野を広げる」ものであるとした。上記の日本版スマートグリッドについて，同協議会は2013年に再検討を行い，「再生可能エネルギーを需要家サイドで無駄なく効率的に活用し，系統への負荷を低減する」システムと再定義している。同協議会は2010年4月に応募のあった19地域の中から4地域を選定し，2011年4月から2015年3月にかけて次世代エネルギー・社会システム実証事業を実施した。図表11－3は同実証事業の概要を示している。

同図表からもわかるように，同実証事業は，再生可能エネルギー，コージェネレーションシステム，次世代自動車，蓄電池，省エネ建築物，スマートグリッド，デマンドリスポンスを要素技術とするスマートシティの実証事業である。同実証事業により，①各要素技術のコストが高いこと，②地域内でエネルギーを融通しあうためのコストが高いこと，③ランニングコストを回収し得るビジネスモデルの構築，④スマートシティ全体の推進役の不在，⑤エネルギー事業者等の専門企業の参加，⑥需要家側のメリットなどの課題が発見された。経済産業省によれば，これらの課題を解決するためにアグリゲーション・ビジネスと地産地消型エネルギー・システムの展開が必要であるという。現在，これらのビジネスやシステムの構築・普及が産官学連携により検討されている。

次世代エネルギー・社会システム実証事業が終了した直後の2015年9月，国連サミットで「持続可能な開発目標」（SDGs; sustainable development goals）

図表11－3　次世代エネルギー・社会システム実証事業の概要

| 地　域 | 主な参加企業 | 事業名・主な実証内容 |
|---|---|---|
| 福岡県<br>北九州市 | 新日鐵住金<br>富士電機ほか | 事業名：北九州市スマートコミュニティ創造事業 |
| | | 実証内容：熱電併給（コージェネレーション）システムをベースロード電源と見立てて，需要家180戸において，需給状況に応じて電力料金を変動させるダイナミックプライシングを実施。 |
| 京都府<br>けいはんな<br>学研都市 | 関西電力<br>三菱電機<br>三菱重工ほか | 事業名：「次世代エネルギー・社会システム」実証プロジェクト |
| | | 実証内容：①住宅約700戸を対象とし，系統状況に応じて需要サイドで追従を行う。②家庭部門のより一層の省エネに向けた電力会社による省エネコンサルティングを実施。 |
| 愛知県<br>豊田市 | トヨタ自動車<br>中部電力ほか | 事業名：『家庭・コミュニティ型』低炭素都市構築実証プロジェクト |
| | | 実証内容：①創エネ，蓄エネ機器を導入した67戸の新築住宅を中心とし，地産地消を行う。②暮らしの中における次世代自動車を含む次世代交通システム。 |
| 神奈川県<br>横浜市 | 東　芝<br>東京電力ほか | 事業名：横浜スマートシティプロジェクト |
| | | 実証内容：住宅約4,000戸，大規模ビル等約10棟を対象。大型蓄電池等を統合的に管理することで，仮想的に大規模発電所と見立てる。 |

出所：経済産業省資源エネルギー庁省エネルギー・新エネルギー部 2016年，および内閣府
　　　地方創生推進事務局ホームページを参考にして筆者作成。

が採択され，2030年までに人類社会が解決しなければならない17の目標が提示された[13]。日本では，国際社会への対応として，内閣府地方創生推進事務局の統括の下，地方創生に資するSDGs未来都市と自治体SDGsモデル事業を公募・選定し，補助金による支援を行い，日本版SDGsの成功モデルを国際的に発信するという施策を展開している。この施策は2018年から毎年行われている。SDGs未来都市とは地方公共団体におけるSDGsの達成に向けた優れた取り組みを行っている都市であり（図表11－4を参照），その中でも特に先導的な取り組みは自治体SDGsモデル事業に選定される（図表11－5を参照）。

　図表11－5からもわかるように，SDGsはスマートシティだけでなく，生活に必要な機能（商業地や行政サービス等）を近接した空間に集めた効率的で持続可

図表11−4　2018年度と2019年度のSDGs未来都市

| 2018年度（29都市） |
| --- |
| 北海道，北海道札幌市，北海道ニセコ町，北海道下川町，宮城県東松島市，秋田県仙北市，山形県飯豊町，茨城県つくば市，神奈川県，神奈川県横浜市，神奈川県鎌倉市，富山県富山市，石川県白山市，長野県，静岡県静岡市，静岡県浜松市，愛知県豊田市，三重県志摩市，大阪府堺市，奈良県十津川村，岡山県岡山市，岡山県真庭市，広島県，山口県宇部市，徳島県上勝町，福岡県北九州市，長崎県壱岐市，熊本県小国市 |
| 2019年（31都市） |
| 岩手県陸前高田市，福島県郡山市，栃木県宇都宮市，群馬県みなかみ町，埼玉県さいたま市，東京都日野市，神奈川県川崎市，神奈川県小田原市，新潟県見附市，富山県，富山県南砺市，石川県小松市，福井県鯖江市，愛知県，愛知県名古屋市，愛知県豊橋市，滋賀県，京都府舞鶴市，奈良県生駒市，奈良県三郷町，奈良県広陵町，和歌山県和歌山市，鳥取県智頭町，鳥取県日南町，岡山県西粟倉村，福岡県大牟田市，福岡県福津市，熊本県熊本市，鹿児島県大崎町，鹿児島県徳之島町，沖縄県恩納村 |

出所：内閣府地方創生推進事務局ホームページを参考にして筆者作成。

　能な都市を意味するコンパクトシティ，サーキュラー・エコノミー[14]，シェア・エコノミー，エンパワメントに代表される人権問題への対応など，多様な社会的課題に対する対策を促進する機能を有する。スマートシティの構築はSDGs17目標のうち，目標7「エネルギーをみんなに，そしてクリーンに」，目標11「住み続けられるまちづくりを」，目標13「気候変動に具体的な対策を」に貢献し得る課題であり，各都市の戦略や方法によってはその他の目標にも直接的にかかわる。日本では，地方創生支援の方法としてSDGsを取り入れている。地方創生とSDGsの視点から選定された2018年度と2019年度の20の自治体SDGsモデル事業のうち15事業は再生可能エネルギー関連の事業である。地方創生政策にSDGsの手法を取り入れることによって，環境モデル都市のコンセプト（＝低炭素社会の構築）に基づく環境未来都市（＝日本版スマートシティ）を一層推進し，持続可能な社会の構築を目指すことが日本のスマートシティの課題になっている。

　図表11−1から図表11−5が示すように，福岡県北九州市と神奈川県横浜市は，環境モデル都市，環境未来都市，次世代エネルギー・社会システム実証事業，SDGs未来都市，自治体SDGsモデル事業のすべてに選ばれている。両都市は日本のスマートシティを代表する都市であることがわかる[15]。横浜市

図表11－5　2018年度と2019年度の自治体SDGsモデル事業

| 2018年度自治体SDGsモデル事業 | |
| --- | --- |
| 都　市 | モデル事業名 |
| 北海道ニセコ町* | 環境を生かし，資源，経済が循環する「サスティナブルタウンニセコ」の構築 |
| 北海道下川町* | SDGsパートナーシップによる良質な暮らし創造実践事業 |
| 神奈川県* | SDGs社会的インパクト評価実証プロジェクト |
| 神奈川県横浜市 | "連携"による横浜型「大都市モデル」創出事業 |
| 神奈川県鎌倉市 | 持続可能な都市経営「SDGs未来都市かまくら」の創造 |
| 富山県富山市* | LRTネットワークと自律分散型エネルギーマネジメントの融合によるコンパクトシティの深化 |
| 岡山県真庭市* | 永続的発展に向けた地方分散モデル事業 |
| 福岡県北九州市* | 地域エネルギー次世代モデル事業 |
| 長崎県壱岐市 | Industry4.0を駆使したスマート6次産業化モデル構築事業 |
| 熊本県小国市 | 特色ある地域資源を活かした循環型の社会と産業づくり |
| 2019年度自治体SDGsモデル事業 | |
| 都　市 | モデル事業名 |
| 福島県郡山市* | SDGs体感未来都市こおりやま |
| 神奈川県小田原市* | 人と人のつながりによる「いのちを守り育てる地域自給圏」の創造 |
| 新潟県見附市 | 「歩いて暮らせるまちづくり」ウォーカブルシティの深化と定着 |
| 富山県鯖江市 | 女性が輝く「めがねのまちさばえ」〜女性のエンパワメントが地域をエンパワメントする〜 |
| 京都府舞鶴市* | 『ヒト，モノ，情報，あらゆる資源がつながる"未来の舞鶴"』創生事業 |
| 岡山県西粟倉村 | 森林ファンドと森林RE Designによる百年の森林事業Ver.2.0 |
| 熊本県熊本市* | 熊本地震の経験と教訓をいかした地域（防災）力の向上事業 |
| 鹿児島県大崎町* | 大崎システムを起点にした世界標準の循環型地域経営モデル |
| 沖縄県恩納村* | 「サンゴの村宣言」SDGsプロジェクト |

注：*が付いているモデル事業は再生可能エネルギー関連の開発・普及を含む事業である。
出所：同上。

は，2012年以降，毎年10月末頃をアジア・スマートシティ・ウィーク（ASCW; Asia Smart City Week）と称し，その期間にアジア新興国の市長や国際機関を招いてアジア・スマートシティ会議（ASCC; Asia Smart City Council）を開催している。2019年のASCWでは，第8回ASCCだけでなく，ASEAN議長国のシンガポールの提案により2018年に結成されたASEANスマートシティ・ネットワーク（ASCN; ASEAN Smart City Network）と日本の間での初のハイレベル会合と，内閣府と世界経済フォーラムによるグローバル・スマートシティ・ア

ライアンス（GSCA; Global Smart City Alliance）設立会合も開催された[16]。こ
れらの会議と会合は，スマートシティに関する技術や知見を国際的に共有する
ことを目的としており，横浜をはじめとする日本におけるスマートシティの取
り組みをアジア新興国やG20各国の都市に発信すると同時に，横浜に世界の
スマートシティの知見を集める場になっている。ASCNは，官民連携，都市間の
協力，および域外パートナーからの資金調達等を促進するプラットフォームで
あり，ASEAN10か国を代表するスマートシティ実証都市が参加している[17]。
GSCAは，都市データ，AIやIoT，セキュリティや個人情報などが限られた主
体に独占されることなく適切に扱われるための基本原則やガイドラインの策定
を目的とする都市間ネットワークである。GSCAには，神奈川県横浜市，東京
都，福岡県福岡市，兵庫県神戸市と加古川市，スペインのバルセロナ市，カナ
ダのトロント市などが参加している。再生可能エネルギー，コージェネレーシ
ョンシステム，次世代自動車，蓄電池，省エネ建築物，スマートグリッド，デ
マンドリスポンスといったスマートシティの要素技術の開発と普及だけでな
く，デジタル技術とデジタル情報のマネジメントとグローバル連携が課題にな
っている。

## 第3節　スマートシティの課題

　本章では，スマートシティをIoTによる社会インフラのスマート化が進んだ
都市や地域として捉え，欧米日およびASEANにおけるスマートシティ構築戦
略を概観することによって，スマートシティの特徴と現状を記述してきた。そ
の結果，国や都市を問わず，スマートシティは，再生可能エネルギー，コージ
ェネレーションシステム，次世代自動車，蓄電池，省エネ建築物，スマートグ
リッド，デマンドリスポンスといった要素技術によって構成されていること，
エネルギーの効率的な利用による低炭素化を通じて気候変動問題の解決策とし
て注目されていること，デジタル技術とデジタル情報のマネジメントに関わる
制度設計と国際協力が課題になっていることがわかった。また，EU各国では，

エネルギー問題と気候変動問題に対応することによってQOLの向上と経済発展を追求する持続可能な都市としてのスマートシティの開発が試みられていること，国家の枠を超えて長期目標（2050年目標）や中期目標（2020年目標および2030年目標）を共有し，一貫してスマートシティの構築に取り組んできたことがわかった。アメリカにおけるスマートシティ構築の取り組みは，化石燃料の経済性やその時々の政権の方針によって大きく影響を受けること，現在では地方都市が積極的に計画していることがわかった。日本では，国内外の政治経済の情勢を背景として環境モデル都市，環境未来都市，次世代エネルギー・社会システムモデル事業，SDGs未来都市，自治体SDGsモデル事業と呼称を変えながら，スマートシティの構築は継続的に取り組まれてきたことがわかった。

　各国・地域によるスマートシティ政策の推進，SDGsやパリ協定などの持続可能性に関わる国際政治制度の設定は，自動車，エレクトロニクス，エネルギー，住宅，情報通信などさまざま産業・企業に対して環境経営のビジネス・チャンスを提供している。電気自動車やコネクテッド・カーなどの次世代自動車，高効率給湯器とソーラーパネルおよびスマートメーターによって構成されるコージェネレーションシステム，エネルギー消費の少ないエコハウスなど，スマートシティの要素技術は環境経営を展開する企業が各業界における市場競争のなかで開発・改善してきた製品である。これらの業界における環境経営とエコ・プロダクツの開発状況は，後続する諸章のテーマである。

## 【注】

（1）United Nations（2019），および国際連合広報センター，2019年. を参照。
（2）たとえば，IoTを活用して効率的・効果的な送配電を可能にする電力網をスマート・グリッドというように，スマート化とは，高度な情報処理能力と情報管理能力を搭載し，設備やインフラの効率的・効果的な運用を可能にすることである。
（3）国土交通省都市局 2018年. より引用。
（4）経済産業省ニュースリリース，2017年. より引用。
（5）経済産業省資源エネルギー庁，2017年. を参照。
（6）欧州連合日本政府代表部資料. を参照。

（7）「国際競争力のある低炭素社会へ：EUの新エネルギー戦略」『EU MAG』vol.4, European Union, 2012年5月号（http://eumag.jp/feature/b0512/）を参照。

（8）前掲，欧州連合日本政府代表部資料。

（9）研究プロジェクト「European Smart Cities」のホームページ（http://www.smart-cities.eu/team.html）を参照。

（10）中沢潔，2019年. を参照。

（11）「環境未来都市」構想推進協議会は，2008年12月に低炭素社会の構築に意欲的な自治体と関係団体が参加して設立された「低炭素都市」推進協議会を2012年に発展的に改組した組織である。その目的は，その名称の通り，環境モデル都市のコンセプトに基づきながら高齢化対応を試みる「環境未来都市」構想を推進することにある。「環境未来都市」構想推進協議会ホームページを参照。

（12）「環境未来都市」構想のほかに，新成長戦略は，①「固定価格買取制度」の導入等による再生可能エネルギー・急拡大，②森林・林業再生プラン，③医療の実用化促進のための医療機関の選定制度等，④国際医療交流（外国人患者の受け入れ），⑤パッケージ型インフラ海外展開，⑥法人実効税率引き下げとアジア拠点化の推進等，⑦グローバル人材の育成と高度人材等の受け入れ拡大，⑧知的財産・標準化戦略とクール・ジャパンの海外展開，⑨アジア太平洋自由貿易圏（FTAAP）の構築を通じた経済連携戦略，⑩「総合特区制度」の創設と徹底したオープンスカイの推進等，⑪「訪日外国人3,000万人プログラム」と「休暇取得の分散化」，⑫中古住宅・リフォーム市場の倍増等，⑬公共施設の民間開放と民間資金活用事業の推進，⑭「リーディング大学院」構想等による国際競争力強化と人材育成，⑮情報通信技術の利活用の促進，⑯研究開発投資の充実，⑰幼保一体化等，⑱「キャリア段位制度」とパーソナル・サポート制度の導入，⑲新しい公共，⑳総合的な取引所（証券・金融・商品）の創設の推進を戦略目標と定めている。詳細は，内閣府資料，2010年. を参照。

（13）SDGsの詳細については，本書の第3章を参照。

（14）サーキュラー・エコノミーについては，本書第9章を参照。

（15）北九州市の事例については，山田雅俊，2020年，および山田雅俊，2017年.を参照。

（16）内閣府プレスリリース，2019年. を参照。

（17）具体的には，シンガポール，インドネシア（ジャカルタ，バニュワンギ，マカッサル），ブルネイ（バンダル，スリ，ブガワン），カンボジア（プノンペン，パッタンバン，シェムリアップ），ベトナム（ホーチミン，ダナン，ハノイ），マレーシア（クアラルンプール，クチン，ジョホールバル，コタキナバル），タイ（バンコク，チョンブリー，プーケット），ミャンマー（ヤンゴン，マンダレー，ネピドー），フィリピン（マニラ，セブ，ダバオ），ラオス（ビエンチャン，ルアンパバーン）の10か国27地域である。

# 【参考文献】

欧州連合日本政府代表部資料（https://www.eu.emb-japan.go.jp/files/000492981.pdf）

「環境未来都市」構想推進協議会ホームーページ（http://future-city.jp/pclcc/）

経済産業省資源エネルギー庁『スマートコミュニティ事例集』2017年。（https://www.meti.go.jp/press/2017/06/20170623002/20170623002-1.pdf）

経済産業省資源エネルギー庁省エネルギー・新エネルギー部「次世代エネルギー・社会システム実証事業〜総括と今後について〜」2016年。（https://www.meti.go.jp/committee/summary/0004633/pdf/018_04_00.pdf）

経済産業省ニュースリリース，2017年。（https://www.meti.go.jp/press/20170623002/20170623002.html）

国際連合広報センター「世界人口推計2019年版：要旨10の主要な調査結果（日本語訳）」2019年。（https://www.unic.or.jp/news_press/features_backgrounders/33798/）

国土交通省都市局「スマートシティの実現に向けて【中間とりまとめ】」2018年。（https://www.mlit.go.jp/common/001249774.pdf）

内閣府資料「新成長戦略〜「元気な日本」復活のシナリオ〜」2010年。（https://www5.cao.go.jp/keizai2/keizai-syakai/pdf/seityou-senryaku.pdf）

内閣府地方創生推進事務局ホームページ（https://www.kantei.go.jp/jp/singi/tiiki/kankyo/index.html）

内閣府プレスリリース，2019年。（https://www8.cao.go.jp/cstp/stmain/20190820smartcity.pdf）

中沢　潔「北米（アメリカ・カナダ）におけるスマートシティの取組」『JETROニューヨークだより』日本貿易振興機構，2019年。（https://www.jetro.go.jp/ext_images/_Reports/02/2019/d2934f5bed27bd10/NYdayori_201906.pdf）

ぷれす編「国際競争力のある低炭素社会へ：EUの新エネルギー戦略」『EU MAG』vol.4，駐日欧州連合代表部，2012年5月号。（http://eumag.jp/feature/b0512/）

山田雅俊「日本のSDGsモデルと分散型エネルギー・システムから見る企業経営の課題」日本比較経営学会編『比較経営研究』文理閣，第44号，2020年，63〜81ページ。

山田雅俊「エネルギー産業と環境経営」所　伸之編著『環境経営とイノベーション：経済と環境の調和を求めて』文眞堂，2017年，81〜100ページ。

European Smart Citiesホームページ（http://www.smart-cities.eu/team.html）

United Nations (2019) *World Urbanization Prospects: The 2018 Revision*. （https://population.un.org/wup/Publications/Files/WUP2018-Report.pdf）

# 第12章
# 自動車産業におけるEVシフト戦略

## 第1節　はじめに

　深刻化する大気汚染や$CO_2$による地球温暖化を背景に，自動車に対する規制は年々強まるばかりである。これらの環境問題の解決策の1つとして早くから提案されてきたのが電気自動車（Electric Vehicle: EV）である。EVは車内に搭載された電池を動力として走るため，走行中は有害な$NOx$や$CO_2$を一切排出しない。しかも，車のユーザーにとっては単位走行距離当りの燃料代がガソリン車の約3分の1であること，匂いや騒音がないことなどのメリットがある。

　このようなメリットがあるにもかかわらず，これまでEVの普及が進まなかった理由は，車輌価格が高いこと，1回の充電で走行できる距離が短く，充電にかかる時間が長いこと，充電インフラが十分整備されていないことなどである。そこで，特に日本で開発が進められてきたのがハイブリッド車（Hybrid Electric Vehicle: HEV）である。HEVはエンジンと電池の両方を動力源とする自動車で，$NOx$や$CO_2$の排出を抑えつつ，車輌価格が高いこと，燃料の補給時間が長いことなど，EVの持つ課題を部分的に解消する車である。しかし，このような利点があるもののHEVは，日本以外，特に欧米ではほとんど普及してこなかった。ヨーロッパや中国では，EVの普及を促進する政策を強力に進めているため，今後，世界の自動車産業は急速にEVシフトが進むと予測されている。それは欧米各国がガソリン車やディーゼル車を厳しく規制する一方で，EVに対する補助金などの支援を実施してきたからである。

　ところで，EVの構造はシンプルで，主にモーター，インバーター，電池という3つの主要部品で構成されている。エンジンとそれに関連する部品が不要となるため，従来車と比べ部品点数を3割減らすことができるといわれる。内燃機関をもつ従来車は，トヨタや日産のような組み立てメーカーを頂点としたピラミッド型の下請構造によって支えられてきたのであるが，EVの普及は一部の部品会社の消滅をもたらすだけでなく，ピラミッド型下請構造の解体，再編も招来すると予測されている。

　本章では，中国や欧米で促進されているEVシフトがどの程度の速度で進んでいくのかについて考察していく。

## 第2節　VWの不祥事（ディーゼルゲート）と規制強化

### 1．不祥事の内容

　かつて自動車業界はディーゼルエンジンやガソリンエンジンの燃費を改善することや有害な排ガスを減少させるための環境対応技術の開発を競ってきたが，2015年に自動車開発の流れを激変させる事件が発覚した。

　2015年9月，アメリカ環境保護局（EPA）は，ドイツの自動車メーカーフォルクスワーゲン（VW）がディーゼル車の窒素酸化物（NOx）排出データを偽っていた（ディーゼルゲート）ことを公表した。ヨーロッパのNPOがアメリカの大学に調査を依頼したことによりこの不正が発覚した。

　不正はディーゼル車に搭載されたコンピューターのソフトを用いて行われた。検査室でNOxの排出を検査する場合には，搭載したコンピューターが検査室であることを感知し，NOxの排出量を基準内に抑えるようにエンジンを制御していた。そして，このディーゼル車が実際に路上を走行する時には馬力を上げ，その代わりにNOxを大量に排出するようにエンジンを制御するようなコンピューター・ソフトを組み込んでいたのである。路上走行する際にはハンドル操作やブレーキなどが使用されるが，そうした動作からこのソフトが路上走行であるのかそれとも検査室なのかを判別し，エンジンを制御していたの

である。

　大きな馬力とNOx排出抑制は二律背反であるが，政府の厳しい排ガス規制の中でも力強い走りを好むドイツ人顧客の要望に応えるため，VWはこのようなソフトを開発したといわれる。路上を走行する際のNOx排出量は，最大で基準値の40倍にものぼっていたことが明らかになり，世界に衝撃を与えた。

　アメリカでのこの不正発覚を受けて2015年9月にドイツ検察当局がVWを詐欺容疑で捜査を開始したほか（刑事責任の追及），VWは1,100万台に上るリコールや3兆5,000億円を超える巨額の罰金の支払い，ブランド価値の毀損，株価の急落などにより，計り知れない打撃を受けることになった。さらにその後，ディーゼル車だけでなく，ガソリン車においても同様の不正が明らかになったほか，ポルシェやアウディのようなVWグループの高級車ブランドでも同様の不正が行われていたことが明らかになった。

## 2．都市におけるディーゼル規制

　しかし，より大きな問題は，VWのこの不祥事をきっかけに内燃機関を持つ自動車に対する世論の反発が高まり，世界の自動車産業の流れを大きく変えていったことである。ドイツのハンブルク市は，2018年5月31日から大気汚染を理由に，同市内の2つの街路における一部のディーゼル車の乗り入れを禁止した。EUの排ガス規制「EURO 6」を満たさない全てのディーゼル車は，緊急車両やゴミ収集車を除き，この2つの道路への乗り入れが禁止された。ディーゼル車は粒子状物質（PM）や窒素酸化物（NOx）を多く排出し，呼吸器疾患の発生原因とされていたが，VWのディーゼルゲートをきっかけにディーゼル車に対する世論の反発が強くなったのである。

　さらに，ハンブルク市に続き，シュツッツガルト市が2019年1月1日から「EURO 4」とそれ以前のディーゼル車が市街全域で走行することを禁止する決定を下した。シュツッツガルト市は，ダイムラーやボッシュなどドイツを代表する巨大な自動車企業が集積する都市であり，またドイツはディーゼル（Rudolf Diesel）がディーゼル機関を発明した国であるが，そのシュツッツガル

図表12－1　都市におけるディーゼル車の規制

| | ロンドン | パ　リ | アムステルダム | シュツットガルト | オスロ |
|---|---|---|---|---|---|
| 規制内容 | ・排出基準に満たない車に1日当たり10ポンド排出料<br><br>・ガソリン・ディーゼル車は少なくともEuro4基準対応車であること | ・1997以前に登録された車両の平日の市内での走行禁止 | ・2025年に排ガスゼロ都市を目標<br><br>・2017年，2018年，2020年と段階的に規制を強化，大型車の低排ガスゾーンを強化 | ・2019年よりEuro4以前の排ガス基準に準拠した車両の走行禁止<br><br>・2017〜18年冬場のスモッグ・アラームでEuro6以下のディーゼル車を全面走行禁止 | ・市内中心部の車両走行を禁止<br><br>・週1回（火曜の6〜22時），ディーゼル車の走行を禁止<br><br>・ナンバープレート規制も採用 |
| 規制による影響を受ける車 | 148万台<br>12万台（販売） | 98万台<br>6万台（販売） | 33万台<br>2万台（販売） | 27万台<br>2万台（販売） | NA |
| | EUの保有台数の約2.1%，販売台数の約2.4%に相当 | | | | |

出所：長島（2018），45ページ。

トやドイツでディーゼル車に対する厳しい規制が始まったことは，自動車開発の流れが大きく変わったことを象徴する出来事であるということができる。ディーゼル車はガソリン車よりも$CO_2$排出量が15％程度少ないため，ディーゼルゲート以前は，地球温暖化対策の切り札と考えられてきており，ヨーロッパでは販売シェアが50％超とガソリン車をしのぐ勢いを保ってきたのである。

　この2つの都市におけるディーゼル車規制は，ドイツ行政裁判所が下した，ディーゼル車を規制することは合法であるという判断を受けたものであり，今後ドイツでこの2つの都市に追随する都市が出てくるのは避けられないであろう。そればかりではなく，パリやマドリッド，コペンハーゲンのようなヨーロッパの都市でもディーゼル車・ガソリン車規制の動きが見られる。

　すなわち，「パリが30年までにEV／燃料電池車（FCV）以外の走行を禁止する」ことを検討しているほか「ロンドンでは18年9月，東部の9つの通りを対象に，平日の朝夕のピーク時はEVや水素自動車，（$CO_2$排出量が：引用者）75g/km未満のHEV以外の走行を禁止」したのである[1]。

## 第3節　ガソリン車・ディーゼル車に対する各国政府の規制

### 1．各国での規制の導入

　ヨーロッパ各都市よりも早く自動車の規制強化に動いたのは，ヨーロッパ各国の政府や議会であった。ＶＷのディーゼルゲートをきっかけに，NOxを多く排出するディーゼルエンジン車への規制が厳しくなったが，地球温暖化の原因となる$CO_2$を多く排出するガソリン車にも厳しい目が向けられるようになった。2016年10月，ドイツ連邦参議院は2030年までに内燃機関を搭載する車の販売を禁止することを決定し，100年以上の歴史を持つガソリン車やディーゼル車の販売を禁止する決定を行った。カール・ベンツ（Karl Friedrich Benz）はドイツのマンハイムで1885年に世界で初めてガソリンを動力とする自動車の開発に成功したが，そのドイツが世界で初めて内燃機関を搭載する自動車の販売を禁止する政策を打ち出したのである。

　その後，2017年にフランス・イギリス政府が，2040年までに内燃機関搭載車の販売を禁止する方針を発表した[2]ことにより，ガソリン車・ディーゼル車の販売禁止がヨーロッパにおけるひとつの潮流になった。すなわち，これらの国に続きノルウェー，アイルランド，スウェーデン，デンマークはより厳しい規制を導入した[3]。ノルウェーは2025年にZEV（Zero Emission Vehicle）以外の乗用車の新規登録を禁止する方針を打ち出したほか，スウェーデンでは2030年にガソリン車とディーゼル車の新車登録を禁止することにしており，またオランダも2030年までに全ての新車をZEVにすることにした。

　さらに2017年9月には，世界最大の自動車市場を持つ中国政府が内燃機関搭載車を禁止する方針を公表したことにより，それは世界的な流れになっていった。中国ではPM2.5をはじめとする深刻な大気汚染が社会問題となっており，自動車の排ガス問題は喫緊の課題でもあった。それに加えて，先進国の自動車メーカーと熾烈な競争を展開してきた中国の自動車メーカーは，自動車技術において先進国の技術になかなか追いつくことができないという，中国独自

図表12－2　中国のNEV規制の内容

| 規制方法 | 一定規模以上の自動車メーカーは，生産台数のうち定められた比率のNEVを生産しなければならない |
|---|---|
| 導入時期 | 2019年 |
| 対象企業 | 過去3年間の平均生産台数が5万台を超える乗用車メーカー |
| クレジット必要数 | 2019年　生産台数の10%<br>2020年　　同　　12% |
| 対象となる新エネ車 | EV，PHEV，FCV |
| クレジット計算方法 | 一充電走行距離による従量制 |
| 未達の場合 | 他社か政府からクレジットを購入 |

出所：西野浩介（三井物産戦略研究所　産業情報部）「世界の自動車燃費規制の進展と電動化の展望」財務総合政策研究所における報告資料，29ページ。

の理由もあった。研究開発の歴史が浅く，部品点数の少ないEVであれば，先進国の自動車メーカーとの技術格差はそれほど大きくないため，先進国との競争をEV開発競争に持ち込み，自動車産業における技術的劣勢を挽回しようという中国政府の思惑もあったのである。

　中国は2019年に「NEV規制」を開始した。「NEV規制」は，中国で乗用車を3万台以上生産・輸入する自動車メーカーに対して，その生産・輸入台数に応じて一定比率の「新エネルギー車（NEV）」を販売することを義務づける規制である[4]。NEVにはEV，FCV，プラグインハイブリッド（PHEV）が含まれている。

　インドなどの新興国も急速な経済成長にともない，大気汚染が急激に深刻化しており，EV化に積極的な姿勢を見せる。インドでは，2017年に政府系の機関が，「2030年までにガソリン車，ディーゼル車の販売を禁止し，EVのみにする」という方針を公表した[5]。従来は補助金の支給によってマイルドHEVを優遇してきたが，EVの販売だけを認めることに方針が変更された。

　自動車の環境規制は2015年のVWのディーゼルゲート以前からEUなどで実施されていたが，ディーゼルゲートを契機に，世界中で規制強化が進められ，

図表12－3　加速する「官製」EVシフト

| 年 | 国・地域 | 規制・政策の内容 |
|---|---|---|
| | **1** | － 世界の自動車環境規制や政策 － |
| 2009 | 欧　州 | 欧州連合がCO$_2$排出規則を制定。2021年にはCAFE（企業平均燃費）規制が改正され，目標値95g/kmに厳格化 |
| 13 | 中　国 | EVやPHVなどの新エネルギー車（NEV）購入補助金（17年はEV最大74.8万円，PHV同40.8万円）が本格化。20年末に終了予定 |
| 16 | 中　国 | 工業情報化部が19年からのNEV規制導入を発表。生産・輸入量に応じ，各メーカーに一定割合のNEV製造・販売を義務づけ。19年は10％，20年に12％。クレジット（権利）未達の場合は製造・輸入を不許可 |
| | 欧　州 | ノルウェー気候相が「25年までにゼロエミッション車（ZEV）販売100％」との目標を表明 |
| 17 | 欧　州 | 仏エコロジー相が40年までにエンジン車の新規販売を禁止すると表明 |
| | 欧　州 | 英環境相が40年までにエンジン車の新規販売を禁止すると表明 |
| | 中　国 | 工業情報化部などが「自動車産業中長期発展計画」を発表し，25年にNEV販売700万台以上の目標を設定 |
| 18 | 米　国 | 加州など10州でZEV規制強化。販売規模に応じ，台数の一定比率をEVや燃料電池車などにすることを義務化。未達の場合はクレジット不足分に応じて罰金 |
| | インド | 電力相が「30年までにEV販売比率30％」との目標を表明 |

出所：週刊東洋経済2018年6月30日，46ページ。

同時にEV化が促進されることになったのである。

## 2．自動車排ガス規制の歴史

　2015年以降，各国で一斉に取り組みが強化されることになった自動車排ガス規制は，歴史的には新しいものではない。1990年9月にカリフォルニア州で発効したゼロエミッション規制はアメリカのビッグスリー（GM，フォード，クライスラー）と日本のビッグスリー（トヨタ自動車，本田技研工業，日産自動車）の6社に対し，「1998年からカリフォルニア州での販売台数の2％を電気自動車

図表12－4　カリフォルニア州等の規制

| 環境規制 | 規制内容 |
|---|---|
| アメリカZEV規制強化 | 2018年：4.5％（ZEV：最小で2％，TZEV：最大で2.5％）<br>　　→段階的に数値拡大，HEVはクレジット対象外<br>25年：22％（ZEV：最小で16％，TZEV：最大で6％）<br>対象企業：GM，フォード，FCA，トヨタ，ホンダ，日産，VW，<br>　　BMW，ダイムラー，現代自動車／起亜自動車* |
| 欧州CO$_2$規制 | 2021年導入，以降もさらなる強化（世界で最も厳しい）<br>21年：95g/km　25年：70〜80g/km　30年：〜60g/km |
| 中国NEV規制 | 2019年導入<br>・EV/PHEV/FCVが対象，HEVはクレジット対象外<br>・3万台以上／年のメーカーを対象に，19年は10％，20年は12<br>　％のエコカー販売を強制<br>・エコカー補助金制度は2020年までで終了予定 |

注：*VW，BMW，ダイムラー，現代自動車／起亜自動車は2018年から追加。
出所：佐藤（2018），26ページ。


（EV）とする義務を唱えたものであった[6]」。これら6社はこの規制に対応すべく，ゼロエミッション自動車（ZEV）の開発に奔走することになったが，その開発には大きな困難がともなった。たとえば，当時最先端の技術を持つ本田技研工業（ホンダ）は1996年から電気自動車「Eプラス」をカリフォルニア市場に投入したが，そのホンダでさえ充電時間の長さ（約8時間），航続距離の短さ（約200km），電池価格（約500万円）と車両価格（2,500万円）の高さなどの壁を乗り越えることができなかった。そのため，カリフォルニア州大気資源局（CARB）は規制そのものを変更せざるを得なくなった[7]。

　しかし，その後とくに日本の自動車メーカーは積極的にEV開発を進めたため，2018年には航続距離は400kmに改善し，電池価格はかつての10分の1程度に低下した。20年以上に渡って技術開発に取り組んできた日本の自動車メーカーはグローバル市場での技術優位性を獲得していた。一方，深刻化する地球温暖化への対応もあり，2018年にカリフォルニア州は以前より格段に厳しい自動車排ガス規制を打ち出した。規制対象となる自動車メーカーも以前の6社に加えて，フォルクスワーゲン（VW），BMW，ダイムラー，現代自動車（起

図表12－5　EV化比率の予測

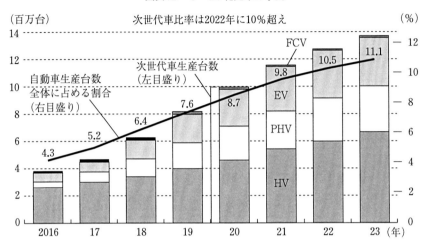

（百万台）　　　　　　次世代車比率は2022年に10％超え　　　　　（％）

注：次世代車は，ハイブリッド車（HV），プラグインハイブリッド車（PHV），電気自動車
　　（EV），燃料電池車（FCV）
出所：大堀・谷口（2017），20ページ。

亜自動車を含む）の4社を加えた10社に拡大し，2018年には全販売台数のうち4.5％をエコカーとすることを義務づけた。4.5％の内訳は，EVと水素燃料電池車（Fuel Cell Vehicle: FCV）の合計で2％，「Transient ZEV（TZEV）とされるプラグインハイブリッド車（PHEV）で2.5％」[8]としている。この規制は段階的に強化されることになっており，2025年には全体で22％をエコカーとし，そのうちZEVを16％，TZEVを6％とすることを定めている。

　すでに述べたように，同様の規制はEUや中国でも打ち出されており，グローバルに進む排ガス規制強化が自動車メーカーの電動化（EV化）を促す大きな圧力となっている。こうした動向により，世界の自動車市場における電動車の比率は2023年には11.1％に拡大し，その後も急成長が続くとする予測もある。

## 第4節　電動車の種類とEVシフトの課題

　EVの歴史はもともとガソリン車よりも古く，1870年代に欧州で実用化されていた。1900年代初頭には，新たに台頭してきたガソリン車と市場を二分していたが，中東で大油田が相次いで発見されたことにより，ガソリン価格が急落するとガソリン車の普及が一気に進み，EVは1920年ごろまでに市場から姿を消した[9]。

　EVは電池のコストが高いため，完成車の価格は高くなる。そこで，日本などでは電気駆動とエンジン駆動の両方をそなえたハイブリッド車（Hybrid Electric Vehicle：HEV）が普及している。電動車にはEVのほか，ハイブリッド車や燃料電池車などが含まれるが，ハイブリッド車は機能別に4つに分類することができる[10]。

　第1はアイドリングストップ車であり，「車が停止している時にエンジンを止めることで燃費を向上させる機能」である。第2は，エネルギー回生で，「従来車では捨てていた運動エネルギーをモーターで電気に変換し」回収した電気を電池にためる機能である。第3は，パワーアシスト機能である。これは「エンジンで車を駆動し，発進・加速時にモーターが駆動アシストする」機能である。従来車より燃費を向上させることができる。第4はEV走行であり，「エンジンの効率が悪い低速走行時（発進時）にモーターのみで車を走らせることができる機能である。

　ハイブリッド車にはプラグインハイブリッド車，マイルドハイブリッド車などの種類がある[11]。プラグインハイブリッド車は，家庭用コンセントなどの電源から車載電池に外部充電できる機能を持つHEVである。停電時には，逆に車載電池から家庭に電力供給することができるため，災害対策用としても評価されている。マイルドハイブリッド車は，エネルギー回生機能やパワーアシスト機能を限定的に用いることによって，製造コストを抑えた簡易HEVである。

　トヨタが1997年に発売した「プリウス」は，世界初の量産型HEVであり，1990年代初頭のガソリン車と比べて燃費を2分の1に向上させることに成功した。それだけでなく，EVと比べると低価格であり，充電に手間がかからず，バッテリー上がりの心配がないなど，EVと比べた優位性が極めて高く評価されている[12]。

　燃料電池車（Fuel Cell Vehicle：FCV）は水素と酸素が化学反応を起こしたときに発生する電気でモーターを動かす燃料電池システムを持つ自動車で，排出するのは水（$H_2O$）だけなので究極のエコカーと呼ばれる。しかし，今なお車両価格が高いことや水素ステーションの設置コスト（約5億円）が高いことなどの理由により，普及が進んでいない。とはいえ，EVが抱えている航続距離の短さや充電時間の長さという問題はすでにクリアしている。2015年に世界で初めて実用化・量産化されたFCVはトヨタの「MIRAI」とそれに続くホンダの「クラリティFUEL CELL」であるが，航続距離は500km〜700km，水素の充填時間は3分程度と，ガソリン車と比べて遜色のないレベルまで開発が進んだ[13]。

## 第5節　各国のEV促進策と普及の阻害要因

### 1．中国のEV化促進策

　世界最大の自動車市場をもつ中国は，EVの生産・販売が最も伸びている。もともと電動2輪車においては世界に先がけて普及が進んでおり，その年間販売台数は2,000万台，保有台数は1億台といわれる[14]。1990年代から中国で電動2輪車が急速に普及した理由は，オートバイに対する総量規制である。

　中国政府は4輪車においても規制と補助金政策によって電動化を一気に進めようとしている。すなわち，2011年に発表したエコカー産業発展計画で，「NEVの導入台数を2015年までに50万台，2020年までに500万台とする」[15]挑戦的な目標を掲げたのであるが，2015年の50万台という目標は既に達成した。また，NEVに対しては中央政府と地方政府を合わせて最大10万元（約160

図表12－6　中国のNEVの普及状況および予測

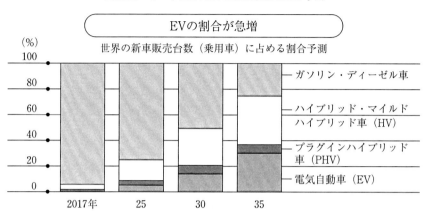

出所：ボストン コンサルティンググループ。

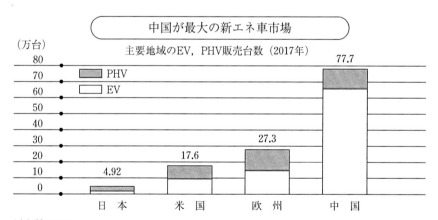

原出所：EV Sales
出所：重石（2018），118ページ。

万円：2019年11月現在の為替レートは1元約16円）の補助金を支給するほか，NEVにはナンバープレートが無料で支給されるなどの特典をつけている。中国では，都市部において交通渋滞や排ガス汚染の対策として新車登録を規制しており，ナンバープレートをオークションで取得しなければならず，その取得費用は10万元程度にもなる。

　中国で大気汚染が深刻化した理由には，ガソリン車，ディーゼル車の急増のほか，基準を満たさない燃料が広く出回っていることもあげられる。中国政府はEU基準に準じた燃料基準を策定しているが，この燃料基準を満たさない，不純物を多く含んだガソリンなどが販売されている。

　中国政府はこれまで補助金やナンバープレートの規制などによってEVの普及を促進してきたのであるが，多額の補助金は財政的負担を増大させてきているため，規制によるEV化促進に方向転換しつつある。

　NEVに対する補助金は2020年末に終了することになっており，それに伴ってEV市場が縮小することが懸念されているが，中国政府はNEV規制によってNEV市場の拡大をあと押ししようと考えている。

　NEV規制は乗用車メーカーに一定比率のNEVの導入を義務づける政策で「2019年には従来車の生産・輸入台数の10％分，2020年には12％の『NEVクレジット』を稼ぐことを義務づけている [16]。中国政府はNEV規制のほか燃費規制，新車登録規制などの規制を用いてEV化を進めていくと考えられている。

　さらに，中国政府は外資の力も利用してEV化を促進しようとしている。従来，中国政府は外国の自動車会社が単独で中国に進出することを認めず，中国の自動車会社と合弁会社を設立する形でしか，そしてその場合でも外資が過半数出資することは認めなかった。さらに，1つの外国自動車会社が合弁を組める相手は2社までという制限があった。これは外国の自動車会社と合弁を組むことによって，先進技術を中国の自動車会社に移転させようとする国家政策であるが，2018年4月，中国政府はこの外資規制を段階的に撤廃することを宣言した。具体的には，これらの規制を「電気自動車（EV）やプラグインハイブリッド車（PHEV）など新エネルギー車（NEV）は2018年，商用車は20年，乗用車は22年に段階的撤廃する [17]」という内容である。

図表12－7　「NEVクレジット」の計算方法

NEVクレジット要求水準

| 対　象 | 2019年 | 2020年 | 2021年～ |
|---|---|---|---|
| 年間生産・輸入台数3万台以上 | 10% | 12% | 未　定 |

NEVクレジット計算基準

| 車　種 | EV走行可能距離要件 | ポイント計算式 | ボーナス／オーナス率 |
|---|---|---|---|
| EV | 100km以上 | [0.012×EV走行可能距離+0.8] (pt) | 電費が一定以上であれば1.2を乗じ一定以下であれば0.5を乗じる |
| PHV（EREV含） | 50km以上 | 2 (pt) | 電費（あるいは燃費）が一定以下であれば0.5を乗じる |
| FCV | 300km以上 | [0.16×燃料電池システムの定格出力 (kW)] (pt) | 「燃料電池システムの定格出力が，10kW未満あるいは駆動用モーター定格出力の30%未満」であれば，0.5を乗じる |

（※）いずれの場合でも，1台当たりのクレジットは5 ptが上限
出所：鈴木（2018），68ページ。

## 2．EV化の阻害要因

　しかし，今後この中国政府のEV化促進策が思惑通り進むかどうか疑問視する声もある[18]。その理由は，中国の消費者が必ずしもEVを求めていないこと，および車の保有者の多くが専用の駐車場をもっていないことなどである。中国では，都市住民の多くが集合住宅に住んでいるため，自宅から車に充電する場合に困難が伴うと考えられる。

　一方，ヨーロッパ各国における内燃機関搭載車に対する厳しい規制については，その実現に懐疑的な見方もある[19]。ドイツ連邦参議院による，2030年までに内燃機関搭載車の販売禁止を求める決議は，法的拘束力をもつものではなく，またフランスが打ち出した，2040年までに内燃機関搭載車を全廃する方針も，むしろマクロン大統領の国際的な発言力の強化が真の目的だったといわれている。またイギリスも近い将来深刻な電力不足が予想されており，新たな発電所建設や送配電設備，充電ステーションの整備状況からみると実現が困難とみられている。これに対して，EVとPHEVの割合が4割と，EV化が最も

進んでいるノルウェーの場合は，政府のEV化目標の達成は容易であると考えられている [20]。鈴木はノルウェーでEV化が進んだ理由として，①EVが導入される以前からユーザーが充電を行う習慣があったこと，②電力のほとんど（95％）が水力発電で供給されていること，③EVユーザーに対する優遇策があること，の3つをあげている。

　また，ヨーロッパにおけるEVの普及をはばむ要因として，鈴木はヨーロッパにおける電池生産が弱いことを指摘している [21]。電池の生産では，中国，韓国，日本がリードしており，欧州の自動車メーカーは，LIB（リチウムイオン電池）をこれらアジア諸国からの輸入に依存している。ヨーロッパ各国がEVシフトを強めれば強めるほどヨーロッパの自動車メーカーはEVの中核部品である電池においてアジアへの依存度を高めることが予想されている。

　アメリカでは，大気汚染が深刻なカリフォルニア州がZEV（Zero Emission Vehicle）規制を実施している。2018年から導入されたZEV規制はカリフォルニア州で年間2万台以上自動車を販売する自動車会社に「必要なクレジットが割り当てられ，EVやPHEVで稼いだクレジットが割り当てを下回った場合は，米国カリフォルニア州大気資源局に罰金を支払うか，クレジットを多く保有する他メーカーからクレジットを購入して達成しなければならない [22]」という規制で，EV化を強力に促進しようとするものである。ZEVにはEV，PHEV，FCEV（燃料電池車）が含まれ，HEV（ハイブリッド車）が除外されるため，HEVで圧倒的な優位性をもつトヨタやホンダなどの日系自動車メーカーにとって不利となる規制である。カリフォルニア州のZEV規制は，メーン，バーモント，マサチューセッツ，ロードアイランド，コネチカット，ニューヨーク，ニュージャージー，メリーランド，オレゴンの9州でも導入が予定されており，合計10州の年間自動車販売台数は約500万台（米国全体の約3割）となるため，その波及効果はきわめて大きなものとなる。

　アメリカのEV普及の阻害要因として考えられるのが原油価格の低下と連邦レベルでの規制緩和であると考えられている。アメリカの自動車市場ではガソリン価格が低下するとEV車の販売が鈍る傾向がこれまで確認されているた

め，今後もガソリン価格が下がればEVの普及が遅れることが予想される。連邦レベルの規制として，オバマ前大統領の時代には，2025年に2017年比で50％近い燃費改善を求める規制が発表された。しかし，トランプ政権は2022年以降，この規制を緩和する方針を打ち出している。

## 3．日本におけるEV化

　日本でも海外と同様，補助金や減税措置によってEV化を促進してきた。2009年に導入されたエコカー補助金は，「車齢13年以上の車を廃車にして新車のエコカーにすれば，登録者購入の場合25万円，軽自動車でも半額の12万5,000円が補助金として交付される制度」[23] で，これがハイブリッド車の販売を促進する要因になった。またエコカー減税は，自動車購入時の取得税と最初の車検時にかかる車輌重量税を軽減するものであり，地方税の自動車税もグリーン化特例という制度で税負担を軽減している。

　日本は各国と同様，補助金や税優遇制度によってEVシフトを進めてきたが，海外と異なりHEV（ハイブリッド車）だけが急伸しており，まさに「ガラパゴス」の様相を呈している[24]。1997年にトヨタが画期的な燃費性能をもつHEV「プリウス」の販売を開始し，2015年には類計の世界販売台数800万台（そのうち約半分は日本市場）を達成した。2019年にはトヨタのHEVの累計販売台数が約1,500万台となり，今後の量産効果も期待することができる。ホンダも1999年にハイブリッド車「インサイト」を発売し，その後「フィット」「ヴェゼル」などへとHEV車種を拡大している。世界に先がけ，日本でエコカーとしてのHEVの生産と販売が急速に普及した理由は，トヨタやホンダという日系自動車メーカーがHEVを次世代のエコカーとして位置づけたことである。さらに「日本は信号が多く，渋滞も頻発するため，ストップ＆ゴーが多く，燃費低減においてハイブリッド車が有利となっている」[25] という日本特有の走行環境もその理由としてあげることができる。

　日産自動車が2016年に発売したハイブリッド車「ノートe-POWER」は，2018年に販売台数で長年，国内販売首位を保ってきた「プリウス」を抜き，

1位となった。販売好調の理由は，価格の安さ，燃費の良さ，運転操作のし易さなどであるが，カリフォルニア州などの規制においてZEVから除外されたHEVが日本市場だけで拡大しつづけているのは，日本の自動車メーカーにとって将来の不安要因でもある。

## 第6節　現実的なEV化予測

　各国政府が発表した内燃機関に対する規則とEVへの誘導政策にもとづけば，EVシフトが急速に進展するかにみえる。これに対して急速なEV化を疑問視する見解も近年多くみられるようになった。

　その疑問の第1は，各国の電源構成について指摘する見解である。確かにEVは走行時の$CO_2$排出がゼロになる。しかし，EVに給電された電力が石炭火力発電によって生み出されたものであれば，むしろEVが走れば走るほど$CO_2$が多く排出され，決してゼロエミッションにはならない。その国や地域の電源がどのような比率で構成されているのか，つまり，自然エネルギー，石炭・石油・ガスなどの化石燃料，原子力などの電力構成比率がどれほどであるのかにかかってくる。従来は，車に燃料を充填してから走行している間（Tank-To-Wheel）の$CO_2$排出量が計測されることが多かったが，昨今，原油の採掘や輸送，精製などにおける$CO_2$排出量，あるいは電動車の場合，発電や送電時などを含めた$CO_2$排出量を考慮した全ての$CO_2$排出量（Well-To-Wheel）で評価されるようになってきた。中国やドイツのように石炭火力発電の比率が高い国々においては，たとえどんなにEVが普及したとしても，Well-To-Wheelではゼロエミッションとはならないのである。もちろん，中国のように産業技術力強化策としてEV化を進めている国は，純粋に$CO_2$排出削減という観点から政策決定しているわけではないのであるが。

　第2に，自動車のライフサイクルアセスメント（LCA）という観点から，EV化が必ずしも$CO_2$排出削減につながらないとする見解もある。河本竜路らは，ガソリンエンジン車（GE），ディーゼルエンジン車（DE），EV車（BEV）のそ

れぞれについて，「車輌製造段階」「燃料製造および発電段階」「使用（燃料燃焼）段階」「メンテナンス段階」「廃棄段階」という自動車のライフサイクルの各段階における$CO_2$排出量を算定している[26]。この研究によると「車輌の製造時点（0 km）ではGE，DEの方がBEVよりも排出量が低く」，「走行距離が増加するに従い，両者の$CO_2$の差が近くなり，GEでは111,555kmで，DEでは114,574kmで，それぞれBEVより$CO_2$排出量が多くなる」[27]ことが判明した。すなわち，EVは，LCAで計測すると，内燃機関と比べ，走行距離が少ない段階では，むしろ$CO_2$排出量が多いという結果になった。EVは，大容量バッテリー製造時に多くの$CO_2$を排出するため，LCAという視点から，必ずしも$CO_2$削減につながらないのである。

　第3に，中国のように集合住宅が高い比率を占める国や地域では，家庭の電源から充電するのが難しいこともあり，EVの急速な普及にはネックとなる。

　第4に，EV生産が急拡大すると，それが資源価格の高騰を招き，その結果EV市場の成長を阻む要因となることである。現在のEVの電池には希少金属であるリチウムやコバルトが使われており，これらの希少金属は，近年価格が高騰している。EVの生産が急拡大すると，これらの資源の価格はさらに上昇し，車両価格も高騰するため，EV普及の妨げになる。また，モーター用磁性体材料として用いられるネオジムやディスプロシウムのようなレアー・アースについても同様のことがいえる。

　このように，各国はガソリンエンジン車やディーゼルエンジン車を廃止し，HEVやPHEVを経て，最終的にEV化を目ざす方針を打ち出しているのであるが，技術面やリチウムなどの原料調達の難しさ，充電インフラの整備の困難さなどの阻害要因も考慮すると，各国政府が打ち出したような急速なEVシフトは現実的ではないように思われる。IEA（国際エネルギー機関）は当分の間，ガソリン車，HEV，PHEVなどが販売シェアの大半を占め，徐々にEVにシフトしていくという将来予測をしている。

　環境規制には，自動車メーカーごとに企業平均燃費を改善させるCAFÉ規制とEVとFCVを一定比率で販売することを義務づけるZEV規制とがあり，

232

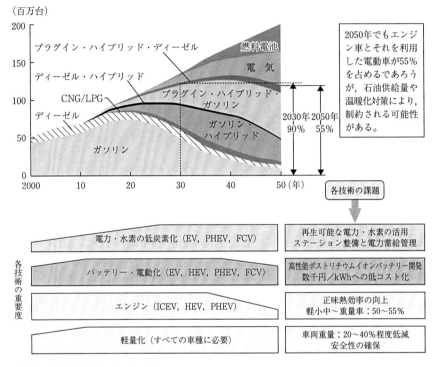

図表12－8　2050年に至る乗用車の販売シェアと重要技術

出所：大聖（2018），21ページ。

各自動車会社はこの２つの規制を同時にクリアしなければならない。HEVで強みをもつトヨタ等の日本メーカーは，HEVでCAFÉの平均値を下げつつ，PHEVとEVでZEV規制をクリアする戦略を描いている[28]。

## 第7節　おわりに

　世界の自動車産業にはEVシフトだけでなく，CASE（Connectivity, Autonomous, Shared & Service, Electrification）やMaaS（Mobility as a Service）という大きな変革の波が押しよせている。CASEのCはつながる車のことで，自

動車がスマートフォンのようにさまざまな機器とIoTで結合され，さまざまなサービスを提供することである。Aは自動運転のことで，既にかなり高度な自動運転車が開発され，一部で実用化されている。Sはカーシェアリングのことで，車を所有するのではなく，1台の車を何人かで共同で使用するという発想であり，かなりの程度実用化が進んでいる。EはEV化であるが，それはCASEという大きな世界的な自動車産業の潮流のほんの一部でしかない。EV化は，自動車会社ばかりでなく，グーグルやアップルのようなIT企業によっても，自動運転車の開発などの中でCASEへの取り組みと一体的に進められており，製造業，通信業，IT業の枠を超えて企業の参入が進んでいる。今後の自動車産業の将来は，たんにEVシフトという枠の中にはおさまりきれない，まさに100年に1度といわれる大転換期にあるということができる。

　各国政府は排ガス規制強化，補助金等の支援策，そして産業育成策にもとづいてEVシフトを促進しているように見えるが，EVシフトの行方は，巨大企業間の激しいグローバル競争の動向によっても影響を受けることになるであろう。

## 【注】

（1）中野邦雄（2019），50ページ。
（2）風間智英（2018），2ページ。
（3）Nikkei Automotive 2019，4，50ページ。
（4）同上書50ページ。
（5）鈴木一範（2018）98ページ。
（6）佐藤登（2018）25ページ。
（7）同上稿，25ページ。
（8）同上稿，27ページ。
（9）大堀達也・谷口健（2018）21ページ。
（10）風間（2018）28〜32ページ。
（11）同上書，32〜34ページ。
（12）大聖泰弘（2018）11ページ。
（13）同上稿，12ページ。

(14) 鈴木（2018）64ページ。

(15) 同上稿，66ページ。

(16) 同上稿，68ページ。

(17) 重石岳史（2018）116ページ。

(18) 柯隆・河野英子（2018）68〜69ページ。

(19) 鈴木（2018）76〜77ページ。

(20) 同上稿，78〜79ページ。

(21) 同上稿，79〜80ページ。

(22) 同上稿，81ページ。

(23) 同上稿，92ページ。

(24) 同上稿，88〜89ページ。

(25) 同上稿，89ページ。

(26) 河本竜路ら（2019）72ページ。

(27) 同上稿，73ページ。

(28) 『週刊ダイヤモンド』（2019年）100ページ。

## 【参考文献】

中野邦雄「安心・安全に強み，先進技術で魅力を高める」*Nikkei Automotive* 2019. 4. 48〜50ページ。

風間智英編著『EVシフト』東洋経済新報社，2018年。

佐藤 登「自動車の電動化を取り巻く業界動向と問われる競争力」『一橋ビジネスレビュー』2018年，AUT。

大堀達也・谷口健，週刊東洋経済2018年6月30日，46ページ。

大聖泰弘「自動車の環境・エネルギー技術に関する将来展望」『一橋ビジネスレビュー』2018年，AUT。

鈴木一範「EVの覇権を握る国はどこか」風間智英編著『EVシフト』東洋経済新報社，2018年。

重石岳史「中国『自動車強国』への野望」『週刊ダイヤモンド』2018年5月19日号。

柯 隆・河野英子「中国自動車産業の発展と課題」『一橋ビジネスレビュー』2018年，AUT。

河本竜路ら「LCAによる内燃機関自動車とBEVのCO2排出量の算定」『第14回日本LCA学会研究発表会講演要旨集（2019年3月）』。

『週刊ダイヤモンド』，2019年8月24日号。

長島 聡「欧州発CASEの大波の行方」『一橋ビジネスレビュー』2018，AUT。

大堀達也・谷口 健「EV革命100兆円」『週刊　エコノミスト』2017年，9月12日号。

# 第13章
# 電力分野における
# 再生可能エネルギー政策

## 第1節　はじめに

　地球温暖化を阻止するために，$CO_2$をはじめとする温暖化ガスの排出を削減しようとする国際的な取り組みが進められている。電力の分野における温暖化ガス削減は石炭，石油，天然ガスなど（化石燃料）を燃料とした発電を再生可能エネルギー（再エネ，自然エネルギーとも呼ばれる）による発電に変えていき，エネルギー転換を進めようとする活動である。化石燃料の中でも石炭火力発電は最も大量の温暖化ガス，$CO_2$を排出するため，石炭火力発電に対する社会の目は，近年きわめて厳しいものになっている。

　世界各国は化石燃料から自然エネルギーへの転換（脱化石燃料あるいは脱炭素化）を進めているが，その進捗度は国によりそれぞれまちまちである。本章では発電における電源構成の変化をみることによって，世界と日本のエネルギー転換がどれくらい進みつつあるのかについて検討することにする。

　また，温暖化によってすでに島嶼国の水没，超大型台風の発生，旱魃や砂漠化，大規模水害など，深刻な気候変動が起こっていることは周知の通りであるが，気候変動がビジネス活動にも甚大な被害と損失をもたらすことが企業経営者や金融機関などにも認識されるようになってきた。気候変動により企業が大きな被害を受けた場合，企業に投資や融資を行っている銀行や機関投資家も投資や融資した資金を回収できない，あるいは投資先の企業価値が急落する，などの形で損失を被ることになる。こうした理由から金融機関などもまた温暖化

対策に強い関心を示すようになった。それは，化石燃料に関連する企業や産業には資金を提供しない，あるいは提供している資金を引き上げるというような行動に移っており，既に世界の産業界で広く実施されている。資金調達ができなくなれば，ほとんどの企業活動が成り立たなくなるため，金融機関等のこうした行動は企業に，極めて大きなインパクトを与えることになる。

　企業や金融機関等の脱炭素化の行動はこうした経済的な動機によるものだけではない。次の世代の人類に持続可能な地球を取り戻すべきであるという倫理的な発想も，近年非常に強くなっている。年金基金のような機関投資家は，年金加入者がその資金の出し手であるため，たんに投資利益を最大化することよりも，倫理的動機から投資行動を行う傾向が強く，既にその資金の大半でESG投資を行っている。

　温暖化とそれによる気候変動の激化が進む一方で，エネルギー転換によってそのリスクを減少させようとする活動が盛んになってきているが，本章では，エネルギー転換の現状と日本の課題についても検討することにしたい。

## 第2節　脱炭素化への流れ

　地球温暖化阻止の観点から，$CO_2$を多く排出する石炭や石油などの化石燃料の削減を提唱する動きは比較的早くからみられた。しかし，2015年を境に，この脱化石燃料ないし脱炭素化の世界的な潮流は急速に勢いを増すことになった。それは2015年に国連のSDGs（持続可能な開発目標）と気候変動に関するパリ協定が生まれたからである。

　気候変動の深刻化がこのままのスピードで進むとビジネス活動そのものが成りたたなくなることを認識する企業は，「RE100」（Renewable Energy 100％）に加盟するなど，脱炭素化にきわめて積極的な取り組みを始めている。「RE100」は「事業で使う電力のすべてを再生可能エネルギーで賄うことを目指した活動」で，「RE100に参加するためには，遅くとも50年までに業務用の電力をすべて再生可能エネルギーで賄うと宣言することが必要である」[1]。脱炭素化を達成

するための厳しい条件をもつ「RE100」であるが，加盟企業は2019年末現在，既に世界で200社を超えており，アップルとグーグルは2018年までに，この目標を達成済みである。近年，風力や太陽光のような再生可能エネルギーの価格が大幅に下落したことも，「RE100」の目標達成を容易にした大きな要因である。太陽光発電のコストは2010年代に従来の10分の1に低下し，火力発電や原子力発電のコストより低くなったため，経済的にも再生可能エネルギーの優位性が増大している。温暖化を阻止しなければ企業活動そのものが持続できないという認識は先進的企業ばかりでなく，一般企業の経営者にも広がりつつある。

　そのため，毎年30兆円規模の資金が再生可能エネルギーに投資されているが，日本企業は再生可能エネルギーへの投資で世界から取り残された状況にある。末吉竹二郎は，その原因は日本政府の時代遅れのエネルギー政策にあると主張する[2]。2015年にパリ協定が締結されたにもかかわらず，日本政府の第5次エネルギー基本計画（2018年7月決定）における長期的電源構成はパリ協定以前の前提条件にもとづくものである。日本企業はかつて太陽光発電の開発で世界の先頭を走っていたが，政府の政策の失敗もあり，この分野における日本企業の競争力は著しく低下した。政府の政策の失敗が日本企業の国際競争力を低下させてきた例は枚挙にいとまがないが，エネルギー政策も，まさにその1つの例にほかならない。

　近年，脱炭素化の流れを強力にあと押ししているのが金融分野での動きである。2016年，主要25ヵ国で構成される金融安定理事会（Financial Stability Board: FSB）はTCFD（Task Force on Climate-related Financial Disclosure：気候関連財務情報開示タスクフォース）を創設し，気候変動関連の情報を財務情報として企業に開示させることになった。

　TCFDは，企業のトップ（取締役会）が気候変動リスクに対応することを求めているほか，地球の気温が上昇した場合，各企業が収益や負債などにどのような影響を受けるか分析（シナリオ分析）することを求めている。たとえば気温が2℃上昇した場合，3℃上昇した場合などのシナリオ分析を行うことは困難

をともなう作業であるが，TCFDへの賛同企業は，2019年4月時点で世界の600社を超えている。

　これとは別に，世界の機関投資家はE（環境），S（社会），G（ガバナンス）を指標とした投資を加速させている。ESG投資は，環境・社会・ガバナンスの3つの分野で一定の水準を満たしている企業に投資する，あるいは水準を満たしていない企業からは投資を引きあげる（ダイベストメント）という投資手法である。環境の分野においては，化石燃料，とくに石炭に関わるビジネスに厳しい目が向けられている。たとえば石炭火力発電企業や石炭採掘企業には投資しない，あるいは投資を引きあげるといった投資行動である。その結果，石炭関連企業の株価は下落し，資金調達も困難になりつつある。かつて，石炭資源を持つ国や企業はその資源価値を高く評価されてきたが，今や石炭資源は「座礁資産」と呼ばれ，マイナスに評価されるようになってきた。石炭火力発電のタービンを製造している国際的企業は，大幅な受注減に陥り，人員削減やタービン事業の切り離しに動いている。石炭鉱山も売却の対象になっており，鉱山機械や運搬用トラックのタイヤに至るまで，受注減が広がっている。脱化石燃料の影響は，現在石炭関連産業に広くいきわたりつつあり，世界の産業構造に変化が起き始めている。

　金融の分野では機関投資家だけでなく，銀行や保険会社も脱化石燃料への行動を強めている。銀行や保険会社は，社会的な圧力により自らも脱化石燃料を目ざした投・融資行動を進めなければならないのはもちろん，かれらの株主である機関投資家からもESGの視点での強い圧力がかかることになる。2018年には「スイス再保険やミュンヘン再保険は，石炭関連の企業や事業からの再保険引き受けから手を引くと宣言」[3]するなど，石炭関連ビジネスへの圧力はますます強まっている。再保険なしではどんなビジネスでも成り立たなくなるといわれる。

　さらに，2019年9月22日にはPRIの銀行版である「国連責任銀行原則」（PRB：Principles for Responsible Banking）が発足した。PRBは温暖化対策に銀行が積極的に取り組むことを求めるもので，その中には融資先企業の監視も含

まれており，世界の131の銀行がPRBに参加している。

## 第3節　世界の電源構成と自然エネルギー発電

　地球温暖化防止の観点から，世界的に自然エネルギー（再生可能エネルギー：再エネとも呼ばれる）への転換が進められているが，その現状を「自然エネルギー財団」が公表している世界の電源構成のデータから見ていくことにしよう[4]。

　世界の発電において，$CO_2$を最も多く排出する石炭火力発電は1980年代から一貫して拡大を続けてきた。とくに中国やインドなどの新興国は急速な経済発展にともない，電力需要が急増したが，その電力の多くを石炭火力発電に依存したため，大量の$CO_2$が排出されることになった。石炭は，他のエネルギー資源と比べコストが低く，世界各地に広く分布していることもあり，新興国や途上国では最も主要な電源となってきた。ガスは燃焼時の$CO_2$排出量が石炭の約半分であるため，環境意識の高まりとともに消費量が増加した。一方，2000年前後の地球温暖化に対する危機意識の高まりの中で，電源構成の中で最もシェアを増加させたのは自然エネルギーである。2018年の世界の電源構成において最も構成比の高いのは石炭（38.0％），2番が自然エネルギー（25.1％），3番がガス（23.2％）で，原子力（10.2％），石油（3.0％）がこれに続いている。

　原子力発電は，コストが安く地球温暖化の原因となる$CO_2$を排出することもないため，環境対策に適した電源と信じられてきたが，福島第1原発事故の後，その危険性が強く意識されるようになり，ドイツなどのように全面的に原発廃止を表明する国も現れるようになった。また，事故に備えて安全性を高めた装置を建設したり，使用済核燃料の廃棄まで考慮すると発電コストはむしろ割高になると認識されるようになってきた。そのため構成比は2010年からほぼ横ばいの状況になっている。

　国別の電源構成において，石炭への依存度が最も高いのはインド（75％）で

図表13－1　2018年の世界の電源構成

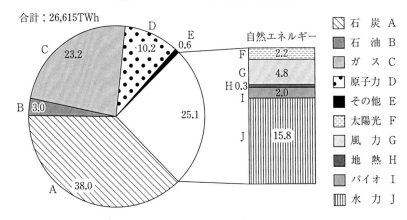

合計：26,615TWh

石　炭　A
石　油　B
ガ　ス　C
原子力　D
その他　E
太陽光　F
風　力　G
地　熱　H
バイオ　I
水　力　J

出所：自然エネルギー財団（2019年6月12日）。

図表13－2　2018年の各国の電源構成：世界15カ国（単位：％）

|  | アジア | | | ヨーロッパ | | | | | | | | | アメリカ大陸 | | |
|---|---|---|---|---|---|---|---|---|---|---|---|---|---|---|---|
|  | 中国 | インド | 日本 | デンマーク | フランス | ドイツ | アイルランド | イタリア | ポルトガル | スペイン | スウェーデン | イギリス | カナダ | チリ | 米国 |
| 石　炭 | 67 | 75 | 31 | 21 | 2 | 37 | 14 | 11 | 20 | 14 | 1 | 5 | 8 | 36 | 28 |
| 石　油 | 0 | 1 | 5 | 1 | 1 | 1 | 0 | 4 | 2 | 5 | 0 | 1 | 0 | 2 | 1 |
| ガ　ス | 3 | 5 | 35 | 6 | 5 | 13 | 52 | 45 | 26 | 21 | 0 | 39 | 10 | 16 | 34 |
| 原子力 | 4 | 3 | 6 | 0 | 71 | 12 | 0 | 0 | 0 | 20 | 41 | 19 | 15 | 0 | 19 |
| 自然エネルギー | 26 | 17 | 18 | 69 | 19 | 35 | 32 | 39 | 50 | 38 | 56 | 33 | 65 | 47 | 17 |
| その他 | 0 | 0 | 4 | 2 | 1 | 2 | 2 | 2 | 2 | 1 | 1 | 2 | 0 | 0 | 1 |
| 合　計 | 100 | 100 | 100 | 100 | 100 | 100 | 100 | 100 | 100 | 100 | 100 | 100 | 100 | 100 | 100 |

出所：自然エネルギー財団（2019年9月19日）。

あり，中国（67％），ドイツ（37％）などがこれに続く。日本は31％で，先進国の中では石炭への依存度が高いだけでなく，依存度を引き下げる目標が低いこと，石炭火力発電所を海外に輸出し続けていることなどに対して環境NGOなどから厳しく批判されている。

　一方，電源構成において自然エネルギーの占める割合が最も大きいのはカナダ（70％），スウェーデン（63％），デンマーク（59％）などであり，日本は18％と，自然エネルギーへの転換がヨーロッパ諸国と比べ大きく遅れている。

　再エネ（自然エネルギー）発電には，水力発電，風力発電，地熱発電，海洋（潮力，波力）発電などがある[5]。日本の水力発電は100年以上の歴史があるが，日本では大規模水力発電に適した地点での開発はほぼ終わっている。そのため，現在日本で開発が進められているのは，河川の流水や農業用水，上下水道等を利用する，中小水力発電が中心となっている。風力発電は風の力で発電する方法で，電気エネルギーへの転換効率が高いという特徴がある。水力発電と同様に夜間でも発電が可能であるが，発電量は風の強さによって変化する。風力発電には陸上風力発電と洋上風力発電の2種類があるが，これまでのところ日本では陸上風力発電を中心に開発が進められている。遠浅の海が続くバルト海では着床式洋上風力発電が盛んで，ドイツなどの周辺国に電力を供給している。日本周辺の海域では浅い海が少ないこともあり，着床式洋上風力発電の

図表13－3　2018年の各国の電力消費量に占める自然エネルギーの割合

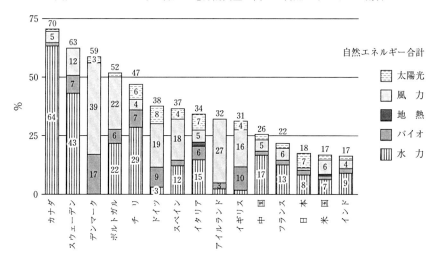

出所：自然エネルギー財団（2019年9月19日）。

図表13－4　2018年末時点の風力発電の国別累積導入量

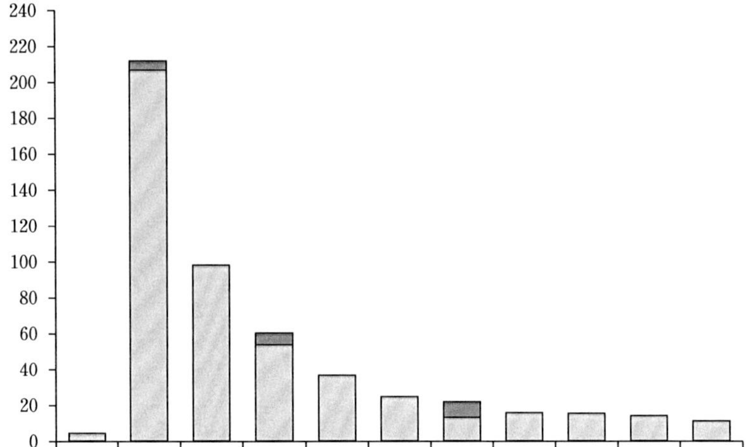

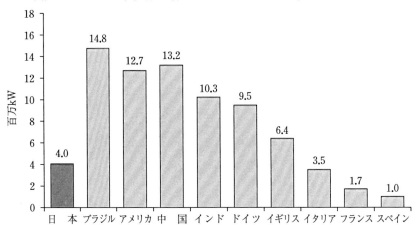

| | 日　本 | 中　国 | 米　国 | ドイツ | インド | スペイン | 英　国 | フランス | カナダ | ブラジル | イタリア |
|---|---|---|---|---|---|---|---|---|---|---|---|
| ■Offshore wind | 0.0 | 4.6 | 0.0 | 6.4 | 0.0 | 0.0 | 8.0 | 0.0 | 0.0 | 0.0 | 0.0 |
| □Onshore wind | 3.7 | 206.8 | 96.6 | 53.2 | 35.1 | 23.5 | 13.0 | 15.3 | 14.7 | 12.8 | 10.0 |

出所：自然エネルギー財団（2019年10月8日）。

図表13－5　2018年末時点の各国のバイオエネルギー発電の国別累積導入量

出所：自然エネルギー財団（2019年10月8日）1ページ。

立地は限られているため，浮体式洋上風力発電システムの開発も始められている。

太陽光発電は太陽光があればどこにでも発電装置を設置することができ，屋根や壁などに設置することも可能で，必ずしも大規模な設備が必要ないため，送電設備のない遠隔地にも適した発電方法である。太陽熱発電は「鏡を利用して太陽熱を集め，これにより蒸気を発生させてタービンを回転させて発電する方式で，北アフリカや中東など高温，小雨の地方に適した発電方式[6]」である。

バイオマス発電は動植物などの生物系資源を利用した発電であるが，バイオマス燃料を直接燃焼させる方式（直接燃焼方式），燃料を加熱しガス化してガスタービンを使って燃焼させる方式（熱分解ガス化方式），バイオ燃料を発酵させてガスを発生させ，燃焼させてガスタービンを回す生物化学的ガス化方式の3種類がある。バイオマス燃料には，家畜排泄物，下水汚泥，黒液（製紙工程での廃液），廃棄紙，食品廃棄物，廃材，麦わら，もみ殻，間伐材，ヤシの殻などがあり，こうした廃棄物の削減にも役立つ。

バイオエネルギー発電の累積導入量はブラジルが最も多く（1,480万kw），中国（1,320万kw），アメリカ（1,270万kw）がこれに次いでいる。近年は燃料として木質チップなどが多く用いられている。日本のバイオエネルギー発電の累積導入量は400万kwで，近年増加している。

地熱発電は地下から吹き出す蒸気や温水を使って発電する方法であり，アメリカ，フィリピン，インドネシアなどの地熱資源の豊かな国では盛んに利用されている。

太陽光発電は日本における発電設備の価格が2011年から2018年までに42％に低下したことや電力の固定価格買取り制度などにより日本国内に急速に普及し，2018年末の累積導入量は5,600万kwに増大した。しかし，導入量は中国（17,600万kw），アメリカ（6,200万kw）には及ばず，中国の3分の1に満たない状況である。

風力発電の累積導入量は中国（2億1,100万kw）が最も多く，アメリカ（9,600

万kw），ドイツ（5,900万kw）がこれに続いている。日本の風力発電は370万kwで，中国の2割に満たない。ドイツやイギリスでは洋上風力発電の導入が進んでいる。

　次に主要各国のエネルギー転換の状況について，電気事業連合会が公表している「海外電力の関連情報」の資料を中心に見ていくことにする。

　まずアメリカの状況であるが，アメリカではオバマ大統領が，2015年のCOP21でパリ協定に調印し，2025年に温室効果ガス（GHG）排出量を2005年比で26〜28％削減することになっていたのであるが，トランプ大統領は2017年6月にパリ協定からの離脱を宣言した[7]。しかし，アメリカの12の州と279都市の市長はパリ協定を遵守し，その排出削減目標を維持することを表明している。

　オバマ大統領の下で，連邦環境保護局（EPA）は，2014年に火力発電設備を対象とした$CO_2$排出規制案（CPP：Clean Power Plan）を発表し，CPPは2015年に発効した。CPPは電気事業全体で2030年までに2005年比32％の$CO_2$排出削減を目ざすものである。しかし，CPPに強く反発する共和党や石炭関連企業はCPPの差し止めを求めて提訴する事態になっている。そのため，現在，CPPの実施は延期されている。とはいえ，アメリカの石炭火力発電は着実に減少が続いている。アメリカの電源構成における石炭火力発電のシェアは2008年の5割から2016年には3割を切る水準にまで低下し，天然ガスに抜かれ，2019年には再エネを下回った[8]。石炭火力発電の急速なシェア低下は，単位あたりの発電原価において，太陽光や天然ガスが石炭の半分以下に下がったことのほか，石炭火力発電に対する国際世論の圧力などによるものである。

　2016年のアメリカの再エネ発電電力量は2006年比で3.7倍増となり，総発電量の8.8％となっている。再エネのうち風力発電の発電電力量のシェアが最も大きく63％を占め，ソーラー発電（太陽光および太陽熱）の発電電力量のシェアが15％を占めている。アメリカでは連邦レベルでは，いくつかの優遇税制によって再エネを支援しているほか，州レベルでは再生可能エネルギー利用基準制度（RPS）によって供給電力の一定割合を再エネ電力で賄うことを義務づ

ける州も多い。カリフォルニア州はRPSによって，2030年までに再エネ比率を50％にする目標をもっている。

　ドイツは豊富な石炭資源を有するため，電力の多くを石炭火力発電で賄ってきたが，近年そのシェアは減少しており，2017年の総発電量に占める石炭のシェアは37％となっている。一方，再エネへの転換にも力を注いでおり，2017年の再エネのシェアは33％（前年比4ポイント増）となった。原子力発電については，1970年代の石油危機を契機に推進されることになったが，1986年のチェルノブイリ事故の後は順次原子力発電所を閉鎖する方針が示された。しかし，メルケル政権の下で閉鎖時期の延長を決めた後，福島第1原発事故（2011年3月）を受けて再び早期に閉鎖することを決定した。ドイツの原子力政策は世界のエネルギー事情や原発事故のたびに2転3転してきたが，2022年までに全ての原発を順次閉鎖することを決定している。

　ドイツでは1990年代から再エネ開発を促進してきており，たとえば陸上風力発電の設備容量は1990年から2016年の間に800倍に増大した[9]。再生可能エネルギーのシェアが急増した要因は，再エネ発電者から高い価格で買い取ることを電力会社に義務づけた「固定価格買取制度」（FIT）である。ドイツでは，FITにより再エネが急速に増大したものの，電力料金の高騰も招いており，消費者負担が増加するという問題も生じている。

　中国の年間消費電力量は世界最大の5.97兆kwh（2016年）で，全発電設備容量の64.3％が火力発電であり，そのほとんどは石炭火力発電である[10]。中国政府は深刻化する大気汚染，水質汚染および地球温暖化問題への取り組みとして石炭火力発電の高効率化や$CO_2$排出削減策を打ち出している。すなわち，「国民経済・社会発展第十三次5カ年計画」（2016年～2020年）において発電効率の低い石炭火力発電所や一定の汚染物質排出基準を満たさない石炭火力発電所を強制的に廃止する方針を打ち出した。

　中国は世界最大の$CO_2$排出国であり，$CO_2$排出量の約50％を発電が占めているため，再エネ開発に熱心に取り組んでおり，「再生可能エネルギー法」（2006年施行）では，「固定価格買取制度」や発電事業者への再生可能エネルギ

ー導入の強制的割り当て制度（RPS）などを導入した。RPSは500万ｋｗ以上の発電設備容量をもつ事業者に，再生可能エネルギー発電設備の比率を2020年までに８％以上とすることを義務づけている。中国は風力エネルギー資源が豊富であり，風力発電設備容量は2005年から2017年の12年間で88倍に拡大した。太陽光発電も同様の急拡大を遂げたが，それは政府の大規模な財政支援によるところも大きい。

　インドはエネルギー消費大国であるが，国産のエネルギーが不足しているため，輸入で賄っており，2015年のエネルギー自給率は65％で，一次エネルギーの構成比率は，石炭45％，石油29％，バイオ燃料・廃棄物23％，天然ガス５％，水力１％，原子力１％となっている[11]。インドの$CO_2$排出量（2015年で20.7億トン）は世界第３位であるが，１人当たりの排出量（1.6トン）では世界平均の半分以下になる。

　インドの大都市では大気汚染が深刻化していることもあり，$CO_2$や汚染物質に対する規制を強化しつつある。一方で再エネの導入についても目標を設定して促進している。また，「固定価格買取制度」（FIT）や「再エネ電源調達義務制度」などが一部の州で導入され，再エネの普及を支援している。

## 第４節　日本の電源構成の推移とその課題

　環境エネルギー政策研究所（ISEP）は，毎年「自然エネルギー白書」を発行している。ここでは，ISEPのデータから日本の電源構成の現状と自然エネルギー発電量の推移についてみていくこととし，加えて環境先進地域であるEUとの比較を通して，日本の課題を検討する[12]。この「自然エネルギー白書」によると，2018年の日本の電源構成は，石炭28.3％，LNG37.4％，石油3.7％，その他の火力8.5％と合計で77.9％になり，火力発電が約8割を占めており，国際比較の点からきわめて高い比率となっている。しかし，2017年比で0.9ポイントの減少，2014年からは10ポイント減少しており，エネルギー転換は進んでいるものの，先進各国と比較すると転換の速度は非常に遅いもの

図表13－6　日本の全発電量に占める自然エネルギーの割合の推移

| 電　源 | 2014年 | 2015年 | 2016年 | 2017年 | 2018年 | 備　考 |
|---|---|---|---|---|---|---|
| 水　力 | 8.0% | 8.6% | 7.6% | 7.6% | 7.8% | 大規模含む |
| バイオマス | 1.5% | 1.5% | 1.9% | 2.0% | 2.2% | 自家消費含む |
| 地　電 | 0.2% | 0.2% | 0.2% | 0.2% | 0.2% | |
| 風　力 | 0.5% | 0.5% | 0.5% | 0.6% | 0.7% | 電力需給データ |
| 太陽光 | 1.9% | 3.0% | 4.4% | 5.7% | 6.5% | 自家消費含む |
| 自然エネルギー | 12.1% | 13.8% | 14.7% | 16.4% | 17.4% | |
| VER* | 2.3% | 3.5% | 5.0% | 6.3% | 7.2% | |
| 火　力 | 87.9% | 85.7% | 83.6% | 80.8% | 77.9% | 石炭, LNG, 石油ほか |
| 原子力 | 0.0% | 0.4% | 1.7% | 2.8% | 4.7% | |

*VER（変動する自然エネルギー:太陽光および風力発電）

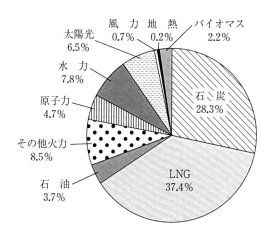

出所：環境エネルギー政策研究所（ISEP）（2019），1ページ。

となっている。原子力発電は福島第1原発の事故をうけて，2014年にゼロになった後，毎年発電量が増加し，2018年には4.7％となった。

　自然エネルギーの構成比率は，2017年の16.4％から2018年には17.4％に増加した。その内訳は，太陽光発電が6.5％（2017年は5.7％），風力が0.7％，バイオマスが2.2％で，いずれも増加傾向にある。一方，水力（7.8％）と地熱は

248

横ばい状況が続いている。

　日本の自然エネルギーの構成比率は徐々に高くはなっているが，「すでに自然エネルギーの年間発電量の割合が30％を超える国が多くあり，----2030年までに自然エネルギー100％で電力供給を目指す国もある」ことを考慮すると，「2030年までの日本の目標24％はとても低い」といわざるを得ない(13)。

　ところで，2018年には，九州電力エリアにおいて太陽光で発電された電力が九州電力の電力網に接続できない事態が発生した。太陽光や風力は太陽光や風の強さによって電力の出力が変化する（変動する自然エネルギー：VRE）ため，常に電力の需給調整を続けることが求められる。九州電力では2018年10月13日に，電力の需給調整能力を上回る太陽光発電が行われたため，日本で初めて出力抑制が実施された。出力抑制は2018年中に計8回実施され，その中には風力発電も含まれていた。つまり，自然エネルギーの構成比率を高めるためには，電力会社の配・送電網に電力の需給調整システムを構築しておく必要があるが，日本の電力会社においてはこうしたシステムが十分に整備されていな

図表13－7　欧州各国および中国・日本の発電量に占める自然エネルギーの割合の比較（2018）

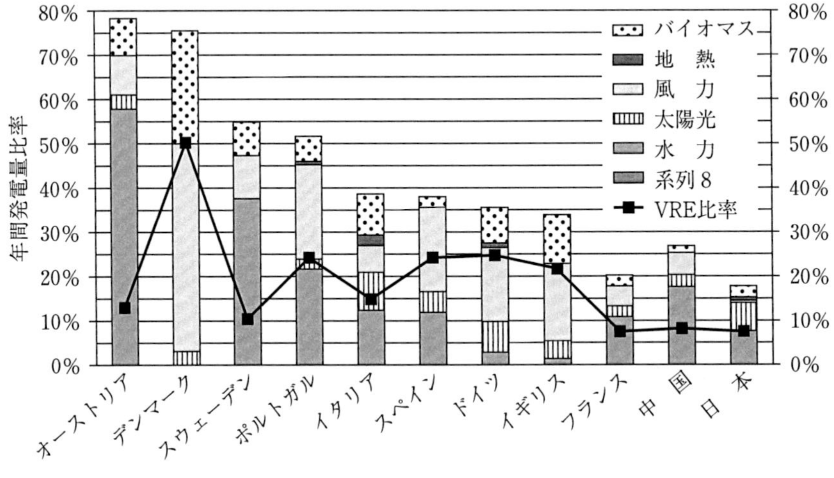

出所：環境エネルギー政策研究所（ISEP）（2019），5ページ。

い。

日本におけるVREの比率は約7％であるが，欧州にはVREが20％を超える国が多数存在する。デンマークではVREが50％を超えており，日本で自然エネルギー比率を高めていくためには電力の需給調整システムの整備を進めなければならない。

欧州は2030年の自然エネルギーの目標を最終エネルギー目標の32％に設定している。なかでもデンマークやスペインでは，2030年目標を100％に，ドイツは65％に決定している。これに対して，日本は2030年目標を24％としており，欧州先進国と比べてきわめて低い目標ということがわかる。すなわち，2018年7月に閣議決定された「第5次エネルギー基本計画」では，2030年の電源構成の目標を火力56％，自然エネルギー22～24％，原子力20～22％に設定しているのであるが，これは4年前（2014年4月）の「第4次エネルギー基本計画」とほとんど変わってない。2015年にパリ協定が締結され，SDGsが採択されたほか，太陽光と風力が最も安い電源となったにもかかわらず4年前の目標数値とほとんど変わっていないことに国内，国外から厳しい批判があび

図表13－8　欧州各国および日本の自然エネルギー電力の導入実績・目標

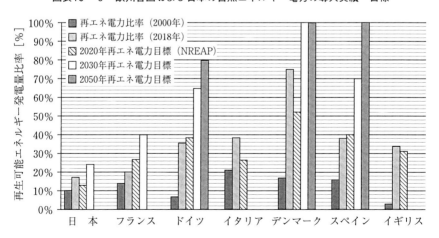

出所：環境エネルギー政策研究所（ISEP）（2019），6ページ。

せられている<sup>(14)</sup>。

　これまで温暖化ガスの削減に最も熱心に取り組んできたのはEUである。EUは2019年に新たな執行体制に移行したが，女性として初めて欧州委員長に就任したフォンデアライエンは，気候変動対策をEUの最重要課題に掲げ，「欧州グリーンディール」を打ち出した。これは2030年の温暖化ガスを1990年比で50〜55％削減し，2050年にはEU域内の温暖化ガス排出ゼロを目標とする野心的なものである<sup>(15)</sup>。これは2030年に温暖化ガスを40％削減するという前欧州委員長の目標よりもはるかに意欲的なものである。EUは環境関連投資を公共投資の柱にすえ，欧州中央銀行（ECB）は環境関連投資を積極的に支援する体制をとる。またEUに比べ温暖化対策が緩い国からの輸入品に関税を上乗せする「国境炭素税」構想や新たな環境規制構想によってEU企業の競争優位を確保しようとすることも意図している。

　かつて環境に関するRoHS指令やREACH規則を創設し，それらがやがてグローバルスタンダード（国際標準）として機能し，EU企業の競争力が強化されたように，環境政策を国際競争戦略に活用しようとする意図があるように見える。日本のように温暖化ガス削減を躊躇する国に先んじてグローバルな規制を作り，それを競争戦略に利用しようという発想である。日本は脱炭素化で積極的な姿勢をとらなければ，国際標準競争においても遅れをとり，日本企業の競争力はさらに低下することになりかねないであろう。

## 第5節　ESG投資と脱炭素化

　気候変動対策のためによりクリーンなエネルギーに転換しようとする流れは金融分野において最も激しくなっているように思われる。$CO_2$などを大量に排出する石炭やタールサンドなどの化石燃料からの投資の引きあげ（ダイベストメント）が進む一方で，再生可能エネルギーへの投資が急増している。このような急速な変化は2015年に始まったということができる。2015年には国連で「持続可能な開発目標（SDGs）」が採択され（2015年9月），パリ協定が採択

図表13－9　グリーンボンド発行額推移（種類別）

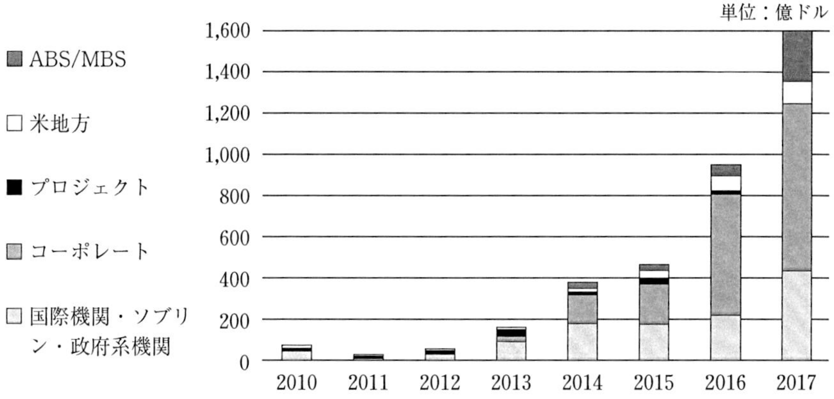

単位：億ドル

凡例：
- ■ ABS/MBS
- □ 米地方
- ■ プロジェクト
- □ コーポレート
- □ 国際機関・ソブリン・政府系機関

出所：デロイト トーマツファイナンシャルアドバイザリー（2019），5ページ。

（2015年12月）されたほかFSB議長のマーク・カーニーが，気候変動が金融の安定にもたらしうる3つのリスク（①物理的リスク，②責任リスク，③移行リスク）を指摘した（2015年9月）ことにより，気候変動がまさに金融分野における重要な課題であることが認識されるようになった [16]。世界最大の機関投資家である年金積立金管理運用独立行政法人（GPIF）が国連責任投資原則（PFI）に署名したのも2015年9月であり，ESG投資の重要性が日本国内においても強く意識されるようになった。2015年を境に，世界のグリーンボンドの発行額が急拡大していることもこれを示している。

　石炭関連産業からの機関投資家によるダイベストメントは，近年，非常に厳しいものになっている。機関投資家は石炭関連産業を中心とする電力会社など幅広い産業の企業におけるダイベストメントやエンゲージメント（経営者との対話）によって脱炭素化を働きかけている。

　銀行もまた石炭関連産業への融資について抑止やダイベストメントといった行動を強めているが，そうした中で日本の銀行は石炭関連産業への融資姿勢を変えていない。すなわち，石炭火力発電事業者上位120社に対する融資額（2016～18年）が世界で最も多い銀行はみずほFG（1兆2,801億円）であり，2位

が三菱UFJFG（9,905億円），４位が三井住友FG（4,166億円）と融資額上位に日本のメガバンクが名を連ねている<sup>(17)</sup>。みずほFGの融資額は欧米銀行でトップの米シティグループ（3,378億円）の４倍近い金額である。石炭火力事業者への国・地域別貸し付け割合においても，日本が30.65％，欧州24.76％，中国12.16％，アメリカ7.49％で，日本の銀行が脱炭素化で大きく遅れをとっていることが一目瞭然である。

## 第6節　おわりに

　2020年代は，すべての資本が環境を軸に回る「グリーン・キャピタリズム」（緑の資本主義）の到来が予想されている。既に世界で3,000兆円を超えるといわれるESG投資がますます環境を重視した投資へと移り，世界の金融のルールも環境重視のルールへと変化している。自然エネルギーへの転換もEUを先頭に急速に進展している。パリ協定から離脱し，トランプ大統領が石炭産業や石油産業重視の政策をとるアメリカでさえ，実態は自然エネルギーへの転換が着々と進んでいる。

　その一方，日本は相変わらず化石燃料に固執し，火力発電を主力電源にすえた「時代錯誤」の政策をとりつづけている。これに対してEUは温暖化ガス排出ゼロを目ざした公共投資を通して経済成長と技術革新の達成を目ざしている。それに加えて，温暖化対策を国家や企業の競争戦略としても位置づけ，投資や金融関連等のルール作りで優位性を確保しようと構想している。

　日本政府はこうした世界のエネルギー転換の大きな流れを正しく捉え，迅速に政策や法制度を変えていかなければ，ますます世界に遅れをとっていくことになるであろう。ベンチャービジネスの育成政策の失敗やコーポレート・ガバナンス改革の遅れなどにより1990年代の初めから，日本はいわゆる「失われた20年」といわれる低成長に陥ったが，この失敗を再び繰り返すことは許されない。自然エネルギーを促進するための技術革新への支援や，法制度の整備などにおける遅れを取り戻さなければならない。2019年にはドイツの自然エ

ネルギーの構成比が46％になり，化石燃料（40％）を抜いた。日本に欠けているのは，エネルギー転換のスピードであるということができる。

　2019年12月のCOP25（国連気候変動枠組条約第25回締約国会議）では，小泉環境大臣が日本の後向きの環境政策について，各国の代表から集中砲火を浴びた。日本政府には，世界が「グリーン・キャピタリズム」に移行しつつあるという認識も，そのための国家戦略もなく，旧態依然として化石燃料産業の利益を守る政策を取り続けている。また日本は化石燃料のほとんどを輸入で賄っているが，自然エネルギーはほぼ完全に国内で自給することができる。エネルギー安全保障という観点からも，また貿易収支という観点からも，自然エネルギーへの転換が急務ということができる。

## 【注】

（1）末吉竹二郎（2019）73ページ。

（2）同上稿，76ページ。

（3）同上稿，77ページ。

（4）自然エネルギー財団（2019年6月12日）

（5）西方正司（2013）34ページ。

（6）同上書，35ページ。

（7）電気事業連合会（2018, a）1ページ。

（8）日本経済新聞，夕刊，2019年12月25日。

（9）電気事業連合会（2018, b）1ページ。

（10）同上資料1ページ。

（11）電機事業連合会（2018, c）。

（12）ISEP, 2019年4月9日，閲覧日：2019年12月28日。

（13）同上資料6〜7ページ。

（14）同上資料12ページ。

（15）日本経済新聞，2019年12月30日。

（16）デロイト トーマツファイナンシャルアドバイザリー合同会社，2019年3月29日，5ページ。

（17）週刊東洋経済，2019年5月18日号，31ページ。

254

**【参考文献】**

ISEP（環境エネルギー政策研究所）「2018年（暦年）の国内の自然エネルギー電力の割合（速報）」，2019年4月9日，https://www.isep.or.jp/archives/library/11784

ISEP『自然エネルギー白書2018/2019サマリー版』2019年3月。

自然エネルギー財団「国内の2018年度の自然エネルギーの割合とFIT制度の現状」『自然エネルギー・データ集』2019年8月6日，https://www.renewable-ei.org/statistics/international/

自然エネルギー財団「国際エネルギー」『統計』2019年6月12日，2019年9月19日，https://www.renewable-ei.org/statistics/international/

自然エネルギー財団「資源別」『統計』2019年10月8日，https://www.renewable-ei.org/statistics/re/?cat=wind

週刊東洋経済，2019年5月18日号。

末吉竹二郎「脱炭素に背を向けると企業は生き残れない」『週刊東洋経済』2019年4月6日号。

デロイト トーマツファイナンシャルアドバイザリー合同会社「平成30年度エネルギー戦略立案のための調査・エネルギー教育等の推進事業調査報告書」2019年3月29日，https://www.meti.go.jp/meti_lib/report/H30FY/000056.pdf

電気事業連合会，「米国の電気事業」『海外電力関連情報』2018年9月30日，a，1ページ，ttps://www.fepc.or.jp/library/kaigai/index.html

電気事業連合会「ドイツの電気事業」『海外電力関連情報』2018年9月30日，b，https://www.fepc.or.jp/library/kaigai/kaigai_jigyo/germany/detail/1231561_4782.html

電機事業連合会「インドの電気事業」『海外電力関連情報』2018年9月30日，c，https://www.fepc.or.jp/library/kaigai/kaigai_jigyo/usa/index.html

西方正司『環境とエネルギー——枯渇性エネルギーから再生可能エネルギーへ』数理工学社，2013年。

日本経済新聞，夕刊，2019年12月25日。

日本経済新聞，2019年12月30日。

# 第14章

# 住宅産業・企業の環境経営

## 第1節　はじめに

　本章では，サーキュラー・エコノミー，クリーン・エコノミー，スマートシティなどこれまでの章で見てきた環境ビジネスに関係する，住宅産業・企業の環境経営について検討する<sup>(1)</sup>。先行研究では，産業を問わず日本企業に広く見られる環境経営とは，「企業が競争力を獲得・向上することを目的として，環境対策を事業化すべく，CSRを経営ないし経営戦略の中心に据えて利潤追求と環境対策を両立することを経営目標とする経営」であり，「継続的改善を通じて環境マネジメントのシステム化やエコ・プロダクツの開発・普及に積極的に取り組むことによって総合的な経営品質を追求する経営」であることが明らかになっており，そうした環境経営を分析可能にする枠組みとして環境経営システムという視点が提示されている。この環境経営システムという視点（図表14－1を参照）は，「資本主義企業による，持続可能性を経営理念・目標とする環境経営の方法を総合し，利潤追求と環境の両側面から企業経営とその発展を統一的に議論できるようにするところに特徴がある」<sup>(2)</sup>。本章における住宅産業・企業の環境経営の検討は，これらの環境経営の特徴と枠組を念頭に置いている。

　本章では，住宅生産団体連合会（以下，住団連と表記）が提起する自主的環境行動計画を参考に，住宅産業全体の環境経営の課題を記述することからはじめ（第2節），次いで，日本の住宅メーカーにおける環境経営の代表的事例として

図表14－1　日本企業の環境経営システム

| 内容・特性 / 要素 | 内　　容 | 特性規定要因 (1) 内的発展の原理 | 特性規定要因 (2) 基盤的条件 |
|---|---|---|---|
| 経営理念と目標 | 持続可能性 環境理念 CSR (企業の社会的責任) | 経営の論理 (＝営利性, 社会性, 環境性) (＝人間性) | 環境思想 (＝人間観, 社会観, 自然観) |
| 経営戦略 | 環境戦略 CSV (共通価値の創出) | 競争優位性 付加価値 | 市場競争 ステークホルダーの 利害関係 |
| 経営組織 | 環境委員会 | 企業倫理 コンプライアンス | 環境マネジメントの 認証制度 |
| 管理制度と管理技法 | 環境マネジメントシステム グリーン・マーケティング 環境会計 環境コミュニケーション 環境教育 | 公害予防・未然防止 公害防止 ゼロ・エミッション 省資源 省エネ 資源生産性 | 環境法, 環境条約 環境問題 　気候変動 　汚　染 　健康被害 　生物多様性 　資源枯渇 |
| 生産技術 | 環境技術 (製品技術と工程技術を含む) | | 科学・技術の水準 |

出所：山田 (2017), 35ページより引用。

積水ハウス株式会社（以下，積水ハウスと表記）を取り上げる（第3節）。この検討を通じて，日本の住宅産業・企業の環境経営の課題を議論する。

## 第2節　住宅産業の自主的環境行動計画

　住宅メーカーの環境経営を検討することに先立って，住団連が提起する「住宅産業の自主的環境行動計画」を手掛かりに，住宅産業全体としての環境問題に対する認識および環境経営の目標や計画を見ておく。住団連は住宅に関する調査・研究・提言・国際交流・情報提供を事業内容とする一般社団法人である。住宅生産関連の団体は建築物の構造または工法別に細分化され組織されてきたため，住宅産業が抱える課題への対応は限定的に行われてきた。住宅産業に係る社会的要請や産業内部の問題に対して産業全体で取り組むことを可能にするために，1992年6月に公益法人として住団連は設立された。住団連の構

成団体は，プレハブ建築協会，全国中小建築工事業界団体連合会，日本ツーバ
イフォー建築協会，住宅生産振興財団，全国住宅産業協会，日本木造住宅産業
協会，リビングアメニティ協会，新都市ハウジング協会，輸入住宅産業協会，
JSB・全国工務店協会である[3]。

　住団連の倫理憲章では，「環境への配慮」として，「住宅と街づくりにおいて
開発・建設・居住・維持・廃棄などが環境に与える負荷の大きさを認識し，省
資源，省エネルギー，リサイクルの推進，自然環境や景観の保全，緑化の推進
などに，住宅関連事業に携わる者の責務として，自主的，積極的に取り組
む」[4]必要があるとしている。このような認識のもと，住団連は「住宅産業
の自主的環境行動計画」を1997年12月に初めて発表した。その後，同計画は
1998年，2002年，2008年，および2014年と改訂を重ねてきた。本章の執筆
時点では2014年の第5版が最新版である。これらの改訂の背景には，気候変
動と生態系の破壊，その解決策としての持続可能な循環型社会の構築，木材の
違法伐採や有害物質の排除のための建築材のトレーサビリティの確保と情報公
開などの世界的潮流，および1993年以降の日本国内の環境関連法の整備と
2006年の住宅基本法の施行による「量の確保」から「質の確保」へという日
本の住宅政策のコンセプトの転換など，国内外の社会・経済情勢がある[5]。

　住団連は同計画の初版から第5版まで一貫して5つの行動目標を設定してい
る。その5つとは，①住宅のライフサイクル全過程における環境負荷を低減す
る，②良質な社会的資産のストックを形成する，③住宅のライフサイクルの二
酸化炭素（以下，$CO_2$と表記）排出量を削減する，④建設廃棄物の排出量を削減
する，⑤関連産業，住まい手，地域社会と連携して環境活動に取り組む，であ
る。図表14-2は第5版におけるこれらの行動目標と行動計画を示している。

　同計画の行動目標③と④より，気候変動と廃棄物削減が住宅産業全体にとっ
ての中心課題であることがわかる。これらの中心課題に対応するために，行動
目標①住宅のライフサイクル全過程における環境負荷低減と，行動目標②良質
な社会的資産のストックを形成することを目指して，環境マネジメントシステ
ム[6]の構築，住宅の長寿命化と住宅流通システムの整備，ライフサイクル・

図表14－2　住宅産業の自主的な環境行動の目標と計画

| |
|---|
| ①　住宅のライフサイクル全過程における環境負荷を低減する |
| 　1）住宅のライフサイクルに合わせた環境負荷低減活動の推進 |
| 　2）環境活動に対する具体的な共通目標の設定 |
| 　3）環境マネジメントシステムの導入と推進 |
| ②　良質な社会的資産のストックを形成する |
| 　1）住宅の長寿命化の推進と既存住宅の改修促進 |
| 　2）良質なまちなみ・景観の形成およびその維持・育成に関する普及・啓発 |
| 　3）住み替えのための住宅流通システムの整備・構築 |
| ③　住宅のライフサイクルのCO$_2$排出量を削減する |
| 　1）企画・設計段階，使用（居住）段階における活動計画 |
| 　2）施工に係わる活動計画 |
| ④　建設廃棄物の排出量を削減する |
| 　1）建設廃棄物の発生抑制（リデュース）・再使用（リユース）・再生利用（リサイクル）率の向上と適正処理体制の確立 |
| ⑤　関連産業，住まい手，地域社会と連携して環境活動に取り組む |
| 　1）関連産業・住まい手・地域社会との連携の強化 |
| 　2）住宅の使用（居住）時における情報発信と国際交流 |
| 　3）構成団体・企業の環境活動推進体制整備 |
| 　4）住宅産業による環境行動の継続的な調査・把握 |

注：①から⑤は行動目標を，各行動目標の1）から4）は行動計画を示している。
出所：住宅生産団体連合会（2014）に基づいて筆者作成。

アセスメント（LCA：lifecycle assessment），3R活動，および行動目標⑤ステークホルダーとのパートナーシップ（たとえば，グリーン調達や環境教育など）が必要になる。

　ここで，LCAとは，製品・サービスの，「原料調達段階－加工・製造段階－流通段階─使用・消費段階－リサイクル・廃棄段階」からなるライフサイクル全体，またはこれらの各段階における環境負荷を定量的に評価する手法である。消費者が製品・サービスだけでなくその生産過程も含めて環境にやさしい製品＝エコ・プロダクツを選択できるようにするためにも，ライフサイクル全体の環境負荷情報の開示が必要であり，そのためには適切な評価方法が不可欠である。LCAはISO14040からISO14043においてその原則・枠組みと手順が規

図表14－3　住宅のライフサイクルの段階

| 資材段階 | 資源の開発から建設資材および住宅設備機器の生産の過程 |
|---|---|
| 建設段階 | 土地造成工事，企画・設計，資材選定，および竣工の過程 |
| 使用（居住）段階 | 住宅の使用，その後の維持・保全・増改築，改修・補修の過程 |
| 解体段階 | 住宅の解体の事前調査，解体工事，建設廃棄物の排出の過程 |
| 再生，処理・処分段階 | 建設廃棄物の再使用・再生利用・熱回収・最終処分の過程 |

出所：同上。

図表14－4　住宅の各ライフサイクル段階における$CO_2$排出量

（単位：$CO_2$換算，万トン）

| 段　階 | 1990年度実績値 | 2012年度実績値 | 2020年度目標値（90年度比削減割合） |
|---|---|---|---|
| 資　材 | 688.8 | 646.1 | 640.0（−7.1%） |
| 建　設 | 538.0 | 274.4 | 270.0（−49.8%） |
| 使用（居住） | 14,308.8 | 18,491.8 | 14,000.0（−2.2%） |
| 解　体 | 410.2 | 327.9 | 320.0（−22%） |
| 再生，処理・処分 | 793.4 | 813.6 | 580.0（−26.9%） |

出所：同上。

格化されている。「住宅産業の自主的環境行動計画」の行動目標①にある「住宅のライフサイクル」とは「資材段階―建設段階―使用（居住）段階―解体段階―再生，処理・処分段階」からなっている。図表14－3はこの各段階の詳細を示している。これらの各段階における温暖化物質や廃棄物の排出量を調査し，それらの排出削減目標を設定し，対策を実行していくことが同計画の行動目標①③④によって示されている。

　図表14－4は同計画が示す，住宅の各ライフサイクル段階における$CO_2$排出量の1990年度と2012年度の実績値および2020年度の目標値である。すなわち，住宅産業全体の気候変動対策の実績と目標である。同図表からわかることは，住宅産業では，原材料の調達や生産過程およびリサイクルや廃棄の過程よりも，製品の使用（居住）の過程で最も温室効果ガス（GHG; greenhouse gas）が排出されるということである。これは，住宅がわれわれの生活の場であり，

260

図表14－5　建設段階におけるリサイクル量・減量化量・最終処分量

(単位：万トン)

| 対象資材 | 1990年度実績値 | | | | 2012年度実績値 | | | | 2020年度目標値 | | | |
|---|---|---|---|---|---|---|---|---|---|---|---|---|
| | リサイクル | 減量化 | 最終処分 | 合計 | リサイクル | 減量化 | 最終処分 | 合計 | リサイクル | 減量化 | 最終処分 | 合計 |
| 木材 | 68 | 51 | 0 | 120 | 48 | 37 | 0 | 85 | 42 | 18 | 0 | 60 |
| 鉄 | 13 | 0 | 1 | 15 | 8 | 0 | 1 | 9 | 7 | 0 | 1 | 8 |

出所：同上。

図表14－6　再生，処理・処分段階におけるリサイクル量・減量化量・最終処分量

(単位：万トン)

| 対象資材 | 1990年度実績値 | | | | 2012年度実績値 | | | | 2020年度目標値 | | | |
|---|---|---|---|---|---|---|---|---|---|---|---|---|
| | リサイクル | 減量化 | 最終処分 | 合計 | リサイクル | 減量化 | 最終処分 | 合計 | リサイクル | 減量化 | 最終処分 | 合計 |
| コンクリート | 1,215 | 0 | 1,317 | 2,532 | 2,627 | 0 | 54 | 2,681 | 2,626 | 0 | 54 | 2,680 |
| 木材 | 619 | 467 | 0 | 1,085 | 634 | 479 | 0 | 1,113 | 735 | 315 | 0 | 1,050 |
| 鉄 | 46 | 1 | 4 | 50 | 42 | 1 | 4 | 47 | 37 | 0 | 3 | 40 |

出所：同上。

（耐久消費財の１つである自動車と比べても，それ以上に）使用期間が長いためである。住宅産業・企業においては，産業・企業の経済活動ではない，したがって個別企業による管理の直接的な対象ではない製品使用時の環境負荷をいかに削減するか（＝拡大生産者責任）が大きな課題である。

　住宅に使用される資源は多種多様であり，リサイクル技術が確立されていないものが多い。住団連によれば，コンクリート，木材，鉄鋼は住宅に使用される資源の80％を占めるため，これら３品目のリサイクル率と減量化量を高め，最終処分量を削減することが重要になる。図表14－5は同計画が示す建設段階における木材と鉄鋼の廃棄物の実績値と目標値である。また，図表14－6は同計画が示す再生，処理・処分段階における上記３品目の廃棄物の実績値と目標値である。これらの図表を図表14－4も併せて見ると，建設段階および再生，処理・処分段階では，GHGや有害廃棄物を排出しないことを意味するゼロエミッションが着実に展開されていることがわかる。このような計画や目

図表14－7　良質な社会的資産のストックを形成するための手段

| 製品<br>レベル | ・住宅の省エネルギー性能の向上：高断熱・高気密，日射制御，再生可能エネルギーの活用，高効率設備機器採用等<br>・住宅の高耐久性能の向上：耐用年数向上，ユニバーサルデザイン等<br>・リサイクル資材，自然環境との調和，節水，雨水浸透・利用，室内外の緑化，まちなみ景観，バリアフリー，通風・換気性能，室内空気質への配慮，遮音・防音性能等を最適化した住宅 |
|---|---|
| 生産過程<br>レベル | ・プレカット・パネル化・工業化<br>・3Rと適正処理による廃棄物排出量削減<br>・有害化学物質対応，建設資材の配送効率の向上，アイドリングストップ等による$CO_2$排出量の削減 |

出所：同上。

　標が策定・設定されること自体，住宅産業・企業における低炭素化と資源循環について改善の余地が大きいことを示している。

　図表14－7は，同計画の行動目標②を達成するための手段，すなわち「良質な社会的資産のストックを形成する」ための製品（＝住宅）レベルと生産過程レベルにおける手段を示している。住宅はわれわれの生活の場であり個人資産であると同時に，街並みや景観を構成する社会的資産である。われわれは住宅を使って生活をしている。その住宅における日々の営みのエネルギー効率と住宅の耐久性能は気候変動と資源循環という社会問題にかかわる。そのため，われわれが特段の工夫をすることなくエコ・ライフを送ることができるほど，住宅産業・企業は製品の省エネルギー性能と耐久性能を向上していく必要がある。そのような住宅を前提とする都市がスマートコミュニティである。すなわち，住宅産業・企業は持続可能な社会に不可欠なエコハウスないしスマートハウスを生産する必要がある。さらに，その生産過程においても気候変動と資源循環への対応が問われる。

　総じて，気候変動と資源循環を解決するような持続可能な社会を構築するために，関連産業・住まい手・地域社会と連携して，住宅のライフサイクル全過程における環境負荷を低減し，良質な社会的資産のストックを形成することが，

日本の住宅産業・企業の課題である。

## 第3節　住宅メーカーの環境経営 (7)

　積水ハウスは，1960年8月に積水化学工業ハウス事業部を母体として積水ハウス産業という社名で設立された日本の住宅メーカーである。1963年10月に現在の社名に変更し，日本の住宅産業のトップ・メーカーの1つとして活躍してきた。積水ハウスは環境経営のリーディング・カンパニーでもあり，様々なESG投資やサステナビリティ格付けにおいて高く評価されている (8)。本節では，住宅産業における個別企業の環境経営を考察するために，その代表的な事例として積水ハウスを取り上げる。同社の『Sustainability Report 2019』を手掛かりにして，環境経営の理念，方針，ビジョン，戦略的目標，組織・推進体制，および環境ビジネス・環境保全活動について記述する。

　積水ハウスは1989年1月に「人間愛」という根本哲学，すなわち「人間は夫々かけがえのない貴重な存在であると云う認識の下に，相手の幸せを願い，その喜びを我が喜びとする奉仕の心を以って何事も誠実に実践する事である」という企業理念を制定している。この企業理念を踏まえて，顧客満足，従業員満足，株主満足を達成することを「CSR方針」とし，2005年から2006年にかけて「環境価値」，「経済価値」，「社会価値」，「住まい手価値」という4つの価値とそれらに基づく13の指針からなる「サステイナブル・ビジョン」を発表した（図表14－8を参照）。そうすることによって同社は持続可能性を経営の基軸に据えた。このように積水ハウスは，環境経営の理念・方針・ビジョンを設定してきた。

　積水ハウスは2008年に環境経営の長期目標に当たる「サステナビリティ・ビジョン2050」を宣言し，「脱炭素社会」「資源循環型社会」「人と自然の共生社会」「長寿先進・ダイバーシティ社会」を目指すべき社会であるとしている。また，この長期目標を達成するための中期目標（2030年目標）として，持続可能な開発目標（SDGs; sustainable development goals）とESG経営の観点から「中

図表14－8　積水ハウスが追求する4つの価値と13の指針

| 価値 | 指針 | 内容 |
|---|---|---|
| 環境価値 | エネルギー | 化石燃料に依存しないエネルギー利用の実現 |
| | 資源 | 自然生態系の再生能力を超えない資源の利用 |
| | 化学物質 | 自然界に異質で分解困難な物質の濃度を増やし続けない |
| | 生態系 | 自然の循環と多様性が守られるよう配慮する |
| 経済価値 | 知恵と技 | 「サスティナブル」な価値を創造する知恵と技術の蓄積 |
| | 地域経済 | 地域経済の活性化 |
| | 適正利益と社会還元 | 適正な企業利益の追求と社会への還元 |
| 社会価値 | 共存共栄 | 社会の様々な関係者との信頼と共感に基づく共存共栄の関係の構築 |
| | 地域文化と縁起こし | 地域文化の継承・醸成とコミュニティ育成 |
| | 人材づくり | 「サスティナブル」な価値を創出する人材づくり |
| 住まい手価値 | 永続性 | 末永く愛され，時とともに値打ちを高める住まいづくり |
| | 快適さ | 穏やか，健やかで快適な暮らしの提供 |
| | 豊かさ | 永きにわたる豊かさの提供 |

出所：積水ハウスのホームページ（https://www.sekisuihouse.co.jp/sustainable/management/csr_3/index.html）を一部修正。

期経営計画」を設定している（図表14－9を参照）。この中期経営計画は2030年を到達地点とし，ISO14001に基づく同社の環境マネジメントシステムによって3年おきに更新される。本章執筆時点では，2008年度から2019年度にかけて3回更新されている。

　積水ハウスでは，取締役会の下に，代表取締役会長を委員長とする「CSR委員会」において環境マネジメントを含む全社的なCSR活動を統括してきた（図表14－10を参照）。2017年には「環境事業部会」，「社会性向上部会」，「ガバナンス部会」からなる「ESG部会」を発足し，全社横断的な視点からESGの各活動の意思決定を迅速に行えるように体制を整備した。「環境推進部」を事務局とする「環境事業部会」の役割は，地球温暖化防止，生態系保全，資源循環に関わる活動を企画・推進することである。「CSR部」を事務局とする「社会性向上部会」は，顧客満足・従業員満足・株主満足の向上，人権，ダイバー

264

図表14－9　積水ハウスの環境経営のビジョン，中長期目標，環境保全活動

| 目指す姿 | 脱炭素社会 |
|---|---|
| 2050年目標 | 住まいのライフサイクルにおける$CO_2$ゼロ |
| 2030年目標 | SBT目標の達成 |
| 主な活動 | ・「エコ・ファーストの約束」公表（2008年）<br>・環境配慮型住宅「グリーンファースト」発売（2009年）<br>・ネット・ゼロ・エネルギー・ハウス（ZEH）「グリーンファーストゼロ」発売（2013年）<br>・パリ協定遵守宣言（2015年）<br>・国際イニシアチブ「RE100」に加盟，コミットメントを公表（2017年） |
| ESGでの対応 | E（環境） |
| 関連するSDGs | 7「エネルギーをみんなに，そしてクリーンに」，11「住み続けられるまちづくりを」，12「つくる責任，つかう責任」，13「気候変動に具体的な対策を」，17「パートナーシップで目標を達成しよう」 |

| 目指す姿 | 人と自然の共生社会 |
|---|---|
| 2050年目標 | 事業を通じた生態系ネットワークの最大化 |
| 2030年目標 | 生物多様性の主流化をリード |
| 主な活動 | ・「5本の樹」計画開始（2001年）<br>・「木材調達ガイドライン」制定（2007年） |
| ESGでの対応 | E（環境） |
| 関連するSDGs | 6「安全な水とトイレを世界中に」，11「住み続けられるまちづくりを」12「つくる責任，つかう責任」，14「海の豊かさを守ろう」15「陸の豊かさを守ろう」，17「パートナーシップで目標を達成しよう」 |

| 目指す姿 | 資源循環型社会 |
|---|---|
| 2050年目標 | 住まいのライフサイクルにおけるゼロエミッションの深化 |
| 2030年目標 | 循環型事業の制度整備加速 |
| 主な活動 | ・ゼロエミッション・プロジェクト始動（2000年）<br>・全工場で廃棄物のゼロエミッション達成（2002年）<br>・新築施工・アフターメンテナンス・リフォームの各段階で廃棄物のゼロエミッション達成（2005～2007年）<br>・ビッグデータ活用に対応した次世代システムに移行（2017年） |
| ESGでの対応 | E（環境） |
| 関連するSDGs | 11「住み続けられるまちづくりを」，12「つくる責任，つかう責任」17「パートナーシップで目標を達成しよう」 |

（次ページに続く）

| 目指す姿 | 長寿先進・ダイバーシティ社会 |
|---|---|
| 2050年目標 | 住まいとコミュニティの豊かさを最大化 |
| 2030年目標 | 住宅における新たな価値の提供 |
| 主な活動 | ・日本初の「障がい者モデルハウス」建設（1981年）<br>・「生涯住宅」を住まいづくり思想として定義（1989年）<br>・「積水ハウスのユニバーサルデザイン」確立（2002年）<br>・「人材サステナビリティ」を宣言（2006年）<br>・「心地よさ」まで追求した「スマートユニバーサルデザイン」を推進（2010年）<br>・空気環境配慮仕様「エアキス」発売（2011年）<br>・「幸せ住まい」研究開始（2018年） |
| ESGでの対応 | S（社会） |
| 関連するSDGs | 3「すべての人に健康と福祉を」，4「質の高い教育をみんなに」5「ジェンダー平等を実現しよう」，8「働きがいも経済成長も」9「産業と技術革新の基盤をつくろう」，11「住み続けられるまちづくりを」，12「つくる責任，つかう責任」，17「パートナーシップで目標を達成しよう」 |

出所：積水ハウス（2019），31〜32ページに基づいて筆者作成。

シティ（女性活躍・働き方改革），健康経営，社会貢献活動（次世代育成，環境配慮，住文化向上，防災・被災地支援）を企画・推進する。「ガバナンス部会」はリスクマネジメントと企業倫理の確立をその責務とし，事務局は「法務部」と「CSR部」である。これらの「ESG部会」は「CSR部門別分科会」（営業分科会，生産分科会，本社分科会，積和不動産分科会，ハウスリフォーム分科会，積和建設分科会，サプライヤー分科会）を通じて，各地域・事業所に図表14－9に示したようなESGの各活動を展開する。各地域・事業所には「CSR推進会議」が設置されている。この「CSR推進会議」は現場レベルのESG活動を管理し，「CSR部門別分科会」と「ESG部会」を介して「CSR委員会」にESGの進捗報告と意見の提案を行う。積水ハウスは，2017年以降，このような体制によって環境経営を含む「ESG経営」を展開している。

　積水ハウスは脱炭素社会を追求するために，SBT目標を2030年までに達成することを中期経営計画の１つにしている[9]。積水ハウスは，2008年6月に環境経営の先進的な企業として環境省から「エコ・ファースト企業」に認定さ

図表14－10　積水ハウスの環境経営の組織・推進体制（2017年以降）

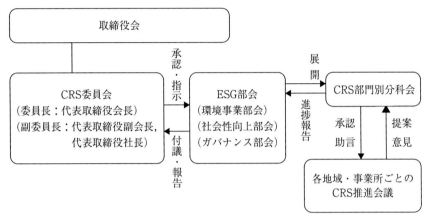

出所：積水ハウス株式会社（2019），83ページを一部修正。

れており，同年，地球温暖化防止・生態系保全・資源循環という視点から「エコ・ファーストの約束」を初めて発表した。その後，2012年と2016年に同約束を更新している。2016年版の「約束」では，2030年までに日本の$CO_2$排出量削減目標（2013年度比39.3％削減）に相当する「ストックまで含む家庭部門の1次エネルギー消費の27％以上削減」することを目標にしている。この目標を達成するために，同社は，普通に生活するだけで環境にやさしく$CO_2$削減を実現する環境配慮型住宅「グリーンファースト」や，高い断熱性能と省エネルギー性能および太陽光等による創エネによって年間の1次エネルギー消費量をゼロにするZEH（Zero Energy House）「グリーンファーストゼロ」の販売を展開している。2020年までに戸建住宅販売におけるZEHの比率を80％以上にするという。また，同社は事業プロセスで使用する電力をすべて再生可能エネルギー発電によるものにする事に取り組む企業が加盟するRE100という国際的な企業連合のメンバーでもある。同社は，ZEH販売とRE100加盟の組み合わせにより，住宅のライフサイクル全過程における気候変動対策を進めている。

　積水ハウスは，人と自然の共生社会と資源循環型社会を目指して，生態系の

保全を課題としている。同社は住宅を通じた自然環境の保全を目的として，生物多様性に配慮した造園緑化事業「5本の樹」計画を2001年から進めており，戸建住宅の庭にその地域の在来樹木を5本植えることを新築住宅の販売条件にしている。2007年4月には「木材調達ガイドライン」を制定し，木質建材サプライヤー50社と協力して，伐採地の森林環境や地域社会に配慮した木材・木材製品「フェアウッド」の調達を推進している。同ガイドラインを2012年に改訂し，現在では，違法伐採の可能性や樹木の絶滅危惧リスク，伐採地からの距離，木廃材の循環利用，伐採地の先住民にとっての伝統的・文化的アイデンティティ，伐採地の木材に関する紛争など多面的な視点で調達木材を評価している。同ガイドラインは，生物多様性だけでなく，人権や労働安全などISO26000が要請する各国・地域の社会的課題への配慮の視点も含む内容になっている。また，同社では，2000年以降，住宅のライフサイクル全体におけるゼロエミッションを追求している。既に2007年までに，生産段階（工場と施工現場を含む）と使用（居住）段階（メンテナンス，リフォーム，リノベーションを含む）の各段階で廃棄物のゼロエミッションを達成している。現在では全国21か所の「資源循環センター」を中心とする独自の廃棄物適正処理システムと，クラウド技術を利用した回収管理システムなどにより，グループ企業・パートナー企業と協力してリサイクル体制の構築を進めている。ゼロエミッションやリサイクルを通じて，物理的な長寿命化による住宅の個人資産としての価値の維持・向上，および経年美化などによる良質な社会的資産のストックとしての住宅の価値の維持・拡大を試みている。

## 【注】

（1）サーキュラー・エコノミーについては本書の第9章を，クリーン・エコノミーについては本書の第10章を，スマートシティについては本書の第11章をそれぞれ参照。
（2）詳細は，山田雅俊，2017年を参照。
（3）住宅生産団体連合会ホームページ（https://www.judanren.or.jp/index.html）を参照。
（4）住宅生産団体連合の倫理綱領（https://www.judanren.or.jp/about/charter.html）より引用。

（5）住宅生産団体連合会「住宅産業の自主的環境行動計画」第5版，1ページ（https://www.judanren.or.jp/activity/pdf/housing-industry_5th_20140707.pdf）を参照。

（6）環境マネジメントシステムについては，本書の第5章を参照。

（7）本節で取り上げる積水ハウスの事例は山田，2021年の第3節を加筆・修正したものである。

（8）たとえば，積水ハウスは，ロンドン証券取引所の100％子会社であるFTSE International社が2001年から発表している世界的に有名なESG投資インデックスである「FTSE4Good Global Index」と「FTSE4Good Japan Index」に組み入れられている。また，ESGの観点から優れていると判断される日本企業の株式で構成される株式指数である「FTSE Blossom Japan Index」，モルガンスタンレー・キャピタル・インターナショナル社（MSCI）が開発した「MSCIジャパンESGセレクトリーダーズ指数」と「MSCI日本株女性活躍指数（WIN）」，年金積立金管理運用独立行政法人が採用している環境株式指数である「S&P/JPXカーボン・エコエフィシェント指数」，ESG投資の指標として世界的に有名な「Dow Jones Sustainability World Index」と「Dow Jones Sustainability Asia Pacific Index」の構成銘柄になっている。2019年2月には，サステナビリティ投資に特化した機関投資家であるRobecoSAM社によるサステナビリティ格付け「SAM Sustainability Award 2019」の住宅建設部門でシルバー・クラスに選定されている（2016年から2018年まではゴールド・クラスに選定されていた）。積水ハウスのホームページ（https://www.sekisuihouse.co.jp/sustainable/evaluation/esg/index.html）を参照。

（9）SBT目標については本書の第2章第2節を参照。

## 【参考文献】

住宅生産団体連合会ホームページ（https://www.judanren.or.jp/index.html）

住宅生産団体連合会「住宅産業の自主的環境行動計画」第5版，2014年。（https://www.judanren.or.jp/activity/pdf/housing-industry_5th_20140707.pdf）

積水ハウス株式会社ホームページ（https://www.sekisuihouse.co.jp/）

積水ハウス株式会社『Sustainability Report 2019〜ESG経営による持続的な成長に向けた価値創造の取り組み〜』積水ハウス株式会社，2019年。（https://www.sekisuihouse.co.jp/sustainable/download/2019/book/2019_all_A4.pdf）

山田雅俊「環境経営の研究方法論−環境経営システムという視点—」工業経営研究学会 『工業経営研究』2017年，第31巻，No.2，25〜36ページ。

山田雅俊「住宅建設業界における環境経営の特徴と課題—積水ハウス株式会社の事例から—」中央大学経済学研究会『経済学論纂』2021年，第61巻第3・4合併号，253〜270ページ。

# 第15章
# 水ビジネスの展望と戦略

## 第1節　はじめに

　パナソニック（旧松下電器産業）の創業者である松下幸之助の「水道哲学」，また「水と安全はタダ」といった社会通念のように，日本は豊富で良質な水資源に恵まれている。「のどが渇いたなら水道の水でも飲んでおけ」という発言が当たり前のようにできる国は，世界でもごくわずかである。たとえば，水供給をマレーシアからの輸入に依存してきたシンガポールでは，水の自給率の向上という国家的課題の解決を託された民間企業が倒産危機に陥り，深刻な社会問題となっている[1]。

　また，今後は，水インフラの整備が遅れている途上国を中心に，世界の人口の増加が予想されていることに加えて，環境問題の深刻化により水へのアクセスがより困難になる可能性もある。さらに，途上国の経済成長に伴い工業用の水供給や水処理の需要も拡大していくと思われる。このような中で，水を巡るビジネス，すなわち水ビジネスは様々な用途や分野で市場が拡大していくと予想されている。本章では，水ビジネスの展望と戦略について検討していく。

## 第2節　水ビジネス発展の背景

　地球は水の惑星として知られ，またとりわけ水資源に恵まれた日本人にはイメージしづらいことかもしれないが，そもそも我々人類が地球上で使用できる

図表15－1　地球上の水の量

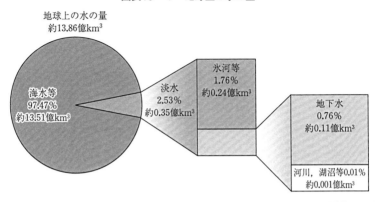

注1：World Water Resources at the Beginning of 21st Century；UNESCO, 2003をも
　　とに国土交通省水資源部作成。
注2：南極大陸の地下水は含まれていない。
出所：国土交通省（2018），http://www.mlit.go.jp/common/001258366.pdf，2019年4
　　月2日アクセス，1ページ。

水の量は極めてわずかである。図表15－1にあるように，地球上に存在する
水のうち，淡水はわずか3％弱に過ぎない。さらに，このわずかな淡水のうち，
氷河や地下水と異なり，河川や湖沼など我々が比較的容易にアクセスできる水
の量は極めてわずかである。すなわち，地球上に存在する水のうち，我々が使
用できる水の量は全体の0.01％程度に過ぎないのである。
　実際に，世界全体という視野に立てば，安全な水の確保は全人類的な課題で
ある。「水危機（water crisis）」や「水ストレス（water stress）」などという言葉
も頻繁に使用されている。現状として，2015年時点で，世界人口73億人のう
ち，安全な飲み水を得られるのは71％（52億人），安全なトイレを使用できる
のは39％（29億人）である（World Health Organization & UNICEF, 2017, pp.3-4）。世
界の子供の二大死因の1つが下痢であるように[2]，安全な上下水道へのアク
セスは，人々の健康と命に直結する。水を巡る争いも絶えず，「人類の歴史は
河川水争奪の歴史としての一面を持つ[3]」ともいわれる。
　なお，水を巡る安全保障に関わる重要な概念に，ロンドン大学のトニー・ア

ラン（Tony Allan）教授が発想した,「仮想水（virtual water）」がある。仮想水とは,輸入品を自国で生産する際に必要となるであろう水のことである。製品の生産には,通常,水が必要である。したがって,輸入は,自国で消費するはずであった水（仮想水）を,外国に代わりに消費してもらったということを表している。すなわち,仮想水の概念を用いることで,水の自給率や,どの国にどれだけの量の水を依存しているのかなどの状況を,把握することが容易になる。仮想水の概念は,もともと食糧生産に関して用いられていた概念であったが,今日では,工業製品等にも応用されている[4]。製品の貿易は,いわば「仮想水」の貿易ともいえるが,その貿易の規模は,グローバル化とともに拡大し,そして複雑化していくことになる。

　地球環境問題の深刻化,人口増加,途上国の経済発展などを背景に,「水危機」は,今後一層深刻化していくと予測されている。水質汚濁,海洋汚染,砂漠化,海面上昇といった地球環境問題の深刻化は,人々の安全な水環境を脅かすことになる。さらに,世界人口は,途上国を中心に今後も増加の一途を辿り2050年には97億人にも達すると予測されている[5]。また,途上国の急速な経済発展や第四次産業革命等による半導体需要の増加なども見込まれる。このような中で,生活用水,工業用水,農業用水などあらゆる分野で,水ビジネスの市場は拡大していくと予測されている（図表15-2）。

　ただし,先述したように,水は人間の生命に直結し,安全保障にも結び付いている。したがって,水ビジネスは,私益だけでなく,公益も強く配慮してなされなければならない。極端な例でいえば,ある企業が飲料水へのアクセスを独占し,儲からないから人々に飲み水を提供せず,遂には死者まで出してしまうような事態は,避けなければならない。さらに,水ビジネスの独占が原因で内戦や国際紛争といった事態が生じた時,その独占企業はこれに全く責任がないということができるであろうか。水ビジネスの公益性を巡る議論は様々あり,またビジネスの内容によってもその公益性の程度は変わるかもしれない。だが,少なくとも一般市民の生命を脅かすようなビジネスの仕方だけは,避けなければならないだろう。

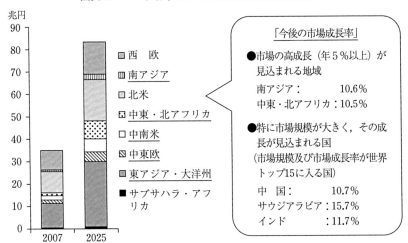

図表15－2　世界水ビジネス市場の地域別成長見通し

出所：水ビジネス国際展開研究会（2010），http://www.meti.go.jp/committee/summa ry/0004625/pdf/g100426b01j.pdf, 2019年3月13日アクセス，5ページ。

## 第3節　水ビジネスの概要

### 1．水ビジネスの分野

　水ビジネスは，文字通り「水」に関するビジネスであり，水の用途の多様さと必要性の高さから，その規模においても分野においても高い多様性がある。経済産業省が開催する水ビジネス国際展開研究会は，今後急速に拡大する水ビジネスの分野として，①上水，②造水，③工業用水・工業下水，④再生利用水，⑤下水，⑥農業用水の分野を挙げている（水ビジネス国際展開研究会，2010，4ページ）。たとえば，各家庭で使用する上下水道の整備や管理運営，産業で使用される純水の製造，排水の浄化あるいはその再利用，農業の灌漑の整備や管理運営などがある。また，これらの分野の成長とともに，これらに関連する，製品・部品メーカー，建設業，運送業，コンサルティング，資金提供，研究開発といった分野も成長が見込まれる。このように，水ビジネスは裾野が広い産業

図表15－3　世界水ビジネス市場の事業分野別・業務分野別成長見通し

（上段：2025年…合計87兆円，下段：2007年…合計36兆円）

| 業務分野＼事業分野 | 素材・部材供給コンサル・建設・設計 | 管理・運営サービス | 合　計 |
|---|---|---|---|
| 上　水 | 19.0兆円<br>(6.6兆円) | 19.8兆円<br>(10.6兆円) | 38.8兆円<br>(17.2兆円) |
| 海水淡水化 | 1.0兆円<br>(0.5兆円) | 3.4兆円<br>(0.7兆円) | 4.4兆円<br>(1.2兆円) |
| 工業用水・工業下水 | 5.3兆円<br>(2.2兆円) | 0.4兆円<br>(0.2兆円) | 5.7兆円<br>(2.4兆円) |
| 再利用水 | 2.1兆円<br>(0.1兆円) | － | 2.1兆円<br>(0.1兆円) |
| 下　水 | 21.1兆円<br>(7.5兆円) | 14.4兆円<br>(7.8兆円) | 35.5兆円<br>(15.3兆円) |
| 合　計 | 48.5兆円<br>(16.9兆円) | 38.0兆円<br>(19.3兆円) | 86.5兆円<br>(36.2兆円) |

□：ボリュームゾーン（市場の伸び2倍以上，市場規模10兆円以上）
▨：成長ゾーン　　　（市場の伸び3倍以上）

（注）　1ドル＝100円換算
　　初出：Global Water Market2008 及び 経済産業省試算。
　　出所：同上資料，6ページ。

であるといえよう。

　水ビジネス国際展開研究会は，水ビジネスの事業分野を①上水，②海水淡水化，③工業用水・工業下水，④再利用水，⑤下水の5つの分野に分類し，さらに各事業分野を①素材供給・建設，②運営・管理サービスの2つの業務分野に分類して，2007年と2025年の市場規模を算出している（図表15－3）。海水淡水化，工業用水・工業下水，再利用水が市場成長率の高い分野とされているものの，全体のほとんどは上下水道分野で占められており，このことは2007年においても2025年においても変わらない。このように，上下水道分野は，海水淡水化，工業用水・工業下水，再利用水よりも市場規模が圧倒的に大きい分野である。

　なお，図表15－3には，農業用水が示されておらず，そのデータに農業用

水が含まれているのか，それともそうではないのかは不明である。とはいえ，農業用水は決して小さな市場ではない。2010年頃時点で，世界で利用されている水の用途の内訳は，生活用水（municipal）が12％，工業用水が19％，農業用水が69％であり，世界の水の7割が農業用水として利用されている。ただし，水の用途に占める農業用水の比率には各地域・国ごとに開きがある。北米が40％（メキシコ単体だと77％），西ヨーロッパでは5％であるのに対して，途上国が集中するアフリカ地域とアジア地域がともに81％である。他方，工業用水の比率は，北米と西ヨーロッパでは農業用水を上回っている（Food and Agriculture Organization of the United Nation, 2016）。今後は，人口増加による食糧不足なども懸念されることから，農業用水の需要は今後さらに高まると予測される。

　また，図表15－3にはペットボトルの水（ボトルウォーター）も含まれていないが，そもそも安定供給や利用者負担などの様々な面で，飲料水の供給は，ボトルウォーターではなく水道水によって賄われるのが望ましいだろう。日本の場合，水道料金は自治体ごとに異なるが，そのことを踏まえても，水道水はボトルウォーターよりはるかに割安である。たとえば，川口市水道局によれば，500mlのボトルウォーター1本を約100円とした場合，この値段は水道水だと約1,160本分の値段に相当するという。すなわち，500mlのボトルウォーターの値段は，水道水の値段の1,000倍以上高いことになる[6]。そもそも，水道水をそのまま直接安全に飲むことができる国は，196か国のうち，①アイスランド，②アイルランド，③ドイツ，④ニュージーランド，⑤ノルウェー，⑥オーストリア，⑦フランス，⑧スイス，⑨日本の9か国しかない[7]。

## 2．水ビジネスの製品・サービス

　水ビジネスの製品・サービスは多岐にわたるが，ここでは前項の図表15－3の分類を踏まえて，その主なものを挙げておこう。

　上下水道関係のビジネスは，人々が日々の生活の中で最も身近に感じられる水ビジネスの1つであるかもしれない。上下水道関連の製品（貯水槽，水道管，

浄水装置など）に加えて，サービスでは上下水道システムの管理・運営などの市場もある。水不足を回避するために，水不足を補うために海水を淡水に変えるといった造水（水を造る）の技術への関心も高まっている。その他に，ボトルウォーター，ウォーターサーバー，水質浄化剤といった市場もある。

　なお，世界の子供の二大死因のうちの1つは下痢であるが，途上国において全国レベルでの優れた水道システムを整備することは容易ではない。このような中で，企業による水質浄化剤を貧困家庭に直接販売するビジネスも盛んに行われている。このような貧困層をターゲットとしたビジネスは，BOPビジネスと呼ばれる。BOPとは，ベース・オブ・ザ・ピラミッド（Base（あるいはBottom）of the Pyramid）の略である。所得水準に基づく世界人口の分布は，所得水準が下がるほど広がり，ピラミッド型になることから，このような名称がとられている。

　工業用の水ビジネスは，人々の生活に身近ではないかもしれないが，人々の生活を支える基盤の1つである。製品を製造する過程では，ボイラー，冷却，洗浄等，様々な用途や場面で大量の水が使用されるケースが少なくない。さらに，精密機器などの洗浄においては，わずかなごみでも品質が左右されてしまうため，純水（不純物がほとんどない水）や超純水（純水よりも不純物がない水）の需要が特に高い。

　また，かつて日本で公害問題が深刻化した際は，工業下水の河川や海などへの垂れ流しがその主な原因として批判され，規制も強化された。このような経緯もあり，わが国では，工業下水の再利用がかなり進展している状況にある。工業用水使用水量に対する回収水量の割合（以下，回収率）は，1965年の36.3％から2015年の77.9％へと上昇している。とりわけ，使用水量の多い業種として知られる鉄鋼業では，2015年時点で90.4％と回収率が最も高い[8]。回収できない水（排水）の処理や再利用のための回収水の浄化等においても，これらに関わるビジネスが存在するのである。

## 第4節　国外の水ビジネス企業と戦略

### 1．ウォーターバロン①：テムズ・ウォーター・ユーティリティーズ

　世界の水ビジネスで圧倒的な存在感を見せている大企業は，水メジャーと呼ばれる。水メジャーの中でも，テムズ・ウォーター・ユーティリティーズ（Thames Water Utilities），ヴェオリア・エンバイロメント（Veolia Environnement），スエズ（Suez）の3社は特に巨大であり，ウォーターバロン（Water Baron：水男爵）とも呼ばれている（中村，2010，145ページ）。テムズ・ウォーター・ユーティリティーズ（以下，テムズ・ウォーターという）はイギリス企業であり，ヴェオリア・エンバイロメントとスエズはフランス企業である。

　テムズ・ウォーターは，その前身はイギリスの公営水道会社であり，サッチャー（Margaret Thatcher，首相在任期間：1979〜1990年）政権下の1989年に民営化された後，ウォーターバロンと呼ばれるまでに成長した企業である。民営化当初はイギリス国内事業に特化していたが，1995年頃から海外進出を加速させるようになる。とりわけ，1995年に行われた，上海のダ・チャン浄水施設のBOT契約は，中国初の外資による浄水場のBOT契約[9]として注目された（服部，2010，73ページ）。テムズ・ウォーターの会社規模であるが，2018年時点で，従業員数は6,245人，年間収益は20億ポンド（約2,900億円）[10]，顧客数は1,500万人超である（Thames Water Utilities Limited, 2018, p.12）。

　もっとも，テムズ・ウォーターは，国内事業の放漫経営がイギリス政府当局などから非難されており，多額の賠償金を課せられるなど，苦しい経営状況が続いている。非難の的となっているのは，借金が積み上がり，漏水防止のためのメンテナンスも怠っているにも関わらず，株主と経営者に膨大な配当金と報酬を支払っていたことである（Pfeifer, 2018）。漏水問題と業績悪化への対応の不十分さから，2018年6月時点で，1億2,000万ポンド（約174億円）もの罰金の支払いを命じられている[11]。

　なお，このような状況は，イギリスの上下水道全体に蔓延しており，2018

年9月初めにはイギリスの水道寡占企業17社が，政府当局に経営改善のための5年計画を提出した。株主利益への偏重と経営者報酬の高額化は，独占下にある民間営利企業が陥りやすい問題である。上下水道システムの欠陥は市民の生命と生活を脅かすことから，民営化した水道事業の再国有化すら主張されている状況にある（Pfeifer, 2018）。

## 2．ウォーターバロン②：ヴェオリア・エンバイロメント

　次に，ヴェオリア・エンバイロメントは，テムズ・ウォーターの設立から遡ること約130年前の1853年に，ナポレオン3世が水道事業のために設立した民間企業カンパニー・ジェネラル・デゾー（Compagnie Générale des Eaux）に起源がある。1980年代以降，廃棄物，輸送，エネルギー供給，建設，不動産，携帯電話，出版など多角化を進め，1998年には社名をヴィヴェンディ（Vivendi）と改めた。その後，2000年に，水，公共輸送，廃棄物処理，エネルギーの4事業部門が分離される形で，ヴィヴェンディ・エンバイロメント（Vivendi Environment）が設立された。

　2003年には，現在の社名ヴェオリア・エンバイロメントと改名され，また現在の事業は水，廃棄物処理，エネルギーの3事業に集約されている（2019年3月末現在）[12]。2017年時点で，ヴェオリア・エンバイロメントの収益は251億2,500万ユーロ（約3兆1,406億2,500万円）[13]であり，このうち水事業の占める割合が44％（111億1,380万ユーロ≒1兆3,892億2,500万円）と最も高い（Veolia Environment, 2018, pp.4-19）。

　ヴェオリア・エンバイロメントは，7つの成長市場を定めている。それらは，①循環経済，②イノベーティブ・ソリューション（都市の生活環境の改善など），③汚染対応，④解体，⑤飲食・製薬，⑥採掘・鉄鋼・電力，⑦石油・ガス・化学の7つの分野の市場である[14]。どの業界も，製品・サービスそのもの，あるいはこれらを生み出す過程において，水を必要とする業界ばかりである。当然ながら，ヴェオリア・エンバイロメントは，これらの成長市場での地位を強化することを戦略目標の1つとして掲げている[15]。

　これらに加えて，ヴェオリア・エンバイロメントが抱える水，廃棄物処理，エネルギーの３つの分野は，事業上の相関性が高いことから，同社自ら述べているように，シナジーの追求が重要な戦略的課題であることは明白である[16]。シナジーとは，組み合わせによる個々の要素間の相互作用によるプラスの効果（高い付加価値や経営効率など）である。たとえば，発電，水道，廃棄物処理を組み合わせることで，よりよい都市開発のパッケージを提供できれば（シナジー効果），各事業の業績も向上する[17]。組み合わせ方には柔軟性がある。さらに，組み合わせることができるのは，設備やサービスだけでなく，技術やノウハウなども含まれるため，その組み合わせ方は多様である。

## ３．ウォーターバロン③：スエズ

　最後に，スエズは，1858年に設立されたカンパーニュ・スエズ（Suez）と1880年に設立されたリヨネーズ・デゾー（Lyonnaise des Eaux）が1997年に合併して誕生した会社である。カンパーニュ・スエズはスエズ運河の運営会社[18]であり，リヨネーズ・デゾーはリヨン市郊外の上下水道事業等の運営会社であった。合併当初はスエズ・リヨネーズ・デゾー（Suez Lyonnaise des Eaux）という社名であったが，2001年にスエズ（Suez）と改名した。スエズは，エネルギー事業や廃棄物処理などへと多角化が進んでいたが，2008年のフランスガス公社（Gaz de France，略称GDF）との合併後，水事業と廃棄物処理事業が別会社に分離される形で，スエズ・エンバイロメント（Suez Environnement）が誕生した[19]。

　2015年に，スエズ・エンバイロメントは，これまで抱えていたSITAやデグレモン（Degrémont）などの自社ブランドを全て「スエズ」へと統一した。翌年，社名もスエズ・エンバイロメントから，今日のスエズ（SUEZ）へと変更した。2017年に，スエズは，GEの工業用水処理事業を買収した[20]。

　今日，スエズは，「スエズ」という統一されたブランドの下で，①ヨーロッパ水事業（事業名：Water Europe），②廃棄物処理事業（同：Recycling and Recovery Europe），③国際事業（同：International），④工業用水処理事業（同：

Water Technologies & Solutions）の４つの事業を展開している。同社は，ヨーロッパでの収益が2017年度の収益全体の66％を占めるなど，ヨーロッパを中心に事業を展開している（SUEZ, 2018, p.43）。４つの事業のうち，収益に占める工業用水処理事業の割合は2017年度時点で６％（９億7,200万ユーロ）と低い（SUEZ, 2018, p.43 & p.143.）。しかしながら，同社は，工業用水処理事業の市場規模は950億ユーロにも上り，さらに今後年５％の成長が見込めることから行った戦略的な投資であるとしている[21]。

　ヴェオリア・エンバイロメントと同じく，スエズにおいても，シナジー効果の追求は重要な戦略的課題である。スエズは，インフラ事業や高度な水処理事業，工業用水事業などにおいては，事業横断的に事業を展開していくことを表明している（SUEZ, 2018, p.43）。2017年のGEからの工業用水処理事業の買収についても，販売，業務，技術などの面で，2022年までに毎年２億ユーロのシナジー効果を期待できるとしている（SUEZ, 2018, p.83）。

## ４．GEとシーメンス

　先述したウォーターバロン３社の他に，水ビジネスで注目を集めてきた企業にGEとシーメンスがある。両社は，自他ともに認めるコングロマリットとしてのライバル企業同士であるだけでなく，その水ビジネスの展開の行方も共通している。すなわち，両者は，ともに2000年以降，M&Aを通して水ビジネスを拡大してきたが，どちらも2010年頃以降に縮小へと転換した。

　まず，GEは，2008年の世界金融危機の影響による金融事業の悪化，産業用IoT（モノのインターネット）事業育成の失敗，電力事業の不振などの相次ぐ逆風により，事業のリストラを急速に進めている。産業用IoTは，製品が，生産，販売，あるいは使用される中で生み出される情報を，ネットやAI等を活用して即座に共有，分析，反映することで，生産性，品質管理，安全性，環境配慮，カスタマー・サービスなどの性能や効率を劇的に向上させることが期待されている事業である。だが，GE製品との抱き合わせ販売方式が不評を買い[22]，市場シェアも他社に奪われ，事業を縮小せざるを得なくなった。また，電力事

業の不振に関しては，火力発電から再生可能エネルギーへの転換が進んでおり，ガスタービンの売上も業界全体で下落傾向にある。相次ぐ逆風を受け，GEは祖業の照明事業さえ売却せざるを得ない状況にまで追い込まれた[23]。事業のリストラクチャリングが進められる中で，水処理事業も，2017年にスエズへと売却された。

　次に，シーメンスも，GEと同じく，電力事業は逆境下にあり，通信・機械技術の劇的向上がもたらす第四次産業革命を見越して，事業の選択と集中を進めてきた。この過程で，薬品などの化学の要素技術が多い水ビジネスは，本業とのシナジーが低いとの理由[24]で，2013年にアメリカ投資会社のAEAインベスターズへの売却が発表され，翌年に実施された。

## 第5節　日本の水ビジネス市場—上下水道を中心に—

### 1．部分に特化した日本企業

　これまでの検討から，水メジャーは，水の循環サイクル（浄水，送水，排水）や異なる要素間の全体調和が求められる都市機能など，特定のひとまとまりの全体で経営効率や付加価値を高めることを戦略的目標としてきたことが窺える。この目標の実現においては，事業間のシナジーの追求が重要であり，実際に水メジャーはこのことをかなり意識してM&Aや事業再編を進めてきた。水メジャーの大きな強みの1つは，異なる工程，サービス，ビジネスなどを，安全な水へのアクセスや快適な都市生活といった価値の創出に最適な形で組み合わせ，統合することができる知識やノウハウを蓄積していることにあるだろう。同様に，受注に向けての交渉力や情報収集能力などにも長けていると考えられる。

　これに対して，日本の水ビジネスは，主に部分的な事業に特化している（図表15-4）。そもそも日本では，上下水道事業の民営化は進んでいないため，水の浄水，送水，排水，下水などの水循環を一貫して手掛けるビジネスが成長する土壌が存在しなかった。また，先述したように，日本人は水へのアクセスと

図表15-4　水ビジネス市場における主なプレーヤー

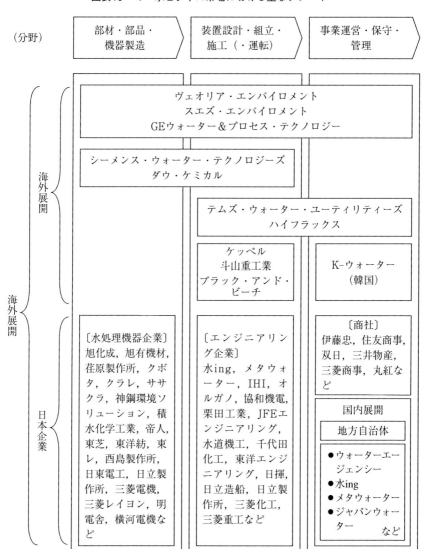

出所：吉村 (2017), 202ページ。

いう点で，きわめて恵まれた環境にある。このこともあって，日本人が一般的に「水ビジネス」という言葉にピンとこず，その言葉でまず真っ先に思い浮かべるのは，ボトルウォーターやウォーターサーバーなどのビジネスという状況にある。

とはいえ，日本にも水ビジネスを手がける民間企業はあるため，そのいくつかを取り上げ，説明しておきたい [25]。

水ビジネスのメーカーとしては，膜メーカーとして有名なのは東レ，日東電工，東洋紡である。「膜」は水処理で使用される重要な製品であるが，その1つであるRO膜で，日本メーカーは世界市場シェアの5割を占めるほどの圧倒的な存在感を示している。次に，日本の優れた水道インフラを支える水道管メーカーとして有名なのが，クボタと栗本鐵工所である。とりわけ，クボタの水道管（鉄管）の国内市場シェアは6割に上る [26]。また，水移動機器であるポンプのメーカーとして有名なのは，荏原製作所と酉島製作所である。その他に，産業用水処理装置メーカーとしては，栗田工業やオルガノなどが有名である [27]。

なお，部品だけではなくプラントや制御システムなどを提供するメーカーは，単なる製品提供のみならず，補修や，さらには運営も担っている。たとえば，日立製作所や水ing（スイング），メタウォーターなどの有名な水処理プラントメーカー，また明電舎などの電機設備メーカーなどがある。

メーカー以外で水ビジネスに携わっている企業には，たとえば維持管理会社などがある。その最大手はウォーターエージェンシーであり，図表15－4にあるジャパンウォーターは，同社と三菱商事との合弁会社である。また，商社は，水ビジネスを成長産業として捉え，海外企業の買収を積極的に進めている。

## 2．日本の水道事業の特徴と民営化の遅れ

日本では，長らく水道事業は地方自治体によって担われてきた。日本で水道の民営化が進まない理由は様々考えられる。服部（2011）は，地方自治体で民営化へのインセンティブが働かない理由として，以下の4つの理由を挙げてい

る（服部，2011，84〜86ページ）。

　まず，第1の理由は，無駄の削減など経営効率向上のために行われる水道事業の民営化が，自治体職員の待遇の悪化，さらには解雇につながる恐れがあるためである。第2の理由は，人事評価が減点方式であるため，自治体職員が，失敗の恐れがある民営化の推進よりも，その恐れが少ない現状維持を望むためである。そして，第3の理由は，上下水道事業において財政上の問題があるためである。最後に，第4の理由は，責任感の強さから，自治体自身で責任を全うしようとするためである。

　第3の理由は，少し抽象的であるため，ここで補足したい[28]。端的にいえば，事実上赤字でも，事業が存続し，経営責任も問われない財政上の仕組みが採られているということである。

　まず，日本では，地方公営企業法によって上水道事業には独立採算制が求められているが，下水道事業はそうではない。さらに，上水道事業はより正確には，給水人口5,000人超の上水道事業と，給水人口101〜5,000人の簡易水道事業の2つに大別されるが，後者の簡易水道事業には独立採算制が求められていない。2017年度時点で，水道事業数は1,926であり，その内訳は上水道事業が1,353，簡易水道が573となっている（総務省，2019，51ページ）。これら独立採算制が求められていない事業においては，その赤字分は，地方財政や国庫補助金によって補われている。したがって，日本の上下水道においては，上水道の4分の1強を占める簡易水道および下水道事業全体において，採算が取れずとも事業を存続できる仕組みになっている。

　第3の理由の更なる補足として，上下水道料金は，各地方自治体によって決められている。この料金の値段は，地方自治体の議会の承認を経て決定されるため，自治体執行機関側には自らが取り組むべき財政上の問題としての認識は薄い。料金は，他の地方自治体と比較してかなり高かったとしても，その基となった費用，つまり料金の算出方法が適切であれば，特に問題はない。そもそも原則として，水道料金などの公共料金の負担は事業者側ではなく利用者側に課せばよいという仕組みになっている（「受益者負担の原則」）[29]。

## 3．改正水道法と水道事業の民営化

　日本の水道事業は，長らく地方自治体によって採算を重視する必要性も特にないまま運営されてきたが，時代の変化とともに，このような仕組みに根差す問題が深刻化してきた。このような経緯で，2018年12月に改正水道法が成立したわけだが，浦上（2019）は，この改正の背景にある環境変化として，以下の２つを挙げている[30]。

　第1は，人口減少と少子高齢化の加速である。この変化は，水道料金収入の減少をもたらし，また水道事業所職員の人員余剰をもたらす。第2は，水道施設の老朽化である。2016年度末時点で，法定耐用年数を経過した水道管の割合は15％にも上り，この割合は今後も高まっていく。法定耐用年数の超過は，自然災害への脆弱さに直結する。さらに，浦上は，多数存在する中小零細水道事業者では大した対策や改革をとることが難しく，このことが状況をさらに深刻なものにしていると指摘する。

　2018年12月の改正水道法では，水道事業の経営改革に向けて，主に以下のような改正がなされた[31]。第1に，小規模事業者が上水道事業者全体の約7割（921事業）に上ることから，都道府県に水道事業者間の広域連携を調整する責務があるとした。すなわち，水道事業の再編を進め，規模の経済などの経営効率の改善を図ろうとし，その推進役として都道府県レベルの自治体を位置づけたということである。次に，第2に，水道施設の老朽化を受け，水道事業者等に対して，水道施設の維持・修繕を義務づけ，これを実現すべく水道事業の収支の見通しの公表を努力義務とした。そして，第3に，経営効率の改善に向けて，水道事業の民営化（官民連携）における規制を緩和した。

　この第3の改正は，水メジャーの日本への進出ともかかわるので，具体的に説明しておこう。ここでいう民営化とはコンセッション方式であり，公共施設の所有権は官（国や自治体）が保持したまま，運営権のみを入札等を通して民間に委ねる方式である。改正以前にもコンセッション方式は実施が可能であったが，そのためには住民への給水義務も民間に委ねなければならなかった。これでは，災害時などの緊急事態において生じる民間側の負担が極めて大きくなっ

てしまうため，コンセッション方式を実施しても，住民への給水義務は自治体側に残ることとされた。

　日本における水道事業でのコンセッション方式の導入を見越して，水メジャーはいち早く日本への進出に向けて動いた。ヴェオリア・エンバイロメントは，2017年に日本企業など5社とジョイント・ベンチャーを通して，浜松市の下水道事業の運営権の受注に成功し，翌年4月から既に運営を開始している。これは，日本の水道事業において，初めてコンセッション方式が実施された事例である。その後，2018年11月には，スエズが前田建設工業と日本での上下水道運営での業務提携に向けた覚書を結んでいる[32]。

## 第6節　おわりに

　本章では，水ビジネスの展望と戦略について検討した。地球環境問題の深刻化，人口増，新興国の台頭による工業用水の需要増などを背景に，今後水ビジネスの市場は拡大していくと予測されている。「水ビジネス」と一口に言っても，上下水道だけでなく，工業用水，農業用水，海水淡水化など分野が広い。加えて，これら各分野は，部品，製品，制御，メンテナンス，コンサルティングなど様々な企業を巻き込むため，水ビジネスのすそ野はかなり広い。水はあらゆる面で人々の生活に不可欠であるため，水ビジネスを制することは，企業にとって長期的に安定した収益を確保することにつながる。

　水メジャーなど，日本よりも早期から水ビジネスに取り組んできた海外大企業には，複数の事業を組み合わせて，ひとまとまりの全体としてより高い付加価値を提供するための技術やノウハウが蓄積されている。この点，長らく水道事業が自治体により運営され，その運営ノウハウの蓄積が遅れた日本の企業は，比較的不利な状況にあるかもしれない。日本の水道事業が経営効率の面で危機的な状況にあることを踏まえると，なおさらである。日本企業が水メジャーと提携する事例が増えてきているが，その場合，水メジャーが持つ技術やノウハウを早期に吸収し，自国の水ビジネスの発展に資する能力を育んでいくことが

重要である。もっとも，水処理や浸透膜など特定の分野に特化して，世界でも最高水準の技術力を有している企業においては，その技術力を今後も維持し，さらなる磨きをかけていかなければならない。

　他方，生命の安全保障という面でみれば，経営効率のみならず，全ての人々の水への安全なアクセスの確保は欠かせない。経営効率の改善のみに偏った水ビジネスの経営は，治安の悪化，さらには戦争すらもたらしかねない。テムズ・ウォーターの事例，また同様の経緯によるパリやベルリンでの水道事業の再公営化[33]などをみれば，水道事業を社会的責任の観点から厳しく監視していくこともまた求められるだろう。

## 【注】

（1）『日本経済新聞』2019年4月5日付朝刊，13面。

（2）e.g., 日本ユニセフ協会ウェブサイト「日本ユニセフ協会からのお知らせ」（2012年6月8日付）https://www.unicef.or.jp/osirase/back2012/1206_04.html，2019年3月13日アクセス。

（3）原著では「ですます調」で書かれているが，本稿では「である調」に修正した（吉村，2017，14ページ）。

（4）「仮想水」の概念については，以下を参照のこと。環境省ウェブサイト「よく分かる！バーチャルウォーターについて」https://www.env.go.jp/water/virtual_water/，2019年3月14日アクセス。東京大学沖大幹研究室ウェブサイト「世界の水危機，日本の水問題」http://hydro.iis.u-tokyo.ac.jp/Info/Press200207/，2019年3月14日アクセス。

（5）United Nationsウェブサイト *Population*, http://www.un.org/en/sections/issues-depth/population/，2019年3月13日アクセス。

（6）川口市水道局「水のはなし⑨　水道水とミネラルウォータの価格を比較してみました」http://www.water-kawaguchi.jp/object/mizunohanasi9.pdf，2019年3月14日アクセス。

（7）東京都水道局が外務省による2016年の情報をまとめたもの。東京都水道局「東京水道イベント」https://www.waterworks.metro.tokyo.jp/kouhou/campaign/pdf/tokyosuido_01.pdf，2019年3月14日アクセス。

（8）本段落のデータは，以下より引用。経済産業省ウェブサイト「工業用水」https://www.meti.go.jp/policy/local_economy/kougyouyousui/，2019年4月2日アクセス。

（9）BOT契約は，民営化の手法の1種であり，民間企業が公共施設・設備を建設，運営した後に，所有権を公共団体などに譲渡するという契約である。公共事業が開始早々に失

敗しても政府の負担は少なくて済むため，政府にとってはリスクが小さい手法であるといえる。BOT契約におけるBOTとは，それぞれ建設（Build），運営（Operate），譲渡（Transfer）の略である。

(10) 1（スターリング・）ポンド＝145円で換算。以下，同じ。

(11) "Thames Water Fined ?120m over Leaks" BBC website, https://www.bbc.com/news/uk-england-44395763, 2019年4月2日アクセス。

(12) ヴェオリア・エンバイロメントの歴史については，主に服部（2010），中村（2010）を参照のこと。

　なお，公共交通事業は，2011年に他社とのM&Aによりヴェオリア・エンバイロメントから分離された。"The History of Veolia: 2010-2016", Veolia Groupウェブサイト，https://www.veolia.com/en/veolia-group/profile/history/2010-2016, 2019年4月2日アクセス。

(13) 1ユーロ＝125円で換算。以下，同じ。

(14) Veolia Water Technologiesウェブサイト，*Group Overview*, https://www.veoliawatertechnologies.com/en/about-us/group-overview, 2019年4月3日アクセス。

(15) Veolia Groupウェブサイト，*New Organization: Veolia Environnement Organizes its Operations by Geographic Zones*, https://www.veolia.com/en/veolia-group/media/press-releases/new-organization-veolia-environnement-organizes-its-operations-geographic-zones, 2019年4月3日アクセス。

(16) Veolia Groupウェブサイト，*Growth on the Municipalities Market*, https://www.veolia.com/en/our-strategy/municipalities-market, 2019年4月3日アクセス。

(17) 企業が，複数の事業を展開し，シナジー効果により経営効率を高めることは，範囲の経済と呼ばれる。たとえば，鉄道と観光地を組み合わせた方が，鉄道の売上も観光地の売上も上がり（シナジー効果），その企業の経営効率は向上する（範囲の経済）。

(18) 「1956年のエジプトによるスエズ運河国有化後は，金融を中心とするコングロマリットとなっていた。」（服部，2010，69ページ）

(19) 本段落までのスエズの歴史については，主に服部（2010），中村（2010）を参照のこと。

(20) 本段落のスエズ・エンバイロメントの歴史については，以下を参照のこと。SUEZ, 2018, pp.38-39. なお，旧スエズとGDFの合併会社は，当初GDFスエズという社名であったが，2015年にエンジー（Engie）へと改名した。

(21) 『日本経済新聞』2017年3月10日付朝刊，16面。

(22) 『日本経済新聞』2018年10月8日付朝刊，5面。

(23) 『日本経済新聞』2018年7月22日付朝刊，7面。

(24) 『日経産業新聞』2013年11月8日付朝刊，2面。

（25）本項の国内水ビジネス企業の情報は，特に注のない限り，吉村（2017，145〜167ページ）に基づいている。

（26）日本経済新聞社編集『日経業界地図2019年版』日本経済新聞出版社，2018年内の「57　水ビジネス」

（27）同上資料。

（28）特に注のない限り，第3の理由の説明については，以下に基づいている。服部（2011），85ページ。

（29）日本の水道料金の決め方については，以下に詳しい。服部，2010，20〜32ページ。

（30）浦上拓也『日本経済新聞』2019年2月25日付朝刊，16面。

（31）厚生労働省ウェブサイト「水道法改正法　よくあるご質問にお答えします」https://www.mhlw.go.jp/content/000467081.pdf，2019年4月24日アクセス，1ページ。日本水道協会ウェブサイト「水道法の一部を改正する法律の概要」https://www.mhlw.go.jp/content/000463050.pdf，2019年4月24日アクセス。

（32）前田建設工業は，仙台空港や愛知県の有料道路など，以前から運営権の受注に努めてきた会社である。『日本経済新聞』2018年11月10日付朝刊，7面。

（33）民営化による料金の高騰や水質の悪化などを背景に，水道事業の再公営化が行われた都市には，アトランタやベルリン，パリなどがある。世界で水道事業が再公営化された事例は，2000年時点では2件であったが，その後2015年3月までの期間に235件にまで増えたという（Lobina, 2015, p.10.）。

## 【参考文献】

浦上拓也『日本経済新聞』2019年2月25日付朝刊，16面。

経済産業省ウェブサイト「工業用水」https://www.meti.go.jp/policy/local_economy/kougyo uyousui/，2019年4月2日アクセス。

国土交通省『平成30年版　日本の水資源の現況』2018年，http://www.mlit.go.jp/common/001258366.pdf，2019年4月2日アクセス。

総務省『平成29年度地方公営企業年鑑』2019年。

中村吉明『日本の水ビジネス』東洋経済新報社，2010年。

服部聡之『水ビジネスの現状と展望―水メジャーの戦略・日本としての課題』丸善株式会社，2010年。

服部聡之『水ビジネスの戦略とビジョン―日本の進むべき道―』丸善株式会社，2011年。

水ビジネス国際展開研究会『水ビジネスの国際展開に向けた課題と具体的方策』2010年，http://www.meti.go.jp/committee/summary/0004625/pdf/g100426b01j.pdf，2019年3月13日アクセス。

吉村和就（西山恵造 執筆協力）『図解入門業界研究　最新水ビジネスの動向とカラクリがよ
　～くわかる本［第2版］』秀和システム，2017年。

Food and Agriculture Organization of the United Nations, *Water Withdrawal by Sector,
around 2010*, 2016, http://www.fao.org/nr/water/aquastat/tables/WorldData-
Withdrawal_eng.pdf, 2019年3月14日アクセス。

Kishimoto, S., Lobina, E., & Petitjean, O. (eds.) *Our Public Water Future: The Global
Experience with Remunicipalisation*, 2015, TNI, PSIRU, Multinationals Observatory,
MSP and EPSU, https://www.municipalservicesproject.org/userfiles/OurPublic
WaterFuture-Introduction.pdf, 2019年4月25日アクセス

Lobina, E, "Introduction: Calling for Progressive Water Policies" in S. Kishimoto, E, Lobina, &
O. Petitjean (eds.) *Our Public Water Future: The Global Experience with
Remunicipalisation*, 2015, TNI, PSIRU, Multinationals Observatory, MSP and EPSU,
https://www.municipalservicesproject.org/userfiles/OurPublicWaterFuture-
Introduction.pdf, 2019年4月25日アクセス。

Pfeifer, S. "Thames Water to Invest Record £12bn on Infrastructure Upgrades" *Financial
Times*, September 4th, 2018, https://www.ft.com/content/c1154570-af4d-11e8-8d14-
6f049d06439c, 2019年4月2日アクセス。

SUEZ, *Reference Document 2017*, 2018.

Thames Water Utilities Limited, *Annual Report and Annual Performance Report 2017/18*,
2018.

Veolia Environment, *2017 Registration document - Annual Financial Report*, Veolia Group,
2018.

World Health Organization & UNICEF, *Progress on Drinking Water, Sanitation and
Hygiene 2017*, 2017, https://www.unicef.org/publications/files/Progress_on_Drinking
_Water_Sanitation_and_Hygiene_2017.pdf, 2019年3月13日アクセス。

# 索　引

《著者紹介》（執筆順）

**鶴田佳史**（つるた・よしふみ）担当：第 1 章
　　大東文化大学社会学部准教授

**掛川三千代**（かけがわ・みちよ）担当：第 2 章，第 3 章
　　創価大学経済学部准教授

**円城寺敬浩**（えんじょうじ・たかひろ）担当：第 4 章
　　東京富士大学経営学部教授

**岡村龍輝**（おかむら・りょうき）担当：第 5 章
　　明海大学経済学部准教授

**矢口義教**（やぐち・よしのり）担当：第 6 章，第10章
　　東北学院大学経営学部教授

**根岸可奈子**（ねぎし・かなこ）担当：第 7 章
　　宇部工業高等専門学校経営情報学科准教授

**野村佐智代**（のむら・さちよ）担当：第 8 章，第 9 章
　　※編著者紹介参照

**山田雅俊**（やまだ・まさとし）担当：第11章，第14章
　　※編著者紹介参照

**佐久間信夫**（さくま・のぶお）担当：第12章，第13章
　　※編著者紹介参照

**村田大学**（むらた・だいがく）担当：第15章
　　大原大学院大学会計研究科准教授

《編著者紹介》（執筆順）

**野村佐智代**（のむら・さちよ）担当：第8章，第9章
　明治大学大学院経営学研究科博士後期課程修了
　現職　創価大学経営学部准教授，博士（経営学）
主要著書
『テキスト財務管理論』中央経済社，2015年（共著），『企業財務と証券
市場の研究』中央経済社，2018年（共著）など。

**山田雅俊**（やまだ・まさとし）担当：第11章，第14章
　中央大学大学院商学研究科博士課程後期課程修了
　現職　駒澤大学経済学部教授，博士（経営学）
主要著書
『環境経営とイノベーション』文眞堂，2017年（共著），*Industrial Renaissance*, Chuo University Press, 2017年（共著），『現代の産業・企業と地域経済』晃洋書房，2018年（共著）など。

**佐久間信夫**（さくま・のぶお）担当：第12章，第13章
　明治大学大学院商学研究科博士課程修了
　現職　創価大学名誉教授，博士（経済学）
主要著書
『コーポレート・ガバナンス改革の国際比較』ミネルヴァ書房，2017年
（編著），『地方創生のビジョンと戦略』創成社，2017年（共編著），『ベンチャー企業要論』創成社，2020年（共編著）など。

（検印省略）

2021年6月20日　初版発行　　　　　　　　略称—環境経営

# 現代環境経営要論

|  |  |
|---|---|
| 編著者 | 野村佐智代<br>山田雅俊<br>佐久間信夫 |
| 発行者 | 塚田尚寛 |

発行所　東京都文京区　　株式会社　**創 成 社**
　　　　春日2−13−1

電　話 03（3868）3867　　FAX 03（5802）6802
出版部 03（3868）3857　　FAX 03（5802）6801
http://www.books-sosei.com　　振 替 00150−9−191261

定価はカバーに表示してあります。

©2021 Sachiyo Nomura　　　組版：でーた工房　印刷：エーヴィスシステムズ
ISBN978-4-7944-2580-5 C3034　製本：エーヴィスシステムズ
Printed in Japan　　　　　　落丁・乱丁本はお取り替えいたします。

―――――――――― 経 営 選 書 ――――――――――

| 現 代 環 境 経 営 要 論 | 野 村 佐智代<br>山 田 雅 俊<br>佐久間 信 夫 | 編著 | 2,800円 |
|---|---|---|---|
| ベ ン チ ャ ー 企 業 要 論 | 小野瀬 拡<br>佐久間 信 夫<br>浦 野 恭 平 | 編著 | 2,800円 |
| 現 代 国 際 経 営 要 論 | 佐久間 信 夫 | 編著 | 2,800円 |
| 現 代 経 営 組 織 要 論 | 佐久間 信 夫<br>小 原 久美子 | 編著 | 2,800円 |
| 現 代 中 小 企 業 経 営 要 論 | 佐久間 信 夫<br>井 上 善 博 | 編著 | 2,900円 |
| 現 代 経 営 戦 略 論 | 佐久間 信 夫<br>芦 澤 成 光 | 編著 | 2,600円 |
| C S R 経 営 要 論 | 佐久間 信 夫<br>田 中 信 弘 | 編著 | 3,200円 |
| 現 代 企 業 要 論 | 佐久間 信 夫<br>鈴 木 岩 行 | 編著 | 2,700円 |
| 現 代 経 営 学 要 論 | 佐久間 信 夫<br>三 浦 庸 男 | 編著 | 2,700円 |
| 経 営 学 原 理 | 佐久間 信 夫 | 編著 | 2,700円 |
| 東 北 地 方 と 自 動 車 産 業<br>―トヨタ国内第3の拠点をめぐって― | 折 橋 伸 哉<br>目 代 武 史<br>村 山 貴 俊 | 編著 | 3,600円 |
| おもてなしの経営学[実践編]<br>―宮城のおかみが語るサービス経営の極意― | 東北学院大学経営学部<br>おもてなし研究チーム<br>みやぎ おかみ会 | 編著<br>協力 | 1,600円 |
| おもてなしの経営学[理論編]<br>―旅館経営への複合的アプローチ― | 東北学院大学経営学部<br>おもてなし研究チーム | 著 | 1,600円 |
| おもてなしの経営学[震災編]<br>―東日本大震災下で輝いたおもてなしの心― | 東北学院大学経営学部<br>おもてなし研究チーム<br>みやぎ おかみ会 | 編著<br>協力 | 1,600円 |

(本体価格)

―――――――――――――――――― 創 成 社 ――――――